高等学校"十二五"规划教材
市政与环境工程系列研究生教材

环境生物电化学原理与应用

谢静怡　李永峰　郑　阳　著
肖鹏飞　审

哈爾濱工業大學出版社

内容简介

本书共分4篇20章,包括微生物燃料电池概论、微生物燃料电池产电原理、微生物燃料电池应用材料及主要构型、微生物燃料电池主要应用、生物电化学系统基本原理与应用、基于可溶性化合物的电子穿梭、生物电化学系统的电化学分析方法、影响生物电化学系统性能的技术因素、生物电化学系统的复杂反应、双室“发电、除污”耦合工艺的微生物燃料电池简介、双室“发电、除污”耦合工艺的微生物燃料电池实验材料与分析方法、不同阳极对铜盐阴极微生物燃料电池的影响、电镀废水作为阴极的微生物燃料电池性能研究、银离子为电子受体微生物燃料电池的构建与运行、基于生化法互作的微生物燃料电池简介、基于生化法互作的微生物燃料电池实验材料与方法、利用双室微生物燃料电池处理糖蜜废水、利用双室微生物燃料电池处理模拟含银废水、利用双室微生物燃料电池处理模拟铜废水、结论。

本书可作为环境、生物、市政等专业的高等院校高年级本科生和研究生教材,或作为非环境类专业选修、培训教材,同时也可供环境保护部门和企事业单位环境保护管理人员、科技人员及相关人员参考。

图书在版编目(CIP)数据

环境生物电化学原理与应用/谢静怡,李永峰,郑阳著.—哈尔滨:哈尔滨工业大学出版社,2014.7
(市政与环境工程系列)
ISBN 978-7-5603-4789-9

Ⅰ.①环…　Ⅱ.①谢…②李…③郑…　Ⅲ.①环境生物学-电化学-高等学校-教材　Ⅳ.①X17②0646

中国版本图书馆CIP数据核字(2014)第121608号

策划编辑　贾学斌
责任编辑　苗金英
出版发行　哈尔滨工业大学出版社
社　　址　哈尔滨市南岗区复华四道街10号　邮编150006
传　　真　0451-86414749
网　　址　http://hitpress.hit.edu.cn
印　　刷　黑龙江省委党校印刷厂
开　　本　787mm×1092mm　1/16　印张13.5　字数322千字
版　　次　2014年7月第1版　2014年7月第1次印刷
书　　号　ISBN 978-7-5603-4789-9
定　　价　32.00元

《环境生物电化学原理与应用》编写人员名单与分工

作　　者 谢静怡 李永峰 郑 阳

编写分工 李永峰:第1章、第12~20章
郑 阳:第2~4章
谢静怡:第5~11章
文字整理和图表制作:张翠兰、王芳

前　言

随着人们对自然的认识不断深入，能源和环保越来越受到重视，尤其是在利用新能源方面。新能源具有无可比拟的优势和发展前景。新型能源——生物燃料，吸引了不少科学家对其进行研究与开发。生物燃料一般是指通过生物资源生产的燃料，主要有乙醇和生物柴油两种，可以替代广泛使用的汽油和柴油，是一种可再生能源。之后，各种各样利用微生物进行产能发电的研究相继开展，微生物燃料电池由此产生。

本书较全面、系统地阐述了微生物燃料电池。第 1 章从能源需求及全球气候变化的严峻性、生物燃料电池的应用、微生物燃料电池的分类、MFC 技术的产生以及应用等方面概述了微生物燃料电池；第 2 章主要从 MFC 电子转移机制、群落分析、电压和电流的研究、阳极电位和酶电位以及设定电位时的群落与酶的作用、能量的产生与计算、库仑效率和能量效率、极化曲线与功率密度曲线、内阻及其测量方法几个方面研究产电原理；第 3 章主要介绍 MFC 的主要构型和应用材料；第 4 章对用于污水处理以及其他应用的 MFC 做了简要的介绍，并对其应用前景进行了分析。第 5 章从基本原理、确定基质、测量指标和性能指标等方面简述生物电化学系统；第 6 章在分析生物电化学系统基本原理的基础上，对系统内环境氧化还原介体进行了较为综合的研究，主要对外源性氧化还原介体、内源性氧化还原介体，以及溶解性氧化还原介体的鉴定方法和穿梭的影响作用进行了研究；第 7 章主要介绍了循环伏安法、塔菲尔曲线法和电化学交流阻抗图谱 3 个电化学分析方法；第 8 章分别从材料选择、应用于污水处理、放大实验设计等方面分析了限制因素；第 9 章介绍了有机物氧化作用、硫化物转化作用、化学催化阴极。第 10 章主要对包括双室耦合工艺的微生物燃料电池的研究背景、现状等方面进行简介，分析双室耦合工艺微生物燃料电池的研究内容和意义；第 11 章回顾双室耦合工艺微生物燃料电池的反应机理，对其实验装置、配备、接种、启动、参数测定和性能评价进行简要的说明；第 12 章主要研究了不同阳极材料对系统内阻、有机物降解作用等方面的影响，并对以重金属离子为 MFC 电子受体的可行性做了理论探讨；第 13 章着重研究不同阴极电子受体的电池性能和废水的处理效果；第 14 章主要研究不同银离子初始浓度对电池性能的影响。第 15 章介绍了基于生化法互作的微生物燃料电池处理工艺；第 16 章对工艺的实验装置、配备、参数测定、性能评价等方面进行简述；第 17 章对工艺处理糖蜜废水后的结果进行分析对比，讨论系统的性能和处理能力；第 18 章对工艺处理模拟含银废水后的结果进行分析对比，讨论系统的性能和处理能力；第 19 章对工艺处理模拟铜废水后的结果进行分析对比，讨论系统的性能和处理能力；第 20 章对基于生化法互作的微生物燃料电池处理工艺的研究结果进行总结和分析。本书围绕着生物燃料电池，对其原理、分类、性质、应用等方面进行了阐述，重点讲述了微生物燃料电池，并对其相关工艺进行分析研究。本书由东北林业大学和上海工程技术大学的专家们撰写。其中部分章节取自硕士研究生姜颖、张永娟的硕士论文，以及岳莉然、韩伟、焦安英、陈红的博士论文。

诚望各位读者在使用过程中提出宝贵的意见，同时使用本教材的学校可免费获取电子课件。可与李永峰教授联系（dr_lyf@163.com）。本书的出版得到黑龙江省自然科学基金（No.E201354）、上海市科委重点技术攻关项目（No.071605122）、上海市市教委重点科研项目（No.07ZZ156）和国家“863”项目（No.2006AA05Z109）的技术成果和资金的支持，特此感谢！

由于时间紧张以及编者水平有限，书中有未尽之处还请读者指正。

编　者

2014 年 1 月

目　录

第1篇　微生物燃料电池

第2篇　生物电化学原理

第3篇　双室"发电、除污"耦合工艺的微生物燃料电池的研究

第1篇 微生物燃料电池

第1章 概　论

当今地球上的人口数量急剧增长,目前已超过60亿,并预计在2050年将达到94亿,尤其是中国人口将增长至20亿左右,在这样一个巨大压力下,中国的能源需求变得越来越紧张,化石燃料难以维持经济的快速发展,加之当今严峻的气候变化形势,使得可持续发展的步伐异常艰难,因此,如何采用适当的方法来缓解能源需求和环境、资源等压力是当前重要的使命。

1.1 能源需求及全球气候变化的严峻性

能源需求,顾名思义,就是人们对能源的一种需求,即消费者在各种可能的价格水平下愿意并且能够购买的商品数量。能源需求是一种派生需求,是由人们对社会产品、服务的需求而派生出来的一种特殊要素。在过去的一个世纪里,化石燃料是支撑工业和经济发展的有利支柱,然而毫无疑问,当今的化石燃料难以满足整个世界的经济发展需求。石油预计将在未来的100年或者更久以后枯竭,但是,在未来的10年内,即在2015~2025年之间,石油的需求量将超过石油的产出量,造成这种结果的重要原因就是人类能源需求的增长以及能源和资源的不合理浪费。

以美国为例,美国每年的能源消耗约为 1.1×10^{15} J,并以3.34 TW·h的速度递增,而全世界每年的耗能约为13.5 TW·h。也就是说,占世界人口仅为5%的美国使用着占世界25%的能源。另外,我们假设美国平均每人每年消耗11.1 kW或97 MW·h的能源,然而这并不是日常生活的能源消耗,因为其中工业生产、交通运输、各种能量转移等各种形式的热损失及循环使用需消耗更多的能量。

毫无疑问,现今天然气和煤依然是主要的能量来源,但很明显,这种状况在未来难以维持。化石燃料中碳的释放使得空气中的 CO_2 等温室气体的排放量大幅度增加,如图1.1所示,自2000年以后,CO_2 排放量趋于直线上升。寻找新的石油资源,增加现有石油资源的开采率,使用其他化石燃料如沥青砂、页岩油均无法解决气候变化带来的对能源需求的严峻挑战。

温室气体排放带来的危害,如:气候异常、海平面升高、冰川退缩、冻土融化、河冰迟冻与早融、中高纬生长季节延长、动植物分布范围向极区和高海拔区延伸、某些动植物数量减少、一些植物开花期提前等等,甚至会危害人类健康。这些危害不容小觑,为此,我们需要一个全新的解决方案,来同时解决能量产出和 CO_2 的释放问题。我们必须开发一个全新的能量平台，在确保产生足够能量的同时降低 CO_2 的释放。我们的目标是在保证 CO_2 排放底线的同时满足 2050 年的能量需求。为此，我们想到了几种方案，包括核裂变、生物质能源和太阳能。

(1)核裂变(Nuclear fission)，又称核分裂，是指由重的原子(主要是指铀或钚)分裂成较轻的原子的一种核反应形式。原子弹以及裂变核电站或是核能发电厂的能量来源都是核裂变。铀是一种可替代煤、天然气等的珍贵能源，它之所以珍贵，是因为它的储量有限，据估计，铀的总产电量为100 TW·h，假如我们利用铀产生 10 TW·h 的电能，那么铀矿将在 10 年内枯竭，而且，这还不包括开采铀矿给环境和人类带来的损失，以及长期储存核废物导致的不安全因素。因此，这种方案是不科学的。

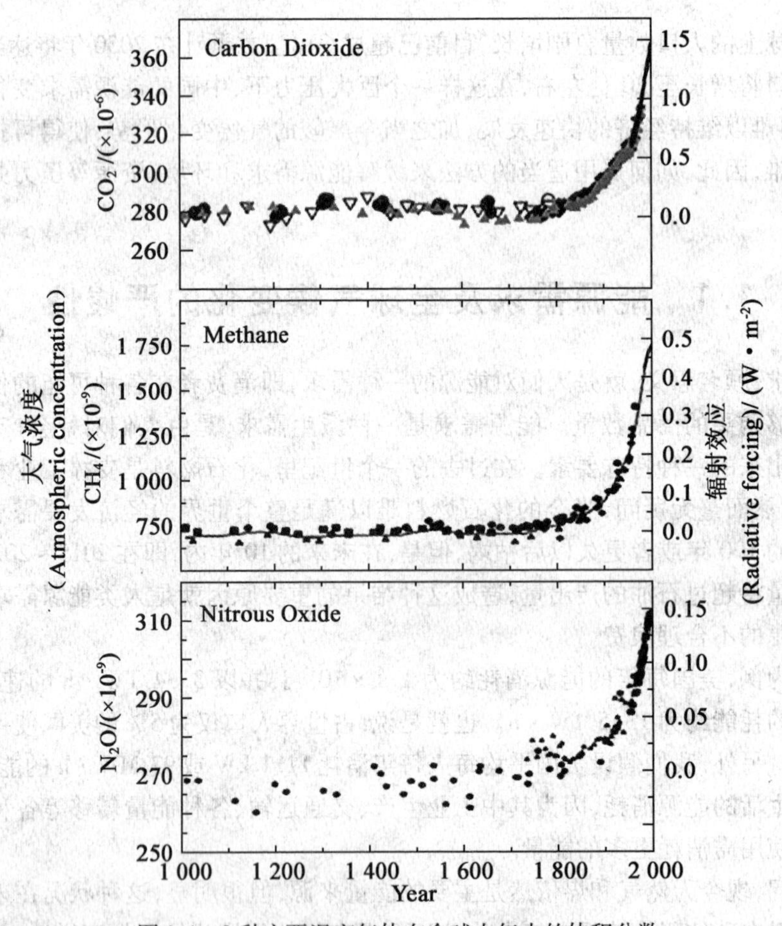

图 1.1 3 种主要温室气体在全球大气中的体积分数

(2)生物质能源(Biomass energy)，就是太阳能以化学能形式贮存在生物质中的能量形式，即以生物质为载体的能量。它直接或间接地来源于绿色植物的光合作用，可转化为常规的固态、液态和气态燃料，取之不尽、用之不竭，是一种可再生能源，同时也是唯一的一种可再生碳源。它的用途很广泛，也有很多关于生物质能产电方面的研究和技术，包括太阳能技术、地热技术、风能技术、氢能和核能技术等产能。据了解，我国目前每年可开发的生物质能源约合 12 亿 t 标准煤，超过全国每年能源总耗量的 1/3；生物质能源在美国已经超过水电，成为第一大可再生能源，占美国能源消费总量的 4% 以上；瑞典把生物质能源当作“告别石油”的主要依靠,生物燃气车已遍布全境,60%以上的供热依靠生物质燃料;巴西则成功地利用生物质能源弥补了石油缺乏的先天不足,2009年的甘蔗乙醇替代了56%的汽油。这些都表明生物质能源是很有发展潜力的可再生能源,但它的产电量还不足以替代现有的能源方式,因此还有待继续发展。

(3)太阳能(Solar energy),太阳能一般是指太阳光的辐射能量,在现代一般用作发电。太阳能的利用有被动式利用和光电转换两种方式。太阳能是一种新兴的可再生能源。但是,目前我们每年仅使用了太阳照射地球能量(4.3×10^{20} J)中的一小部分。也就是说,日照不是全天都有,而且各个地区的日照情况也各不相同。因此,我们需要掌握有效的能量储存方法将太阳能作为主要能源供全天使用。

在未来的30多年中,为了取代70%的化石燃料,我们每年需花费1 700亿~2 000亿美元来寻求新的燃料以及能源技术,在此期间可能有新技术出现来改变这个数字。因此,解决能源和气候问题的最好办法是将大量的投资应用于可再生能源的研究和发展上。

1.2 生物燃料电池的应用

生物燃料一般是指通过生物资源生产的燃料,主要有乙醇和生物柴油两种,可以替代广泛使用的汽油和柴油,是一种可再生能源。生物燃料电池是按燃料电池的原理,利用生物质能的装置,可分为间接型燃料电池和直接型燃料电池。在间接型燃料电池中,由水的厌氧酵解或光解作用产生氢等电活性成分,然后在通常的氢-氧燃料电池的阳极上被氧化。

在直接型燃料电池中,有一种氧化还原蛋白质作为电子,由基质直接转移到电极的中间物。如利用N,N,N′,N′-四甲基-P-苯氨基二胺作为介质,由甲醇脱氢酶和甲酸脱氢酶所催化的甲醇的完全氧化作用,可用来产生电流。虽然生物燃料电池在实验阶段已可提供稳定的电流,但工业化应用尚未成熟。

2007年,荷兰瓦赫宁根大学环境技术小组开发出了植物微生物燃料电池,它可以连接植物根系和土壤细菌来发电。将一个电极放置到细菌附近吸收电子,通过它产生的电势差生成电流。目前,植物微生物燃料电池每平方米植物可以产生0.4 W的电量,超过了发酵生物质所产生的电量。未来每平方米植物可以产生高达3.2 W的电量。这就意味着1 000 m^2的植物就可以产生足够的电量满足一个家庭一天使用。这种系统将使用各种各样的植物,包括常见的大米草。英国科学家利用细菌发电,开创清洁能源新出路。这种能够创造出高效能源的生物燃料电池将利用细菌作为发电的介质。在没有电池或不能充电的情况下,这些电池就会派上用场。通过生化反应产生电信号的技术已经得到商业性使用,例如,血液中的葡萄糖生物传感器。而美国俄勒冈州立大学的研究人员利用微生物燃料电池的性能,可直接使污水处理厂的废水产生电力,从而为未来开启了一扇大门,污水处理厂的电力不仅可以自给自足处理污水,还可将多余的电力出售。

美国宾夕法尼亚大学和中国清华大学的最新研究显示,细菌可将污浊的盐水变为饮用水并发电。该研究预示着微生物燃料电池的发展新方向。过去,微生物燃料电池通常被用于发电或以氢气或甲烷的形式储存电力。

利用微生物和污染物发电的应用也有其他形式,比如沼气和甲烷发电,它们的原理是利用微生物先生成氢气或甲烷,再转化为电能。而这项新研究的突破点在于,微生物在净水过程中,直接产生的便是电能,不需要进行转化。而且,这种系统的原料随处可见,厕所排放物、稻草、酿酒废渣等都可以。

与传统的化学电池技术相比,微生物燃料电池技术具有操作上和功能上的优势。

首先,它将底物直接转化为电能,保证了具有高的能量转化效率。

其次,微生物燃料电池能在常温、常压甚至是低温的环境条件下有效运作,电池维护成本低、安全性强。

第三,微生物燃料电池所产生的废气的主要组分是 CO_2,不会产生污染环境的副产物。

第四,微生物燃料电池具有生物相容性,利用人体内的葡萄糖和氧为原料的微生物燃料电池可以直接植入人体。

第五,在缺乏电力基础设施的局部地区,微生物燃料电池可以被广泛应用。在化石燃料日趋紧张、环境污染越来越严重的今天,微生物燃料电池以其良好的性能向我们展示了一个美好的发展前景。

由于整个行业还处于刚刚起步阶段,先期进入的企业一旦确立了技术优势,就能在市场竞争中处于有利地位。随着政策扶持力度的加大和新进入企业的增多,预计未来技术进步的步伐会越来越快。但是,生物燃料电池属于高新技术产业,对进入者资金的要求比较高,整个行业的技术现在还未成熟,需要持续的大投入之后才可能有所回报。总之,尽管还有许多工作有待开展,但生物燃料电池技术的前途光明,将成为新一代的产电系统。

1.3 微生物燃料电池的分类

微生物燃料电池(Microbial Fuel Cell,MFC)本质上是收获微生物代谢过程中生产的电子并引导电子产生电流的系统。MFC 的功率输出取决于系统传递电子的数量和速率以及阳极与阴极间的电位差。由于 MFC 并非一个热机系统,避免了卡诺循环的热力学限制,因此,理论上 MFC 是化学能转变为电能最有效的装置,最大效率有可能接近 100%。

MFC 按作用原理可分为以下几类:

(1) 将阳极插入海底沉积物中,以海水作为电解质溶液发电。

(2) 利用嗜阳极微生物还原有机物(如葡萄糖)并发电。

(3) 发酵产物,如氢、乙醇等,被用于微生物原位发电。

第一种应用于污水处理的可能性较小,而第三种使用贵重金属作为电极催化剂,将生物制氢和燃料电池结合在一起,本书重点讲述第二种,也是目前研究较多的一种。

其基本原理是微生物可以通过各种途径从燃料(葡萄糖、蔗糖、乙酸盐、废水)中获取电子,并将电子从还原性物质(如葡萄糖)转移到氧化性物质(如氧)以获取能量。获得的能量可以按下式计算:

$$\Delta G = -n \times F \times \Delta E$$

式中 ΔG——获得的能量;

n——电子转移的数量;

F——法拉第常数,96 485 C/mol;

ΔE——电子供体和受体间的电势差。

对厌氧菌(或某些兼性菌)来说,无法将电子传递给氧,而将电子转移到 MFC 的阳极上会比把电子提供给其他受体(如硫酸盐)获得更多的能量,因此微生物会选择将电子转移到阳极上,从而实现 MFC 的电流输出。

根据产电原理的不同,MFC 可分为 3 种类型:

(1)氢 MFC,将制氢和发电有机结合在一起,利用微生物从有机物中产氢,同时通过涂有化学催化剂的电极氧化氢气发电。

(2)光能自养 MFC,利用藻青菌或其他感光微生物的光合作用直接将光能转化为电能。

(3)化能异养 MFC,利用厌氧或兼性微生物从有机燃料中提取电子并转移到电极上,实现电力输出,这是目前研究最多的 MFC。

发酵生物制氢技术国内开展得较多,但将生物制氢与燃料电池结合起来的研究还比较缺乏。即在发酵制氢后串联 MFC,可以提高整个过程的能量产率。MFC 可以利用制氢后的发酵产物(如乙酸盐)作为燃料发电。但该组合既无法加速氢气的产生速率也无法增加其产量。如果氢气在产生后能被直接利用发电,则不但可以加速生物制氢进程,而且可以省去昂贵的收集和纯化过程。这是因为氢的积累会减缓其生物合成过程,如果把氢及时从反应器中除去,则可以增加氢的产量。

将发酵制氢和发电有机结合在一起,利用微生物产生氢气,同时通过涂有催化剂的电极氧化氢气进行原位氢发电。化学燃料电池的电极一般使用铂(Pt)作为催化剂,而新研究的 MFC 采用聚苯胺与 Pt 构成多层复合电极,与只涂有 Pt 的电极相比,具有更高的电流密度和更稳定的电流输出。聚苯胺有两个作用:保护铂涂层和加速电子传递。电极上铂催化剂仍存在中毒问题,必须通过周期性施加电压脉冲来再生催化剂。用聚四氟苯胺代替聚苯胺,电化学催化剂复合阳极,既发挥了铂的催化作用,又可以保护电极不被微生物的代谢副产物毒化。

与现有的高效产沼气系统(如 UASB 反应器)相比,MFC 的输出功率只有达到 800 mW/m^2 以上才具有竞争力。达到该功率在理论上完全可行,只需对 MFC 构型和微生物进行优化研究即可。但即使达到这一功率,MFC 仍很难与化学燃料电池相竞争,因为现有的化学燃料电池功率输出皆在 mW/cm^2 数量级上。尽管现在问题很多,但随着生物科技的发展,MFC 和生物制氢技术将和厌氧产沼气技术一样成为可再生能源技术的有机组成部分。

根据阳极区的电子传递方式的不同,微生物燃料电池可分为间接微生物燃料电池(加入氧化还原介体)和直接微生物燃料电池(无氧化还原介体)。

所谓直接微生物燃料电池是指电子从细胞表面直接到电极;如果燃料是在电解液中或其他处所反应,而电子则通过氧化还原介体传递到电极上就称为间接生物燃料电池。直接生物燃料电池的燃料在电极上氧化,电子从燃料分子直接转移到电极上,生物催化剂的作用是催化在电极表面上的反应;间接生物燃料电池中,燃料不在电极上反应,而是在电解液中或其他地方反应,电子则由具有氧化还原活性的介体运载到电极上去。另外,有种系统也被称为间接生物燃料电池,有人利用这种系统采用生物化学方法生产燃料,如发酵法生产乙醇等,再用此燃料供应给普通的燃料电池。

1.3.1 间接微生物燃料电池

微生物电池以葡萄糖或蔗糖为燃料,利用介体从细胞代谢过程中接受电子并传递到阳极。理论上讲,各种微生物都可能作为这种微生物燃料电池的催化剂。经常使用的有普通变形菌、枯草芽孢杆菌和大肠埃希氏杆菌等。微生物细胞膜中含有肽键或类聚糖等不导电物质,这使得电子难以穿过,导致电子传递速率很低,因此,尽管电池中的微生物可以将电子直接传递至电极,但微生物燃料电池大多需要氧化还原介体促进电子传递。尽管电池中的微生物可以将电子直接传递至电极,但电子传递速率很低。目前,直接型生物燃料电池非常少见,使用介体的间接型电池却很常用。氧化态的小分子介体可以穿过细胞膜或酶的蛋白质外壳到达反应部位,接受电子之后成为还原态,然后扩散到阳极上发生氧化反应,从而加速生物催化剂与电极之间的电子传递,达到提高工作电流密度的目的。

用于这类微生物电池的有效电子传递介体,应该具备以下特点:

(1)介体的氧化态易于穿透细胞膜到达细胞内部的还原组分。

(2)其氧化态不干扰其他代谢过程。

(3)其还原态应易于穿过细胞膜而脱离细胞。

(4)其氧化态必须是化学稳定的、可溶的,且在细胞和电极表面均不发生吸附。

(5)其在电极上的氧化还原反应速率非常快并有很好的可逆性。

一些有机物和金属有机物可以作为生物燃料电池的电子传递介体,其中,较为典型的是硫堇类、吩嗪类和一些有机染料。这些电子传递介体的功能依赖于电极反应的动力学参数,其中最主要的是介体的氧化还原速率常数。

为了提高介体氧化还原反应的速率,可以将两种介体适当混合使用,以期达到更佳的效果 。例如,对从阳极液至阳极之间的电子传递,当以硫堇和 Fe(Ⅲ)EDTA 混合作为介体时,其效果明显地要比单独使用其中的任何一种好得多。尽管两种介体都能够被氧化的葡萄糖还原,且硫堇还原的速率大约是 Fe(Ⅲ)EDTA 的 100 倍,但还原态硫堇的电化学氧化却比 Fe(Ⅱ)EDTA 的氧化慢得多。所以,在含有氧化的葡萄糖的电池操作系统中,利用硫堇氧化葡萄糖接受电子;而还原态的硫堇又被 Fe(Ⅱ)EDTA 迅速氧化,最后,还原态的螯合 Fe(Ⅱ)EDTA 通过 Fe(Ⅲ)EDTA/Fe(Ⅱ)EDTA 电极反应将电子传递给阳极。

虽然硫堇很适合作为电子传递介体,以硫堇为介体会由于其在生物膜上易发生吸附而使电子传递受到一定程度的抑制,从而导致生物燃料电池的工作效率降低,所以,为了将生物燃料电池中的生物催化体系组合在一起,需要将微生物细胞和介体共同固定在阳极表面。微生物细胞与介体之间无法实现有效的电子传递,因为微生物细胞的活性组分往往被细胞膜包裹在细胞内部,而介体则被吸附在细胞膜的表面,因而,很难实现共同固定。除此之外,介体的价格非常昂贵,而且需要经常补充,相对于微生物燃料电池提供的功率,添加介体所付出的成本极高,且很多氧化还原介体有毒,使得其不能在从有机物中获得能量的开放环境中使用。因此,有氧化还原介体的间接微生物燃料电池不适合作为一种简单的长期能源。

1.3.2　直接微生物燃料电池

在上节间接微生物燃料电池中,我们谈到了电子传递速率受不导电物质的影响。这导致微生物燃料电池大多需要介体,介体对细胞膜的渗透能力是电池库仑效率的决定因素。因为氧化还原介体大多有毒且易分解,这在很大程度上阻碍了微生物燃料电池的商业化进程。近年来,人们陆续发现几种特殊的细菌,这类细菌可以在无氧化还原介体存在的条件下，将电子传递给电极，从而产生电流。另外，从废水或海底沉积物中富集的微生物群落也可用于构建直接微生物燃料电池。直接微生物燃料电池又可以分为由微生物自身产生的可以作为氧化还原介体的物质来传递电子和微生物直接将电子传递给阳极两类。无介体生物燃料电池的出现大大推动了微生物燃料电池的商业化进展。

目前，对直接微生物燃料电池的研究主要集中在以下几种。

1. *Geobacteraceae sulferreducens* 燃料电池

Geobacteraceae 属的细菌可以将电子传递给诸如三价铁氧化物的固体电子受体而维持生长。将石墨电极或铂电极插入厌氧海水沉积物中，与之相连的电极插入溶解有氧气的水中，就有持续的电流产生。对紧密吸附在电极上的微生物群落进行分析后得出结论：*Geobacteraceae* 属的细菌在电极上高度富集。

上述电池反应中电极作为 *Geobacteraceae* 属细菌的最终电子受体，所以它可以只用电极作为电子受体而成为完全氧化电子供体；在无氧化还原介体的情况下，它可以定量转移电子给电极；这种电子传递归功于吸附在电极上的大量细胞，电子传递速率[(0.21 ~ 1.2) μmol电子 · mg^{-1}蛋白质 · min^{-1}]与柠檬酸铁作为电子受体时(E_0 = +0.37 V)的速率相似。电流产出为65 mA/m^2，比 *Shewanellaputrefaciens* 电池的电流产出(8 mA/m^2)高很多。

2. *Rhodoferax ferrireducens* 燃料电池

马萨诸塞州大学的研究人员发现一种微生物能够使糖类发生代谢，将其转化为电能，且转化效率高达83%。这是一种氧化铁还原微生物 *Rhodoferax ferrireducens*，它无需催化剂就可将电子直接转移到电极上，产生电能最高达 9.61×10^{-4} kW/m^2。和其他直接或间接微生物燃料电池相比较，*Rhodoferax ferrireducens* 燃料电池最重要的优势就是它将糖类物质转化为电能。目前大部分微生物燃料电池的底物为简单的有机酸，需依靠发酵性微生物先将糖类或复杂有机物转化为其所需小分子有机酸方可利用。而 *Rhodoferax ferrireducens* 可以几乎完全氧化葡萄糖，这样就大大推动了微生物燃料电池的实际应用进程。

3. *Shewanella putrefaciens* 燃料电池

腐败希瓦氏菌(*Shewanella putrefaeiens*)是一种还原铁细菌，在提供乳酸盐或氢之后，无需氧化还原介质就能产生电。最近，研究人员采用循环伏安法来研究 *S. putrefaeiens MR* - 1、*S. putrefaciens IR* - 1和 *S. putrefaciens SR* - 21 的电化学活性，并分别以这几种细菌作为催化剂，乳酸盐为燃料，组装微生物燃料电池。研究人员发现，不用氧化还原介体，直接加入燃料后，几个电池的电势都有明显提高。其中 *S. putrefaciens IR* - 1 的电势最大，可达0.5 V。当负载 1 kΩ 的电阻时，它有最大电流，约为0.04 mA。位于细胞外膜的细胞色素具有良好的氧化还原性能，可在电子传递的过程中起到介体的作用，从而可以设计出无介体的高性能微生物燃料电池。进一步研究发现，电池性能与细菌浓度及电极表面积有关。当使用高浓度的细菌和大表面积的电极时，会产生相对高的电量(12 h 产生 3 C)。

目前大多数直接微生物燃料电池由单一菌种构建。要达到普遍应用的目的，急需发现能够使用广泛有机物作为电子供体的高活性微生物。今后的研究将继续致力于发现和选择这种高活性微生物。以发酵废水为燃料建立微生物燃料电池，试图分离所需菌种。在电池构造方面，现有的微生物燃料电池一般有阴阳两个极室，中间由质子交换膜隔开。这种结构不利于电池的放大，且微弱的质子传递能力改变了阴阳极的 pH 值，会减弱微生物活性和电子传递能力，并且阴极质子供给的限制影响了氧气的还原反应。另外，目前所用的质子交换膜成本过高,不利于实现工业化。单室设计的微生物燃料电池将质子交换膜缠绕于阴极棒上,置于阳极室,这种结构有利于电池的放大,已用于大规模处理污水;对于提高质子交换膜的穿透性以及建立非间隔化的生物电池还需进一步研究。另外,Booki Min 等发明了平板式的电池,这些新颖的电池结构受到越来越多的科学家的青睐。

由于阳极直接参与微生物催化的燃料氧化反应,而且吸附在电极上的那部分微生物对产电的多少起主要作用,所以阳极电极材料的改进以及表面积的提高有利于更多的微生物吸附到电极上,通过把电极材料换成多孔性的物质,如石墨毡、泡沫状物质、活性炭等,或者在阳极上加入聚阴离子或铁、锰元素,都能使电池更高效地进行工作。Derek R . Lovley 等用石墨毡和石墨泡沫代替石墨棒作为电池的阳极,结果增加了电能输出。用石墨毡作为电极产生的电流(0.57 mA, 620 mV)是用石墨棒作为电极产生电流(0.20 mA, 265 mV)的3倍;用石墨泡沫作为电极产生电流密度为74 mA/m^2,是石墨棒产出电流密度(31 mA/m^2)的2.4倍。这说明,增大电极比表面积可以增大吸附在电极表面的细菌密度,从而增大电能输出。阴极室中电极的材料和表面积,以及阴极溶液中溶解氧的浓度影响着电能的产出。含铂电极更容易与氧结合,催化氧气参与电极反应,同时可以减小氧气向阳极的扩散。Sangeun 将阴极浸入铁氰化钾溶液,利用铁氰化钾强化传氧速率,电能产出增加了50% ~80%。目前微生物燃料电池的电子回收率和电流密度都不高,因此高活性微生物的选择尤其重要。Sangeun 等使用表面镀铂的石墨电极作为阴极,在接种120 h后电能达到0.097 mW,电子回收率为63% ~78%。当阴极表面积从22.5 cm^2 增大到67.5 cm^2 时,电能输出增大了24%;而当表面积减小至5.8 cm^2 时,电能减小了56%。如果将阴极表面镀的铂除去,电能则减小78%。Park 等人利用微生物电池培养并富集了具有电化学活性的微生物。它使用淀粉加工工厂出水作为燃料,活性污泥作为细菌来源。这种电池运行了3年多,并从中分离出梭状芽孢杆菌(*Clostridium*)EG 3。Pham 等人用同样方法分离并研究菌株亲水性产气单胞菌 PA3,以其作为催化剂,酵母提取物为燃料的燃料电池电流可达0.18 mA。

直接微生物燃料电池的应用多数是在环境保护方面。在生物修复方面,直接微生物燃料电池利用环境中微生物氧化有机物产生电能,这样既可以去除有机废物,又可以获得能量。在废水处理方面,直接微生物燃料电池不仅可以净化水质,还可以发电。虽然目前该产品还在不断改进,尚未投入商业化生产,但有着广阔的发展前景。此外,直接微生物燃料电池还可作为生物传感器,例如乳酸传感器、BOD 传感器等。因为电流或电量产出和电子供体的量间有一定的关系,所以它可用作底物含量的测定。伴随着人类的发展和生物能量的内涵在不断地革新,且起到了越来越大的作用,但是它的利用和研究却仍然处于起步阶段。如何充分将生物质燃料的诸多优势为人类所用,如何提高热机燃烧效率、生物转化效率等,如何使生物质燃料满足现代轻便、高效、长寿命的需要,仍需几代人的不懈努力。

1.4 MFC 技术的产生

早在1910年,英国植物学家马克·比特首次发现了细菌的培养液能够产生电流,他用铂作为电极成功制造出了世界上第一块微生物燃料电池。1911年,英国植物学家 Potter 用酵母和大肠杆菌进行实验,宣布利用微生物可以产生电流,微生物燃料电池研究由此开始。

20世纪70年代以来,由于众多国家日益重视生物燃料的发展,因此取得了显著的研究成果。而所谓的生物燃料电池,就是按照燃料电池的原理,利用生物质能将有机物(如糖类等)中的化学能直接转化成电能的一种电化学装置。微生物燃料电池并不是新兴的工具,利用微生物作为电池中的催化剂这一概念从20世纪70年代就已存在,并且利用微生物燃料电池处置家庭污水的设想也于1991年完成。最近,美国宾夕法尼亚州立大学环境工程系教授Bruce Logan的研究组尝试开发微生物燃料电池,试图将未经处理的污水转变成干净的水,同时发电。布里斯托尔英格兰西部大学的研究人员目前开发出一种小型的由生活有机垃圾提供能量的微生物燃料电池。这种微生物燃料电池造价只有15美元,可以从有机废物中产生电能,但目前只能利用方糖工作,因为方糖在被分解时几乎不会产生任何垃圾。研究人员表示,微生物燃料电池必须使用原料,而不是一种精炼的燃料。在CD机大小的电池内部,大肠杆菌生成酶,酶可以分解糖类而释放出氢。电池内部的化学反应又使氢原子的电子脱离,从而产生电压。

与酶电池相比,由于副反应较多,微生物燃料电池对燃料的利用效率较低。Thurston等人用同位素标记的方法对燃料使用情况进行了研究。他们以^{14}C标记葡萄糖,研究了细菌*Proteusvulgaris*催化的微生物电池过程。结果表明,实验条件下有40%~50%的葡萄糖被完全氧化为CO_2,而30%的葡萄糖经副反应生成了乙酸盐。选择适当的菌种与介体的组合,对微生物燃料电池的设计方面很重要。Delaney等人用亚甲基蓝等14种介体及大肠杆菌等7种微生物,以葡萄糖或蔗糖为原料测量了介体被细胞还原的速率与细胞的呼吸速率,从中选出了4种微生物在生物燃料电池中进行实验。结果发现,介体的使用明显改善了电池的电流输出曲线,其中TH^+(硫堇)–*P. vulgaris*–葡萄糖组合的性能最佳,库仑产率最高达到了62%。Lithgow等人则选择了介体TH^+、DST–1、DST–2及FeCyDTA与大肠杆菌在生物燃料电池中的组合,实验结果显示,前三种介体促进电子传递作用要比FeCyDTA作用好。另外,通过比较使用TH^+、DST–1、DST–2时电池输出的电流发现,在介体分子亲水性基团越多,生物电池的输出功率越大。其原因可能是在介体分子中引入亲水性基团,能够增加介体的水溶性,从而减小介体分子穿过细胞膜时的阻力。

一些形式新颖的微生物燃料电池也随后相继而出,其中比较具有代表性的有利用光合作用和含酸废水产生电能的新型微生物燃料电池。Tanaka等将能够发生光合作用的藻类用于生物燃料电池。他们的电池使用蓝绿藻催化剂和介体HNQ。通过对比实验前后细胞内糖原质量的变化,发现在无光照时,细胞内部糖原的质量在实验中减少了,而有光照时,电池的输出电流比黑暗时有明显的增加。为了解释这些现象,他们使用抑制剂对HNQ促进蓝绿藻、海藻*Synechococcus sp.*中电子传递的机理进行了探索。实验结果表明,在黑暗中,细胞本身糖原在分解时产生的电子是电流的主要来源;而在有光照时,水的分解是电子的主要来源。Karube和Suzuki利用可以进行光合作用的微生物Rhodospirillumrubrum发酵产氢,再提供给燃料电池。除光能的利用外,更引人注目的是他们用的培养液是含有乙酸、丁酸等有机酸的污水。发酵产生氢气的速率为19~31 mL/min,燃料电池输出电压为0.2~0.35 V,并可以在0.5~0.6 A的电流强度下连续工作6 h。通过比较进出料液中有机酸含量的变化,认为氢气的来源可能是这些有机酸。Habermann和Pommer进行了直接以含酸废水为原料的燃料电池实验。他们使用了一种可还原硫酸根离子的微生物*Desulfovibriode sulfuricans*,并制成了管状微生物燃料电池。在对两种污水的实验中,降解率达到35%~75%。

MFC 将可以被生物降解的物质中可利用的能量直接转化为电能。要达到这一目的,只需要使细菌从利用它的天然电子传递受体,例如氧或者氮,转化为利用不溶性的受体,比如 MFC 的阳极。这一转换可以通过使用可溶性电子穿梭体来实现。然后电子经由一个电阻器流向阴极,在那里电子受体被还原。与厌氧性消化作用相比,MFC 能产生电流,并且生成了以 CO_2 为主的废气。

与现有的其他利用有机物产能的技术相比,MFC 具有操作上和功能上的优势。

首先,它将底物直接转化为电能,保证了具有高的能量转化效率。

其次,不同于现有的所有生物能处理,MFC 在常温,甚至是低温的环境条件下都能够有效运作。

第三,MFC 不需要进行废气处理,因为它所产生的废气的主要组分是 CO_2,一般条件下不具有可再利用的能量。

第四,MFC 不需要能量输入,因为仅需通风就可以被动地补充阴极气体。

第五,在缺乏电力基础设施的局部地区,MFC 具有被广泛应用的潜力,同时也增加了用来满足我们对能源需求的燃料的多样性。

1.5 MFC 技术的应用

1.5.1 水资源的可持续性

根据中国城市化发展趋势的估计,到 21 世纪中期,中国城市人口将从不足 3 亿人迅速增加到约 8 亿人。到 2030 年,中国的城市数量也将从目前的大约 660 个增加到1 000 多个。由于城市化日益增长的趋势和经济发展大多集中在城市区域,中国水资源开发的挑战和机遇也将围绕在各个城市地区。目前,城市地区水的问题主要包括以下三个方面的内容:第一,现在大约有 300 个城市供水不足,其中 100 多个城市水资源严重短缺。城市地区每天的缺水量大约为 1 600 万 m^3(1995 年)。近来,由于水资源短缺造成的工业产值损失几乎每年达到 2 000 亿元人民币。第二,城市地区的洪涝和干旱灾害形势也将是非常危急的,这是因为大多数大城市位于河流的下游。第三,水污染仍然是个严重的问题,在城市化以及在农村地区发展农业生产加大使用化学产品的过程中,这种污染与日俱增。再者,由于城市使用了大量的水资源,来自城市废水量的增加将导致乡村地区的水污染。这就意味着灌溉地区水资源短缺的情况将会不断恶化。

现在,大约有超过 1/3 的工业废水和 9/10 的生活污水未经适当处理即排放至河流和湖泊中。通过在七大流域与 110 个观测点对水质进行检测,根据中国地表水水质标准的分析表明,第一类和第二类水仅为 32%,第三类水占 29%,第四类和第五类水占 39%。目前,水污染呈现出向坏的方面发展的趋势。许多城市,特别是在华北地区出现了过量开采地下水的情况,地下水水位大大下降,水质已经变坏。

在许多地区,不良的水资源管理造成了水的浪费、水的污染直至无水可用。另外,它也导致了水涝和盐碱化等灾害。主要的问题是这些地区缺乏政府对水资源的统一管理,在水资源管理方面没有引入市场机制。城市中工业用水的收费仅占其成本的 0.1% ~1%、民用水收费仅占其成本的 0.1% ~1%、农业用水比工业用水和民用水的收费更低。在许多灌溉地区,1 000 m^3 的水费不超过一瓶矿泉水的价钱。用水收费太低使得这方面的工作无法进行经济调整。因此,造成了大量水资源的浪费。

水资源可持续利用是支撑经济社会可持续发展的重要战略物质,中国水资源短缺现象严重,为缓解中国水资源供求的矛盾,只有"量水而行",使水资源的利用符合自然资源法则,开发利用不可超过水资源可利用量,经济社会发展用水必须与水资源承载能力相协调,这是实现水资源可持续性利用目标的基本条件,能否实现水资源可持续利用的目标,关键是运用新思想、新策略,强化水资源管理,即要控制水的需求,节约用水,加强源头控制,防治污染,开发非传统水源,多元发展,从而实现水的总量平衡和结构平等,满足经济社会发展需求,提高水资源使用效率。

1.5.2 废水处理

MFC 在废水处理中的作用已被广泛应用。假设 MFC 在经济和技术上具有可行性,那么 MFC 怎样应用在废水处理中呢? 我们首先总结一下处理废水的过程,然后根据各个构筑物的功能考虑如何应用 MFC。一个典型的生活污水处理厂包括一系列处理单元,每个处理构筑物都具有特定的功能,以确保废水处理与监测尽可能有效。然而,根据实际条件的不同,这些处理单元的顺序和各种参数有很多设计方法。此处我们只讨论典型的生活污水处理厂。而对于工业废水处理和营养物控制来说,废水处理工艺更是多种多样。

废水进入生活污水处理厂后,首先通过格栅将大块碎片去除,同时监测水流。通过格栅后水流流入初沉池,此处水力停留时间(HRT)为 1 ~20 min(Viessman,Hammer,2005)。

在初沉池中,废水的有机物质继续被物理去除,在小型处理厂中这个处理单元有时会被省略。初沉池能够去除所有能沉淀的颗粒物,这种方法很耗费成本但是有较好的效果。

废水随后进入下一个处理单元,传统上这个单元包括两个组成部分:一个生物反应器和一个沉淀池。在反应器里生物需氧量(Biochemical Oxygen Demand, BOD)转化为细菌的生物量,在沉降池中细菌的生物量被移除,沉淀池叫作二沉池。这个生物处理单元是污水处理厂的核心,其特性变化多样。考虑到处理的目的,可以考虑两种处理技术:活性污泥法(AS)和生物滴滤池(TF)。AS 工艺由一个大的曝气池组成,在这个处理单元,流入的污水与二沉池的固体结合。

TF 是一个包含多孔填料的构筑物,废水在填料的顶部分配(像草坪的洒水装置)。填料必须具有足够的多孔性,以保持空气在构筑物中流通,从而使 BOD 的去除以好氧去除为主。

在美国,废水在生物处理法后,经常在处理厂中加氯来灭菌,再进行脱氯处理保护受纳水体中的水生生物。一般处理过的污水都流入江水、湖泊或海洋中,以进一步稀释;有时将处理过的污水应用于陆地或地下水回灌。不同处理厂的出水标准据受纳水体的保护水平不同而不同。

产自沉淀池中的污泥,进入下一个处理单元——具有代表性的是由厌氧消化(AD)工艺组成,HRT 为 15 ~20 d 或更久。AD 工艺流出的液体循环至处理厂的前端,产生的气体主要是 CH_4 和 CO_2。这些废气可以在涡轮中产电,而废热则用来加热 AD 反应器。在一些处理厂中,也可以直接利用燃烧剩余 CH_4 对消化构筑物进行加热。此工艺生成的固体,通过抽滤去除含有的水分,然后压实。这些处理过的稳定固体叫作生物稳定固体,适用于安全填埋,也经常被当作肥料的来源之一。

从上述对污水处理工艺流程的总结中可以看出,MFC 可以替代 AS 或 TF 处理系统。MFC 是一个生物处理过程,它的功能是去除 BOD,等同于 AS 曝气池或 TF 工艺。

1.6 MFC 技术的其他应用

MFC 技术的其他两个应用:第一个是利用 MFC 作为远程的能量来源。Reimers 等第一次提出了沉积物 MFC (SMFC)这个新概念,并指出细菌可以只利用沉积物中的有机物来产生持续的能量。此后,人们不仅通过改进材料来提高 SMFC 的功率输出,也通过扩大阳极的能量来源来增强 SMFC 的功率输出。MFC 技术的第二个新颖的应用是作为生物修复的方法。修复包括在阳极降解有机污染物和在阴极还原无机物,如硝酸盐和铀。

1.6.1 沉积物 MFC

对于沉积物 MFC 的研究始于 20 世纪 90 年代末,科学家们探讨了铁还原菌是怎样将电子从胞内呼吸酶转移到细胞外的。没有人质疑胞外的电子传递,只是这个机理未被证实。Reimers 等决定开始胞外电子传递方面的研究。2001 年他们发表了一篇关于使用一种全新类型的 MFC 获取海洋底泥中能量的论文。这时其他人已经提出了利用中介体可以产生电流(Potter,1911)的观点,并且 Kim 和他的合作伙伴已经对利用 MFC 产电的想法申请了专利(Kim 等,1999)。Reimers 等(2001)强调细菌过程可以被控制并产生有效的能量,可以在遥远的和相对来说难以接近的地区(如海底)产生能量。SMFC 被用来作为放置于海底的能源装置,同时还可能作为在水下环境中运行的小型自治装置的“加油站”。

SMFC 的概念很简单,即把阳极插在厌氧底泥中,阴极放在含有溶解氧的水面上。海水中的高盐度在两个电极间提供了很好的离子电导率,而且细菌用来产生电能所需的有机物已经包含在底泥中了。实验中值得注意的是,胞外产电细菌已经存在于底泥中,而且它们完全能够与利用其他电子受体的微生物竞争,产生有效的能量。有资料显示,大陆边缘的底泥中含有 2% ~3% 的有机碳,进入底泥的恒定通量的新碳如果被装置获取可以维持功率在 50 mW/m^2 的水平。

沉积物微生物燃料电池的工作原理与微生物燃料电池类似,但与微生物燃料电池相比,其反应器结构要简单得多。在沉积物微生物燃料电池中,作为阳极的电极被埋在水底沉积物中,而作为阴极的电极则悬于阳极上方的水中。

有关沉积物微生物燃料电池的研究多数在于影响因素方面,针对氧气的扩散速度慢,造成了其过高的电位问题,Reimers 等通过加入催化剂来减少氧气还原的活化能,提高反应速率。利用铂网作为阴极,其输出功率为 1.4 mW/m^2,虽然铂作为氧还原催化剂效果很好,但支撑体导电性能不好,影响了其输出功率。Hong 等通过在石墨电极上打孔来增加其比表面积,以提高电流密度。实验结果表明,10 mm 厚的多孔石墨电极最大电流密度为 45.4 mA/m^2, 6 mm 厚的多孔石墨电极最大电流密度为 37.6 mA/m^2,都要高于无孔石墨的 13.9 mA/m^2。另外,He 等通过增加氧的传递速度来加速氧还原速率,制备了旋转阴极,通过阴极的旋转使得水体中溶解氧质量浓度从 0.4 mg/L 增加到 1.6 mg/L,使得其输出功率从 29 mW/m^2 增加到 49 mW/m^2。说明 SMFC 可利用水流或者海潮来推动阴极旋转,通过旋转将空气中的氧气带入水中,提高阴极附近的溶解氧浓度,以提高氧还原速率。可是过多氧的渗入会提高阳极的电子传递阻抗,最终限制其输出功率,因此对于合适的阴极转速还需做进一步研究。提高氧还原速率可借助于微生物,Dumas 等以不锈钢网作为沉积物燃料电池的阴极,研究发现,浸没在水体中的不锈钢网,经过长期的运行会在其上形成一层生物膜,生物膜形成后,其电流密度从 5 mA/m^2 增加到 25 mA/m^2。Shantaram 等在不锈钢网阴极上沉淀一层二氧化锰,并通过阴极上形成的锰还原菌来协助阴极的氧还原。

针对阳极材料的选择问题,Scott 等研究了几种不同碳材料对沉积物微生物燃料电池的影响,分别以碳布、碳纸、泡沫碳、石墨、网状玻璃态碳作为阳极,结果表明,泡沫碳的最大输出功率为55 mW/m^2,是碳布和石墨的2倍。为了提高动力学活性,研究者开始了对碳材料改性方面的研究。Lowy 等为了增强电极电催化活性,采用了不同的制备方法来改进阳极。首先利用浸渍法,制备出含有1,6-二磺酸蒽醌(AQDS)、1,4-萘醌(NQ)的石墨电极。此外把质量分数为3%的 $MnSO_4 \cdot H_2O$、质量分数为1%的 $NiCl_2 \cdot 6H_2O$ 和石墨粉以质量比为2:1 混合后,加入无机黏结剂,通过压模成型并煅烧,制备出掺入 Mn^{2+} 和 Ni^{2+} 的石墨电极,并以同样的方法制备出含有 Fe_3O_4 的石墨电极。然后采用常规的三电极体系,通过电化学分析从塔菲尔曲线上拟合得到交换电流 I_0,结果发现这些改性后的阳极,其电化学反应活性相对于不含催化剂的石墨电极提高了1.5~2.2倍,其输出功率最高可达 100 mW/m^2。Lowy 等在前期阳极掺入催化剂的基础上,又研究了阳极官能团对 SMFC 的影响。首先把石墨用砂纸打磨,用去离子水清洗,在120 ℃下烘干,然后把其放入电解池中,电解液是质量分数为20%的 H_2SO_4,通过电化学氧化使电极表面富含一定的醌基官能团,即得到氧化石墨电极。然后再通过浸渍法,在此氧化石墨电极上用 AQDS 进行改性,得到 AQDS 改性的石墨电极。结果发现,未改性的石墨电极电化学活性为1.0,而氧化石墨电极的电化学活性为57.8,AQDS 氧化石墨电极的电化学活性为217.8。这主要是由于氧化后的石墨电极比表面积增大,更容易吸附电子介体,从而提高电化学活性。Dumas 等选择了不锈钢作为阳极材料,并比较了石墨电极和不锈钢电极作为阳极的差异。结果表明,采用石墨作为阳极,45 d 后输出功率为100 mW/m^2,而采用不锈钢作为阳极,输出功率为20 mW/m^2。不锈钢动力学属性是造成其输出功率下降的原因,实验结果说明,不锈钢作为 SMFC 的阳极是可行的,但还需要进一步对其结构改进或者是在其表面涂层来提高其性能。

水体中溶解氧的变化会对 SMFC 的性能产生影响。Seok 等研究发现,SMFC 电流密度波动的趋势和水体中溶解氧浓度的变化趋势相同。这主要是由于溶解氧浓度在不同时间段会有影响,一般在下午时阴极所在的溶解氧质量浓度范围在8~10 mg/L,而在早晨时会降为4 mg/L,这可能是白天藻类的生长加速引起的。阴极附近的溶解氧质量浓度要大于5 mg/L,此时 SMFC 的电流密度变化较小。

针对不同间距对 SMFC 性能的影响,Hong 等研究了当间距为 12 cm 和距离增大到 20 cm时,其电流密度分别为11.5 mA/m^2 和7.64 mA/m^2;随着距离的增加,其电流密度继续减小,当间距为 100 cm 时,其电流密度只有2.11 mA/m^2,这主要是由于电极距离的减小会减小 SMFC 的内阻。因此,两电极应该在保持阴极氧充分的情况下尽可能地接近。

以模拟废水作为底物的 MFC 中,电流的大小和化学需氧量的去除往往随外电阻的增大而减小,但在 SMFC 中结果却不一样。为此,Hong 等研究了 10 Ω、100 Ω、1 000 Ω 下外电阻对电流大小的影响。在初始阶段,低的外电阻对应高的输出电流。20 d 后,3 种不同外电阻对应的电流密度相近，而对于输出功率来说有差别，在 1 000 Ω 下的输出功率最大。

虽然对于沉积物的研究大部分集中在海水环境，但是淡水环境也可以维持电流的产生。Holmes 等比较了两种不同水体的 SMFC 性能，结果海水沉积物微生物燃料电池最大电流密度为 20 mA/m^2，而淡水沉积物微生物燃料电池最大电流密度只有 10 mA/m^2。淡水沉积物微生物燃料电池的电流密度相对于海水环境的要低，这主要是因为其低的导电性。在 20 ℃下海水的导电性高，为 50 000 μS/cm，而淡水的导电性只有 500 μS/cm。但在微生物燃料电池中电解质的导电性和缺乏海水对于沉积物燃料电池阴极的腐蚀作用是影响内阻的重要因素，低的导电性意味着高的内阻，从而会降低其电流大小；阴极的腐蚀作用一方面可以提高其比表面积，其次可以形成生物膜有利于阴极氧还原性能的提高。其他可能的原因为沉积物中有机物含量，以及有机物被微生物氧化的速率不同。

Hong 等以多孔石墨作为电极，运行 160 d 后，对其在开路状态和闭路状态下有机物去除情况进行了比较。结果发现，在接近阳极处，沉积物中总有机质的质量分数下降了 30%。而在开路状态下以及远离阳极的地方，其总有机质含量变化不大。这说明对于 SMFC，传质的限制是影响其性能的重要因素之一。因此，Schamphelaire 等为了提高传质作用，把植物和 SMFC 进行耦合。输出功率为传统 SMFC 输出功率的 7 倍，这主要是由于植物以根系沉淀的形式可以持续地提供新的底物到阳极。

Holmes 等分别利用海底沉积物、沼泽沉积物、淡水沉积物来构建沉积物微生物燃料电池，研究结果发现，在阳极上产电的微生物种类要明显低于不产电的微生物种类，这主要是由于在 SMFC 的阳极上富集了变形菌门（Proteobacteria），而其中泥土杆菌（*Geobacteraceae*）占据了主要部分（45% ~89%），在海底沉积物和沼泽沉积物中多为硫酸盐还原细菌（*Desulfuromonas*），而在淡水沉积物中多为异化还原菌（*Geobacter species*），并且暗示这些传递电子的微生物种类会随不同沉积物的环境而出现差异。Reimers 等研究发现，阳极微生物菌落形态会随阳极深度有所变化，在棒状阳极的顶部微生物种类要明显少于底部。Mathis 等研究发现，通过 SMFC 富集到的嗜热阳极呼吸菌，在 60 ℃下产生的电流密度是 22 ℃下的 10 倍。

SMFC 作为一种新的能源技术，在作为偏远水域用电设备的替代能源方面有着很好的应用前景。虽然人们从电极本身和环境两方面采取了很多措施来提高 SMFC 的功率密度，但是，功率密度低的挑战依然存在，还需要进行不断优化。与传统的原位生物修复技术相比，沉积物微生物燃料电池不需要投加电子受体或供氧剂，而是以电极作为电子受体，并可在氧化有机物的同时产生电能。因此，具有可移动、能产生电能、原位修复效率高的特点，应用前景非常广泛，但是相关的研究还处于基础阶段。因此还需要深入研究，推动其工程化的应用。可通过对导电性能优良的立体化微生物燃料电池阳极的研究，开发新型的立体化电极，并采用化学修饰来增强阳极导电性，提高有效产电微生物量和微生物导电的能力。考虑到近年来淡水资源的污染严重，可以加强淡水沉积物微生物燃料电池的研究，SMFC 所展现的优点可以应用于其污染治理，可通过深入研究生态工程和沉积物微生物燃料电池的协同作用来提高其修复速率。研究并开发高效廉价的微生物燃料电池生物阴极，通过选择导电性能优良的材料，采用相关技术使其表面产生生物膜来提高氧还原速率。另外，可以应用一定的物理、生物方式，加快沉积物中有机物向阳极的传递，以提升 SMFC 工艺运行效果。近年来，在国外已开始进行该技术应用于水体修复中的研究，但在国内相关领域的研究则鲜有报道。

1.6.2 使用MFC技术进行生物修复

使用MFC技术进行生物修复时,在MFC中细菌通过纳米导线或中介体将电子供给阳极,但电子的转移是可逆的,即细菌能从电极接受电子,这看起来也是正确的。

用这种方法进行地下水的修复,阳极有能够长时间提供能量的颗粒底物(如几丁质),同时获得电能。在这个例子中细菌在阴极使用电子来完成硝酸盐或U(Ⅵ)的还原。

人们还不清楚生物阴极在MFC中开始应用的确切时间。反应器本来是为电化学催化有机和无机化合物设计的,在这里它并没有被认为是一个细菌系统,而是一个纯粹的电化学系统。Matumoto等研究发现,如果把铂电极插入反应器中并设置电极的电压为0.2 V(相对于氢标准电极)(0 V相对于Ag/AgCl电极),对数生长的铁氧化细菌(*Thiobacillus errooxidans*)能在随后的3 d时间内从最终浓度4×10^9 cells/mL扩增到10^{10} cells/mL。人们认为恒电位电解移除了Fe(Ⅱ),因此减少了产物抑制并使细菌能连续生长,但是人们没有考虑细菌能直接接受电子的可能性。

Gregory等使用纯培养和混合培养的*Geobacter metallireducens*在完全厌氧的系统中实现了用生物阴极进行原位硝酸盐的生物修复。*Geobacter*被认为可在MFC中产电(Bond等,2002;Bond,Lovley,2003),并利用硝酸盐作为电子受体,但是使用电极来向细菌提供电子的想法没有被实施。施加0.7 V的电压,纯培养的*G. metallireducens*利用从工作电极(阴极)得到的电子将硝酸盐转化为亚硝酸盐。在使用河底沉积物的系统中,当使用恒电位的阴极提供电子时,硝酸盐同样可以转化为亚硝酸盐。同时还观察到*G. sul furreducens*能将延胡索酸盐还原为琥珀酸盐。在修复过程中,这些细菌能完成硝酸盐的还原是很有意义的步骤。但是在这种情况下,地下水中的亚硝酸盐与硝酸盐相比是不易被获取的,因此还需要其他的工作来找到一种方法实现完全脱氮,最终将其转化为氮气。这里施加的电压比在生物阴极系统中细菌在电极处氧化有机物获得的电压高。

另外,沉积物微生物燃料电池也可用于生物修复,在沉积物微生物燃料电池中,作为阳极的电极被埋在水底沉积物中,而作为阴极的电极则悬于阳极上方的水中。相比较传统的原位生物修复,其不需要投加电子受体或供氧剂,而是以电极作为电子受体,并可以在氧化有机物的同时产生一定的电能。在国外已开始进行该技术应用于水体修复的研究,但在国内相关领域则鲜有报道。Seok等发现沉积物微生物燃料电池在氧化沉积物中的有机物时,还可改变沉积物的氧化还原电位,他们以石墨作为电极,通过5个月的运行后发现,沉积物中总有机质的质量分数下降了21.9%,易氧化有机物的质量分数下降了32.7%,而没有插入电极的沉积物其总有机质的质量分数以及易氧化有机物的质量分数都没有发生变化。并且发现沉积物的氧化还原电位发生了变化,从原来的-152 mV变成+128 mV,而一般系统为氧化还原电位低于-100 mV时容易生成产甲烷菌,说明沉积物微生物燃料电池不仅可氧化沉积物中的有机物,还可通过提升氧化还原电位来抑制沉积物中产甲烷过程的发生。

还有研究者结合将MFC应用于地下水硝酸盐污染原位修复的实际情况,设计了单室和双室两种大体积的MFC模型装置。进行原位修复地下水硝酸盐污染的研究,并对这两种装置的运行参数进行了较为系统的研究,包括地下水中的COD浓度,MFC的外接电阻值,以及地下水pH环境等因素对MFC装置脱氮除碳性能和产电性能的影响。单室MFC装置使用钛基二氧化铅电极作为阴极,埋置于沙子中的两块碳布作为阳极;双室 MFC 装置采用盐桥来连接阳极室和阴极室,阴、阳极均采用碳布作为电极材料,并测定了 MFC 模型装置的相关参数。研究发现,单室 MFC 装置可以用于模拟处理受硝酸盐污染的地下水,该实验又以钛基二氧化铅为实验电极,使用多种电化学方法对该电极的电催化性能进行了研究。该电极的电化学阻抗谱表明,电极在经过一段反应时间后,其在 MFC 反应体系里的电化学活性增强,这从机理上解释了 MFC 要想获得稳定的电压输出,都需要一定启动时间的现象。该电极的循环伏安曲线表明,其自身并没有参与 MFC 中的反硝化反应,它提高 MFC 的脱氮和去污能力主要是因为电极具有较高的电流响应度。

单室 MFC 装置模型运行一段时间后,发现对目标污染物硝酸盐初始质量浓度为 100 mg/L的情况下,可利用废水中的有机物作为燃料,同步去除水中的有机物和硝酸盐,并获得稳定的电压输出。该装置在实验中的有效条件有:MFC 的外接电阻值为 800 Ω,水中 COD 质量浓度为500 mg/L,地下水溶液体系的 pH 值为7.0。实验结果显示,COD 的去除率为57.6%,最终溢流槽出水口的质量浓度为212 mg/L。脱氮的最大值为5.15 mg/L,对外输出电压最高达到的413 mV,实验结束后的电压仍保持在300 mV 左右,显示了良好的、持续的、稳定的电压输出性能;最大功率密度为56.36 mW/m^2,相应的电流密度为 187.68 mA/m^2。在相同的运行参数条件下,双室 MFC 装置相比单室 MFC 装置去除废水中 COD 性能、硝酸盐性能和产电性能较差。该装置的设计和结构尚需进一步改进。此外,实验还对电极主要分布的细菌群落进行了研究。利用扫描电镜(SEM)观察了碳布电极上附着的活性污泥生物膜的表面形貌,并用聚合酶链式反应(PCR)、变性梯度凝胶电泳(DGGE)技术进行研究。研究表明,单室碳布生物膜细菌主要有 *Fluviicola taffensis*, *Flavobacteriales bacterium*, *Moraxellaceae Bacterium*, *Acinetobacter sp.*, *Flavobacterium sp.*, *Janthinobacterium lividum* 和 *Comamonadaceae bacterium*;双室碳布生物膜细菌则为 *Hyphomicrobium sp.*, *Rhodobacter sp.*, *Thermomonas fusca*, *Thermomonas fusca*, *Hirschiabaltica*, *Arcobacter sp.* 和 *Rhodobacter*。

以上研究表明,利用微生物燃料电池进行生物修复是可行的,只要有性能良好的电极材料和设计合理的装置,MFC 技术必将在未来地下水污染原位修复工程实践中发挥重要的作用。

第2章 MFC产电原理

2.1 MFC电子转移机制

迄今为止,细菌通过两种机制将电子传递到表面:自身产生的中介体实现电子迁移(如绿脓菌素和由 *Pseudomonas aeruginosa* 产生的相关化合物)和纳米导线。纳米导线主要由 *Geobacter* 和 *Shewanella* 菌属产生。此外,研究表明,*Shewanella* 还原三价铁离子的过程中包含了细胞膜相连电子载体的作用。在细胞膜、胞外周质和外膜中含有许多具有异化矿物还原相关的蛋白质,这些蛋白质已经通过突变和生物化学研究鉴定出来。然而关于电子传递机制的信息还很不充分,尚不能描述这些细菌是如何在金属或电极表面增殖和维持细胞活性的,而且细菌之间在表面的竞争还需要进行深入研究。

2.1.1 纳米导线

Reguera 等在 *Nature* 杂志上发表了一篇开创性论文,他们发现胞外呼吸菌 *Geobacter sulfurreducens* DL1 的菌毛具有导电性,并首次将那些生长在细胞周边的类似纤毛且具有导电性能的聚合蛋白微丝命名为"微生物纳米"。Gorby 及其同事发现并报道了 *Geobacter* 和 *Shewanella* 菌属的导电附属物,产生类似的长达数十微米,直径约 100 mm 的生物导线。2007年,Ntarlagiannis 等与 Ball 等进一步大胆地推测地表中可能存在着无数个纳米导电网络构成"天然微生物燃料电池"。这是地球表面的天然微生物燃料电池存在的第一个实验性证据,说明微生物产生的纳米导线可能在土壤中交织在一起,形成了类似现实世界的电网,从而构成了所谓的"天然微生物燃料电池"。2011 年 Lovle 首次证实了硫还原泥土杆菌产生的微生物纳米导线能长距离传导电子,并观察到电荷沿着蛋白微丝传导,研究证明细菌产生的蛋白微丝就像真正的没有细胞色素的金属,电子能进行长距离传导,其传导的距离可为细菌体长的几千倍。

微生物纳米导线代表了生物学领域一个基本的新特征。它是在缺少可溶性电子受体的条件下由微生物形成类似菌毛的导电附属物,直径 10 nm 左右,长度可达到几十至几百微米,细长但具有非常强的柔韧性,位于细胞的一侧,与微生物细胞周质空间和细胞外膜紧密相连。通过它传递电子是微生物为提高胞外电子传递效率而进化形成的一种有效的电子传递方式。使用传导扫描隧道显微镜(STM),将样品放入一个高度规则的热解石墨表面,在恒定电流成像的条件下,使用一个导电的(Pt - Ir)尖端横跨样品进行光栅扫描,从而检测附属物的电导率。最终获得的电压 - 电流曲线显示出扫描的部分与石墨表面之间具有导电性。假定电子是通过关键的呼吸细胞色素(mtrC 和 omcA)传递至细胞外的,Gorby 等研究表明,缺乏这些细胞色素的突变异种也生成附属物,但这些附属物在 STM 扫描中是不导电的。此外,在 MFC 中,这些突变也削弱了它们还原铁离子或产生电能的能力。*G. sulfurreducens*等微生物可以通过纳米导线直接将电子传递至胞外电子受体,使其发生还原反应。在这一还原过程中,纳米导线起着电子传递的桥梁作用,通过这个导管将电子传递至远离细胞表面的三价铁氧化物或其他胞外电子受体上。菌毛的存在,使得菌体摆脱了需要直接接触电子受体才能进行电子传递的空间限制,从而使电子的远距离传输成为可能,这些具有导电性能的菌毛极大地提高了电子的传递效率。

微生物纳米导线可利用具有高效导电特性的纳米导线将电子传递到远离细胞表面的地方,从而使微生物摆脱需要直接接触胞外电子受体才能传递电子的限制。微生物纳米导线的发现丰富了人们对胞外呼吸多样性的认识,同时其在提高微生物燃料电池产电效率、促进环境中有机污染物的快速降解和生物能源等方面具有重要的应用前景,成为当前研究的热点。

在电子传递过程中,纳米导线起到电子导管的作用,它一端与细胞膜相连,另一端与电极表面直接接触,使细胞膜上的电子能够传递至电极表面,实现电子的远距离转移。Reguera 等将 *G. sulfurreducens* 编码菌毛结构蛋白的基因敲除,得到一株纳米导线缺失的突变株,然后在微生物燃料电池系统中进行产电实验,在相同实验条件下,突变菌株的产电量一直很低,野生型菌株的产电量是突变菌株的 15 倍,说明了纳米导线可以促进电子从细胞传递到阳极,提高电子转移效率,从而提高系统的产电量。

Geobacter 和 *Shewanella* 等微生物可以通过纳米导线将电子从胞内传递给胞外的一些氧化态物质,如硝基芳香化合物和多卤代污染物,将其还原从而降低它们的毒性。因此,微生物纳米导线在水体自净、受污染土壤的原位修复和污水处理等环境修复方面具有积极作用。Jiang 等研究发现,利用 *Geobacter* 生长出的蛋白质纳米导线可以阻止放射性铀及其他有害污染物的扩散,*Geobacter* 通过菌毛将电子从细胞内传递到胞外,形成不溶性的纳米微粒。在这个过程中,纳米导线不仅具有导电的功能,同时还使细胞远离有毒性的铀,持续不断地固定来自污染环境中的铀,保证微生物能够正常生长繁殖。

最近研究发现,*Geobacter* 等微生物还能进行种间电子传递,将电子传递给其他微生物,这些得到电子的微生物可能通过电子的转移将电能转化成其他形式的能源,即通过微生物电合成生物能源。

目前对于微生物纳米导线的了解是极其有限的,对其组成、电子传递机制和功能的认识还有很多疑问。不过对于现代基因工程改造技术的发展,我们有望得到更多天然无毒的且低成本的纳米导线。微生物纳米导线具有导电性,将其应用于微生物燃料电池中可以大幅度提高产电效率,未来有望缓解全球范围内日益严峻的能源问题。在信息传递、细胞之间的交流等细胞生物信息学和纳米生物电子学方面也有潜在的应用前景。伴随纳米技术的发展和纳米生物技术的兴起,具有金属纳米导线般的导电效率和人工聚合材料弹性的微生物纳米导线将广泛应用于微型电子设备。纳米导线的发现,可能改变纳米技术和生物电子学在生物传感器、生物微电子设备等方面的应用。另外,纳米导线在碳固定、细胞信号传递、病原菌防治以及医疗健康等方面有极大的应用前景。

微生物胞外电子传递机制的研究和生物纳米导线的人工制备方法不仅可以帮助我们设计和制造微生物燃料电池中的生物阳极,且有助于我们研究微生物纳米导线网络中的电化学活动,最终理解环境微生物在地球化学循环中的作用。微生物纳米导线在纳米电子学方面有很重要的应用价值,可通过基因修饰手段改造纳米导线的结构和组成,使之具有更多的功能。尽管微生物纳米导线具有导电的功能已经得到证实,但迄今为止我们对微生物纳米导线的认识还不够充分,微生物纳米导线除了胞外电子传递的功能,可能还具有其他方面的功能,如作为高级细胞信号传递体系的一部分,促进胞内或种间的电子传递以及可能与细胞的生物能量学有关。

2.1.2　细胞-表面的电子传递

纳米导线的存在并不意味着电子只能通过纳米线转移,同样的细菌也可以在没有纳米导线生成的时候实现电子从细胞表面到铁或阳极的转移。由近距离显微镜照片可知,细胞表面存在凸起的小泡,例如不存在纳米导线的表面凸起的位点可能是传导的接触点。当然,我们不可能从这样的显微镜看见从细胞表面转移电子所依赖的小蛋白质。厌氧生长的 *Shewanella oneidensis* 在铁(赤铁矿)表面附着,这种附着的细胞比厌氧条件下培养的细胞大 2~5 倍。这种附着力的增加会使细胞和铁靠得更近,以便细胞边缘的细胞色素在没有纳米导线存在的情况下转移电子。

许多研究者发现,多血红素细胞色素 c 可以将 $CoQH_2$ 解离下来的电子从细胞内传递到电极上。可能是由于每一个细胞色素内的血红素基团间紧密排列,且每两个相邻血红素的铁卟啉或是平行或是垂直的特殊结构,使得电子可在血红素基团间快速传递,同时,在细胞色素间形成蛋白复合物,使得每两个细胞色素上的血红素基团靠近排列,完成电子在细胞色素间的传递。当细胞色素 c 与阳极紧密接触时,电子便被传递到电极上。

2.1.3　中介体

产电微生物除了利用自身细胞色素 c、纳米导线直接传递电子外,还可以利用氧化还原介体来进行电子传递,在 MFC 最初的研究中,正是以投加氧化还原介体作为电子传递体来进行的。此过程是微生物借助分解基质产生的小分子物质或是人工投加的可溶性物质使电子从呼吸链及内部代谢物中转移到电极表面。化学中介体或电子中介体(Shuttle)经常被加入到 MFC 中,从而使细菌甚至酵母能传递电子。Potter 在最早的研究中,用酵母 *Saccharomyces cerevisae* 和细菌如 *Bacillus coli* 演示了电压及电能的产生。这里电能是怎样产生的并不清楚,因为实验中既没有向细胞悬浮液中加入已知的电子中介体,也没有证实 *E. coli* 和酵母在没有电子中介体存在的条件下能独立产生电能。从那时起,研究者使用多种化学电子中介体促进电子从胞内向胞外的电子传递。这些外源中介体包括中性红、蒽醌-2,6-二磺酸盐(AQDS)、硫堇、铁氰化钾、甲基紫精等。

Rabaey 和他的合作者发现,在 MFC 的培养基中电子中介体并不是必需的。这些自身产生或内生的化学中介体,如绿脓菌素及由 *Pseudomonas aeruginosa* 产生的相关化合物,可以将电子转移到电极,从而在 MFC 中产生电能。在连续流体系中,由包含 *P. aeruginosa* 的混合菌群产生的高浓度中介体,以铁氰化钾为阴极的电解液,再加上使用一个极低内阻的 MFC 反应器,可产生很高的功率密度。在间歇流或连续流的体系中,当底物耗尽、完成一个完整的产能周期时,更换全部溶液会使可溶中介体被移除,从而使得这些化合物不能累积到较高浓度。Rabaey 等向反应器中加入葡萄糖等底物,但并没有更换反应器的溶液。这样可以使由群落产生的中介体积累到很高的浓度,导致反应器中溶液呈现特殊的蓝色或蓝绿色。他们证明溶液中的化学中介体与由 *P. aeruginosa* 产生的绿脓菌素具有相似的特性。

除由纳米导线或内生的中介体如绿脓菌素传递外,其他用于胞外电子传递的自身产生的化合物电子还可以通过种间氢转移，产生诸如甲酸盐和乙酸盐等这种中间代谢物进行电子传递。

2.1.4　产生电子中介体的胞外产电菌

目前只有少数关于自身生成中介体胞外产电菌的产电研究。Rabaey 等(2004)从高功率密度(4 310 mW/m^2)的 MFC 中经平板分离得到几株产生中介体的纯菌。几株纯菌的电化学活性是由于分泌氧化还原中介体，其中主要是由 *Pseudomonas aeruginosa* 产生的绿脓菌素。这些纯菌产电的功率比混菌低很多，纯菌 *KRA*3、*P. aeruginosa* 和 *KRA* 产生的功率密度分别为 28 mW/m^2、23 mW/m^2 和 14.9 mW/m^2。

Rabaey 等使用从同一个 MFC 中分离出的菌株 *KRP*1 进行了更多的实验。当在不同的 MFC 中添加绿脓菌素时，MFC 的功率密度可显著增高。添加的绿脓菌素只能回收 50%，这表明它被强烈地吸附到细胞上，并缔合到生物高聚物中。缺乏产生绿脓菌素的 *KRP*1 突变体(*KRP*1 - phzM)产生的功率密度比野生型低(0.077 mW/m^2)，但是功率峰值随着绿脓菌素的投加量而增加至 0.41 mW/m^2，平均增长 0.040 ~ 0.095 mW/m^2。研究表明，投加绿脓菌素增加了 *L. amylovorus LM*1 和 *Enterococcus faecium KRA*3 产生的功率，但是 *E. coli ATCC* 4187 产生的功率却减少了。这表明绿脓菌素可以被其他细菌作为中介体利用，同时也可抑制其他细菌的生长。

虽然大多数 *Geobacter spp.* 产生的电子中介体不为大家所知，但基于恒电位阳极 MFC 测试的结果显示，*Geothrix fermentans* 可产生电子中介体。在使用该菌株稳定发电的 MFC 中，去除电子中介体后功率下降 50%，并需要 10 d 才能恢复到最初水平。这个发现和 *Geobacter sulfurreducens* 实验形成对比。在更换新鲜的培养基后，*Geobacter sulfurreducens* 立刻能产生与更换前相同的功率。从 *G. fermentans* 阳极室过滤的悬浮液(运行 35 d 的悬浮液)可促进 *G. sulfurreducens* 还原 Fe(Ⅲ)，效果比投加 25 μmol/L AQDS 还好。虽然实验并没有提供极化曲线和功率密度曲线，但从结果可以看出，由 *G. fermentans* 产生的总功率比 *G. sulfurreducens* 低。其中可能的电子中介体没有被分离出来，也没有用循环伏安法进行表征。

2.1.5　产电菌在有无外源中介体条件下的产电过程

Kim 等第一个论证了细菌可以在没有外源电子中介体情况下产生电能。他们利用 *Shetwanella putre facian IR* - 1 产生的电流设计了乳酸盐生物传感器，但输出功率很低(0.01 mW/m^2)。尽管没有加入外源电子中介体，循环伏安法测试恒定的 MFC 电极过程中发现存在氧化峰和还原峰，这表示存在电子中介体。在 MFC 系统中对该菌株进行测试，结果表明，氧气的存在能够抑制电流产生，而硝酸盐对产电没有抑制作用。

以乳酸盐为底物，Park 等使用 *Shewanella putre acians*，在 Mn^{4+} - 石墨阳极和空气阴极的 MFC 中，测得最大功率密度为 10.2 mW/m^2(库仑效率为 4%)；以丙酮酸盐为底物时产生的最大功率密度为 9.4 mW/m^2。而当使用乙酸盐或葡萄糖为底物时，产生的功率密度非常低(分别为 1.6 mW/m^2 和 1.9 mW/m^2)，这与底物缺乏时产生的功率一致。将中介体掺入石墨电极后输出功率增加了 10 倍。在相同的反应器中，*S. putre acians* 产生的最大功率密度是污水接种 MFC 的 1/6。

如果将 *Shewanella oneidensis DSP*10 菌株放入以乳酸盐为底物的培养瓶中使其生长，然后将细胞悬液接入以铁氰化钾为阴极的微型MFC($1.2\ cm^3$)中进行培养,会获得相当高的功率密度($3\ W/m^2$,$500\ W/m^3$)(Ringeisen等,2006)。在这个计算中,仅仅基于MFC的容积,而忽视了如培养瓶的体积等的外部容积。此研究没有使用其他菌株或混菌进行产能的对照研究,也没有说明其产生高功率的机制。电子中介体的加入会使功率密度进一步提高30%~100%。

研究表明,在沉积物燃料电池中含有大量的*Deltaproteobacteria*属硫酸盐还原菌,所获得的序列与*Desulfobulbaceae*成员高度相似。当阳极电势恒定为0.52 V时,*Desulfobulbus propionicus*可以用Fe(Ⅲ)或AQDS进行呼吸,并可以利用除乙酸盐外的丙酮酸盐、乳酸盐、丙酸盐、氢气或零价硫在MFC中产生电能。

在双室恒电位系统中,*D. acetoxidans*(利用乙酸盐)和*G. metalliredcens*(利用甲苯酸盐)可产生功率输出。在这种情况下,因为系统是利用恒电位仪来稳定电势的,因此阴极室可以不使用氧气作为电子受体,取而代之的是质子还原成氢气的反应。在这两项研究中,电子回收率很高,*D. acetoxidans*的回收率是82%,*G. metallireducens*的回收率是84%。

使用双室空气阴极MFC,纯菌*G. metallireducens*产生的最大功率实际上与废水接种的混菌产生的功率相当[$(38\pm1)\ mW/m^2$]。在含有柠檬酸铁和*L*-半胱氨酸培养基中测试(用来去除溶解氧)*G. metallireducens*的最大功率密度为$(40\pm1)\ mW/m^2$,在没有柠檬酸铁的培养基中最大功率密度为$(37.2\pm0.2)\ mW/m^2$,而在没有柠檬酸铁或*L*-半胱氨酸培养基中最大功率密度为$(36\pm1)\ mW/m^2$。这些功率上的微小差别可能是由于使用了不同的阴极,致使内阻出现了微小的变化。虽然连续发电不需要半胱氨酸,但它的使用可以减少产能的滞后时间。其原因很可能是半胱氨酸的加入去除了氧气,有助于维持厌氧环境。在混合细菌培养的MFC体系中,虽然已经证实半胱氨酸可作为唯一的电子供体,但在纯培养的实验中没有证据表明细菌通过氧化半胱氨酸来支持细胞生长。

在空气阴极双室MFC中,*G. sulfurreducens*可降解乙酸盐产生能量($49\ mW/m^2$)。使用空气阴极和200 mV恒定阳极(工作电极)电位的实验结果显示,二者平均的电子回收率为95%。一方面,氧化乙酸盐的电子回收率高达96.8%,这说明微生物产生的生物量非常少。另一方面,在这些MFC研究中对于氢气的作用还没有完全弄清楚。在恒定的电势下,阴极产生氢气。当氢气与灭菌的阳极不再反应时,微生物会代谢氢气,代谢产生的电流密度与乙酸盐为底物时相似。氢气从阴极室扩散到阳极室的过程会使这些数据解释起来更加复杂。迄今为止还没有在相同仪器使用混菌产电的数据。

2.2　MFC群落分析

MFC中的微生物,不论是自身具有电化学活性,还是进行种间的电子传递,对由它们构成的生物群落的研究都是刚刚开始。至今MFC生物膜群落分子特性的数据显示,我们对电化学活性菌及其在生物膜中的相互作用等方面的认知仍然不够充分。在有些MFC群落中*Geobacter*或*Shewanella*是占优势的菌株,但在一些研究中表明,MFC中的微生物群落具有更广泛的多样性。我们很清晰地了解到,即便是通过连续的转移和培养获得的生物膜,MFC中的微生物群落依然会呈现很大的差异性。

2.2.1 氧气阴极 MFC

Kim 等发现在一个双室 MFC 中,用厌氧污泥接种,以淀粉加工厂流出的废水为底物,系统发育差异分析表明大多半细菌属于 *Betaproteobacteria*。Phung 等则报道了一个 *Betaproteobacteria* 占优势的群落。此 MFC 中的微生物是用江底沉积物接种并用江水进行驯化的,而另一个是以江底沉积物接种的 MFC,以较低浓度的葡萄糖和谷氨酸盐为底物,获得了一个 *Alphaproteobacteria* 占优势的微生物群落。

在一个以酒精为底物的双室 MFC 群落研究中,大部分克隆的 16S rRNA 基因序列(83%)与 *Betaproteobacteria* 相似,其余的主要为 *Dechloromonas*、*Azoarcus* 和 *Desulfuromonas*,剩下的属于 *Deltaproteobacteria*。只有一个 16S rRNA 基因序列与 *Geobacter* 相似,此外没有得到与 *Shewanella* 相近的序列。

在这些研究中使用了不同的基质,反应器内阻和库仑效率也不相同,因此很难在此水平上研究这些因素对 MFC 中微生物群落的影响。尽管有研究者提出 *Geobacter spp.* 是 MFC 阳极生物膜中的优势竞争者,但是在我们的研究中发现产电活性并不仅限于少数微生物。未必只有 *Geobacter* 或 *Shewanella* 是产电模式菌株或者这两株铁还原菌在所有 MFC 群落中占优势。主要的微生物鉴定为 *Actiniobacteria*、*Leptothrix* 和 *Shewanella*,没有 *Geobacter*。值得注意的是,这些体系中没有 *Geobacter*,原因可能在于 *Geobacter* 是专性厌氧菌,并且不清楚有多少氧气进入阳极室。我们需要逐一比较 MFC 的构型(如沉积物、非沉积物、氧气、铁氰化钾和恒电位 MFC)、底物和接种物(沉积物、江水和废水细菌),从而更好地理解控制 MFC 系统中生物群落进化的因素。

大连理工大学的研究者利用两室 MFC 装置,考察了小麦秸秆的水解产物作为系统燃料产电的可行性,并表征了阳极产电菌群在整个运行周期内的演变过程。结果发现生物膜和悬浮细菌在产电过程中的作用不同。复杂底物在悬浮细菌的作用下被发酵为简单小分子发酵产物,这些小分子发酵产物被生物膜中的产电菌进一步利用产电。16S rDNA 文库分析表明,阳极生物膜中占主要的是 *Bacteroidetes* 菌纲微生物(40%),其次是 *Alphaproteobacteria*(20%)、*Bacilli*(20%)、*Deltaproteobacteria*(10%) 和 *Gammaproteobacteria*(10%)。而悬浮细菌中占主要的是 *Bacteroidetes* 菌纲(44.4%),其次为 *Alphaproteobacteria*(22.2%)、*Bacilli*(22.2%)、*Betaproteobacteria*(11.2%)。对发酵型和非发酵型底物对 MFC 群落演变及电能输出影响也进行了探讨。发现发酵型底物葡萄糖启动的系统改加非发酵型底物乙酸钠后,产电菌属得到富集,且电能输出明显提高。改加葡萄糖后,阳极菌群结构发生显著变化,系统需要在驯化期后才能恢复产电。混合底物启动系统的产电性能要低于单独底物启动的系统,且达到稳定的菌群结构需要的时间较长。

华南理工大学的研究者们养殖废水沼气池沼泥为接种物,构建了乙二胺、三氯化铁改性阳极的无介体单室微生物燃料电池体系,很好地研究了微生物燃料电池阳极生物膜的微生物多样性,分别采集了两种 MFC 阳极生物膜样品,采用 PCR - DGGE 法研究了一个完整产电周期的启动期(S)、葡萄糖产电稳定期(RG) 和养殖废水原水稳定期(RS)的 MFC 阳极生物膜的微生物群落变化。结果表明,不同时期 MFC 阳极生物膜的微生物多样性存在明显差异,S - RG、S - RS、RG - RS 的微生物群落相似性分别为 70.1%、42.0 % 和 50.6%。两种不同阳极富集的生物膜微生物群落相似性仅为 48%,这表明不同改性方法所得的阳极对微生物具有选择性作用。对DGGE条带测序和比对发现,不同时期阳极生物膜上优势微生物包括 *Trichococcus sp.*、*Thauera sp.*、*Azoarcus sp.*、*Azospirillum sp.*、*Zobellella sp.*、*Pseudomonas sp.*、*Aeromonas sp.*、*Thiobacillus sp.*、*Desulfovibrio sp.*、*Thiomonas sp.*。对DGGE条带测序和比对发现,不同时期和不同改性阳极的系统阳极生物膜上的微生物群落存在明显差异,可能的主要产电菌为 *Pseudomonas sp.*、*Aeromonos sp.* 和 *Desulfovibrio sp.*。

2.2.2 除氧气以外的其他电子受体MFC

在以葡萄糖为底物、用铁氰化钾作阴极的MFC中,Rabaey等应用变性梯度凝胶电泳技术,鉴定了生物膜中大量细菌的菌属。鉴定的序列分属于 *Firmicutes*、*Gamma* 和 *Alphaproteobacteria*。其中产氢菌占优势,如革兰氏阴性菌 *Alcaligenes faecalis* 和革兰氏阳性菌 *Eneerococcus gallinarium*。采用传统的平板法(营养琼脂)分离出了6株截然不同的细菌。基于16S rRNA序列分析,这些细菌属于 *Firmicutes*、*Alpha*、*Beta* 和 *Gammaproteobacteria*。一些细菌由于分泌氧化还原中介体而显示出电化学活性,其中 *P. aeruginosa* 产生的电子中介体为绿脓菌素。从反应器中分离出来的 *P. aeruginosa* 属的两株菌在MFC中进行测试,产生的功率比混菌少很多。

Aelterman等在以葡萄糖作为底物,铁氰化钾阴极的6个串并联MFC中,分析了微生物的群落随着时间推移的变化规律。初始群落源于厌氧污泥,其中包含大部分的 *Proterbacteria*、*Firmicutes* 和 *Acinobacteria* 家族成员。随着时间的推移,群落结构发生演替,16S rRNA的基因克隆文库显示所有的克隆片段都与 *Brevibacillus agri* 相似(>99%),来自 *Firmicutes* 属。群落演替的同时也伴随着内阻的降低,这也表明由于这株微生物在群落中占优而降低了阳极的过电势,从而增加了功率输出。

有研究者利用混合菌群MFC研究不同电子受体对系统产电性能的影响。实验以洛阳石化PTA污水处理的泥水混合物为接种源,以葡萄糖(COD 500 mg/L)为碳源,启动电池并运行,系统运行3个周期,电压输出规律基本稳定,最大输出电压为270 mV。实验分别以氧气、铁氰化钾以及高锰酸盐为阴极电子受体,O_2 的最大输出功率为201.67 mW/m^2。当高锰酸钾和铁氰化钾作为阴极电子受体时最大输出功率达1 396.74 mW/m^{2}和630.21 mW/m^2。利用空气中的氧气作为MFC阴极电子受体,由于动力学因素的影响,氧化还原反应的阴极存在很大的过电势,直接影响系统的性能。铁氰化钾与高锰酸盐作为电子受体的最大优点是它们电极反应的过电势较低,使得阴极工作电压接近于开路电压,其缺点是不能被氧气氧化再生,需要在阴极电解液中不断补充。本研究证实,高锰酸钾作为MFC阴极电子受体可大幅度提高MFC的电能输出,对于高锰酸盐废水的处理有一定的应用价值。

2.2.3 沉积物MFC

虽然沉积物MFC(SMFC)的阴极存在氧气,但此系统与其他MFC的根本区别在于样机上的细菌是与氧气完全隔绝的。在有膜的实验室反应器(双室MFC)中,氧气的跨膜渗漏可能会引入到好氧环境(即使只是暂时的)。这种情况最有可能发生在底物已经被耗尽的间歇流的循环末期(尽管在MFC中氧化还原环境还没有得到很好的研究)。在SMFC中,厌氧沉积物或泥浆在整个研究过程中一直保持厌氧状态,从而确保了专性厌氧细菌与氧气隔绝。

Holmes 等对比了几种海洋、盐沼及淡水沉积物培养的 SMFC 微生物群落。5 个实验室实验和实地实验再次验证了 *Delta proteobacteria* 是 SMFC 的优势群落(占 54% ~76% 的阳极基因序列)。其他优势序列来自 *Gammaproteobacteria*(3 例,9% ~10%)、*Cytophagales*(33%)和 *Fiemicutes*(11.6%)。这些结果充分表明,并不是单纯的由于接种体的原因而导致 δ - *Proteobacteria* 在反应器中占优势。在一些 SMFC 的研究中,使用了空气阴极 MFC(反应器构型不同于沉积物 MFC),以江水或海水沉积物接种可产生不同于 SMFC 的结果。因此,SMFC 中的特殊群落很可能是由沉积物中复杂的有机物和硫化物在降解过程中选择得到的。SMFC 的电子供体是不确定的,而相比之下在实验室进行的 MFC 的测试中通常都使用单一底物。

SMFC 阳极上茁壮生长的细菌群落会表现出更多的特性,而不仅仅是有机物质分解的能力,因为在海底沉积物环境中通常是硫化物氧化占主导地位。在冷泉港附近阳极微生物群落结构的研究中,Reimers 等发现了大多数的微生物与 *D. acetoxidans*(*Deltaproteobacteria*)的亲缘关系相近,它们主要集中在 20 ~29 cm 深的阳极上(346 个克隆中的 90%),与之前在 SMFC 中的发现相一致。他们将此归因于周围沉积物中可用的三价铁。然而,当他们调查更深处的群落时(46 ~55 cm),发现了更多不同的种群,如 *Epsilonproteobacteria*、*Desul focapsa* 和 *Syntrophus*(克隆的 23%、19% 和 16%)。在厚度为 70 ~76 cm 处,序列片断与 *Epsilonproteobacteria* 和 *Syntrophus*(*Deltaproteobacteria*)属最相近(32% 和 24%)。硫酸盐还原菌 *Desul focapsa* 生长所需的能量来自单质硫的歧化反应。他们认为发现的单质硫是电催化沉积作用的结果,这些硫导致了电极的钝化。随着时间的推移,这种沉积作用与反应器的性能下降是同步发生的。随着 SMFC 在各种孔隙水化学环境中测试的进行,我们期待看到一个更加广阔的反映出不同有机底物和无机底物的生物群落。

近年来,随着沉积物微生物燃料电池的细菌研究的不断深入,已揭示了革兰氏阳性菌在海洋沉积物中占有很高的比例。一些研究者曾构建了沉积物微生物燃料电池(BMFC)模型,研究了该系统的阳极表面细菌的分布特征,结果发现,革兰氏阳性菌芽孢杆菌属(*Bacillus*)为该系统阳极表面异样细菌群落的优势菌群,其中蜡样芽孢杆菌(*Bacillus cereus*)为优势菌群。实验还分离并鉴定了一株海洋新菌 *Algoriphagus faecimaris LTX*05,这种新菌属于革兰氏阴性菌拟杆菌门嗜冷菌属。实验主要以沉积物微生物燃料电池(BMFC)阳极表面分离得到 *Bacillus cereus LYX*03 和 *Algoriphagus faecimaris LTX*05 作为实验菌株,研究异养可培养细菌对 BMFC 产电效能及其阳极表面菌群的影响。实验发现,底泥中的细菌群落与 BMFC 阳极表面的细菌群落存在较大差异,海洋细菌和不同碳源的添加均会改变 BMFC 阳极表面的微环境,例如改变阳极表面周围的溶解氧含量、改变阳极表面细菌群落中各类细菌碳源代谢的方式等,从而导致细菌群落组成的变化,影响产电效能。BMFC 阳极表面更容易富集底泥中跟电子传递相关的细菌,各实验组均检测到地杆菌(*Geobacter sp.*)的存在,说明地杆菌为 BMFC 阳极表面的优势菌群。芽孢杆菌为阳极表面异养可培养细菌的优势种群,在 BMFC 阳极表面添加 *Bacillus cereus LYX*03 及其胞外 DNA,对阳极表面的菌群多样性有一定影响,但对其输出电压无显著影响。BMFC 阳极表面微生物种类的演变影响电池产电的稳定性。

另外,有关新菌 *Algoriphagus faecimaris LTX*05 的研究还有很多。2001 年我国研究者首先在实验室建立了 BMFC 模型,从阳极表面分离并测序了 52 株异养细菌,分别属于变形菌门(Proteobacteria)、拟杆菌门(Bacteroidetes)和厚壁菌门(Firmicutes)。厚壁菌门的细菌占总菌数的77%。芽孢杆菌是该微生物燃料电池阳极表面异养细菌群落的优势菌群,蜡样芽孢杆菌是优势菌种。从系统阳极表面分离得到海洋细菌新菌 *LYX*05,其16S rDNA 测序结果与 NCBI 中的已知序列比对发现,其最大相似度是 95.8%。实验分别将蜡样芽孢杆菌 *LYX*03、海洋新菌海洋底泥食冷菌 *LYX*05 的菌液以及 *LYX*03 的 DNA,添加到运行稳定的 BMFC 阳极表面,对 BMFC 产电效能以及其阳极表面细菌群落组成的影响进行研究。添加海洋底泥食冷菌的实验组输出电压大大降低,降至原输出电压的20%左右。向阳极表面添加蜡样芽孢杆菌和蜡样芽孢杆菌 DNA,对产电效能和细菌群落的影响并不明显。阳极表面微生物种类的演化影响电池产电的稳定性,而且阳极表面细菌的种类可能受到沉积物中有机物含量和成分的制约,从而影响产电效能。

2.2.4 高温 MFC

少数研究者考察了正常实验室温度范围外的 MFC 产电情况(温度达到 36 ℃)。Choi 等在一个 MFC 系统中检测出了两株嗜热菌株(*Bacillus licheniformis* 和 *B. thermoglucosidasius*)。但是,其能量产生需要用到中介体,所以在这个实验中使用的菌株不属于胞外产电菌。高温下的一个问题是氧气的溶解度会随着温度的升高而降低。例如,氧气的溶解度会从 20 ℃时的 9.0 mg/L 降低到 30 ℃时的 7.5 mg/L,甚至在 50 ℃时降低到 6.0 mg/L。Jong 等克服了这个潜在的氧化剂的限制,55 ℃下在阴极循环使用含有饱和溶解氧的水,功率密度达到了 1.03 W/m^2。通过 16S rRNA 基因分析,他们发现一株细菌在系统发育上与一株未被培养的序列 E4 相近(GenBank 认证码 AY526503,相似度 99%),并和 *Deferribacter desulfuricans* 是远亲。这是一株从深海海底热液中分离出来的硫酸盐、硝酸盐和砷酸盐的还原嗜热菌。其次占主导地位的就是 *Coprothermobacter spp.*。在克隆文库中完全没有 *Proteobacteria* 的序列。在不同的 MFC 群落研究中,Jong 等的研究获得的微生物多样性最低,这表明升高温度会使 MFC 中功能菌群的多样性降低。当然,要支持这一推测还需要在该领域中进行更多的持续的工作。

2.3 MFC 中的电压与电流

对于任何电源来说,人们首先注意到的就是电压。在美国,电器在 110 V 标准电压下使用。而在欧洲,220 V 才是标准电压。根据用电器具的不同,电池一般分为 6 V 或 9 V,但更小一些的用电器和手机对电压的要求又有不同(有的手机是 3.6 V)。将电池或燃料电池串联,输出电压可以得到提高。比如手电筒,通常是利用两节或更多节电池串联来提高总电压,但对于玩具,通常是把电池并联以提高电流。氢燃料电池的单电池工作电压约为 0.7 V,所以常串联在一起使用以产生更高的电压。使用直流–直流(DC–DC)转换器电压能够得到提升,并实现直流到交流的转换。

微生物燃料电池通常能实现的最大工作电压为 0.3 ~ 0.7 V。电压是外电阻 R_{ex}(或是电路负载)和电流 I 的函数。这几个变量之间的关系为

$$E = IR_{ex}$$

其中 E 表示电池电位。单个 MFC 产生的电流是很小的,所以在实验室,对一个小型的

微生物燃料电池，并不直接测量电流，而是通过测量外电阻上的电压，根据公式 $I = E/R_{ex}$ 计算得到。MFC 产生的最高电压是开路电压，可以在电路不联通的时候测得（无穷大电阻，零电流）。随着电阻减小，电压值减小。功率可以由公式 $P = IE$ 计算得到。

MFC 的电压产生远比对化学电池的理解和预测要复杂得多。在 MFC 中，微生物需要一段时间以生长在电极表面，并产生酶或是一些结构来完成电子在细胞外的传递。在混合培养过程中，各种微生物都能生长，并产生不同电位。但正如后面所讨论的，即使是在纯培养条件下，微生物产生的电位都是不可预测的。但是，根据电子供体（底物）和电子受体（氧化剂）的热力学关系，能产生的最大电压是有上限的。

2.4　基于热力学关系的最大电压

对于各种电池或燃料电池，最大电动势 E_{emf} 都可以表示为

$$E_{emf} = E^{\ominus} - \left(\frac{RT}{nF}\right)\ln(\Pi)$$

式中　$E^{\ominus}$——标准电池电动势；

R——气体常数，$R = 8.314\ 4\ J/(mol \cdot K)$；

T——溶液温度，K；

n——电子转移数；

F——法拉第常数，$F = 96\ 485\ C/mol$。

反应系数是指生成物活度与反应物活度的各自化学计量系数次幂的比值，即

$$\Pi = [生成物]^{p}/[反应物]^{r}$$

根据 IUPAC 公约，所有的化学反应都按照化学还原的方向书写，所以产物一般是还原物，反应物是氧化物（氧化物 $+ e^- \longrightarrow$ 还原物）。仍然根据 IUPAC 公约，将温度 298 K，1 mol/L的液体浓度和 100 kPa 下的气体浓度设为标准条件。所有的 $E^{\ominus}$ 值都根据标准条件下的相对于氢的值来计算，定义 $E^{\ominus}(H_2) = 0$，即标准氢电极（NHE）。这样，系数 Π 为 1 时，相对于氢电极的所有化学物的标准电位都能够得到。

在生物体系中，报道的电位通常都先修正为中性 pH 值条件，因为大多数细胞的细胞质都是 pH = 7。对于氢来说，由于存在 $2H^+ + 2e^- \longrightarrow H_2$，这就意味着 298 K 时，修正后的电位由公式 $E'^{\ominus} = E^{\ominus} - \left(\frac{RT}{nF}\right)\ln([H_2]/[H^+]^2)$ 得到 -0.414 V 电动势，其中，$R = 8.31\ J/(mol \cdot K)$，$n = 2$，$F = 9.65 \times 10^4\ C/mol$；$[H_2]$ 为 100 kPa；$[H^+]$ 为 10^{-7} mol/L。其中 E 的上标"′"用来定义一般适合微生物使用的 pH 值修正后的标准条件。因此，虽然当所有种类都存在于 pH = 7 的溶液中的假定状态时，氢的电位为零，但在大多数计算中，氢的电位并不是零。电位需要根据温度、压力和不同于 7 的 pH 值来修正。例如在 303 K（30 ℃），在标准大气压下实验室细菌的培养中，$E'^{\ominus}(H_2) = -0.421$ V。对氢（H^+/H_2）来说，能被 H^+ 氧化的化学物质有更负的电位，而那些被 H_2 还原的物质有更正的电位。例如，氢气能够被氧气氧化，氧气的半反应方程为 $\frac{1}{2}O_2 + 2H^+ + 2e^- \longrightarrow H_2O$，$E^{\ominus}(O_2) = 1.229$ V，所以在 pH = 7 时，修正氧的电位值由 $E'^{\ominus} = E^{\ominus} - \left(\frac{RT}{nF}\right)\ln(1/[O_2]^{\frac{1}{2}}[H^+]^2)$ 计算为 0.805 V，其中

$[O_2]^{\frac{1}{2}}$为0.2 mol/L。

目前,纯液体和固体的活度是常数,所以这里水的活度是统一的。由于$E'^{\Theta}(O_2)>E'^{\Theta}(H_2)$,氧气被氢气还原。当电压为正时,这是一个放热反应。对它的计算可以用吉布斯自由能的变化来表示ΔG_r(单位:J),由于

$$E^{\Theta}=-\frac{\Delta G_r^{\Theta}}{nF}$$

这里注意到吉布斯自由能为负时,反应为放热反应。总电池电位任何燃料电池产生的总电位都根据阳极和阴极电位的不同而不同,即$E_{emf}=E_{Cat}-E_{An}$。在氢燃料电池中,我们可以实现800 C,200 kPa的氧气和氢气的分压,阳离子交换膜上pH值为3,所以能够产生稍高的电位$E_{emf}=1.24$ V。

标准氢电极外的其他电位尽管用标准氢电极来表述所有电位很有用,但在多数实验中都是使用Ag/AgCl或甘汞标准电极的。将使用Ag/AgCl参比电极得到的电压转换成标准氢电极为参比的电压值,取决于电极内的溶液成分,一般加上0.195 V(Liu,Logan,2004)或0.205 V(Ter Heijne等,2006)能得到相对标准氢电极的电压值。使用标准甘汞电极得到的电压值加上0.241 V,即获得相对标准氢电极的电压值。

2.4.1 阳极

如果热力学限制了总的电能的产生,希望测量到的阳极电位能达到计算的最大电位值。如前面提到的,最大电压在开路模式下产生,所以最大电位应该接近于开路电位(OCP)。大多数在各种底物下运行的MFC产生大约-0.3 V的开路电位(相对于标准氢电极)。对乙酸盐来说,由HCO_3^-/Ac的还原反应表示为

$$2HCO_3^-+9H^++8e^-\longrightarrow CH_3COO^-+4H_2O$$

在1 g/L质量浓度(16.9 mmol/L)、pH=7、设定碳酸氢盐浓度5 mmol/L的条件下,乙酸盐的$E^{\Theta}=0.187$ V,则E_{An}通过以上电动势公式计算得到$E_{An}=-0.300$ V。如果乙酸盐反应中包括CO_2,结果会稍有不同,预测葡萄糖会有稍低的电位。在这两种情况下,根据计算得到的阳极预测电位与测量到的乙酸盐阳极开路电位是十分接近的。

2.4.2 阴极

对于使用氧气的阴极,阴极电位的最大值为-0.805 V。因此,对于使用质量浓度为1 g/L乙酸盐作为底物的空气阴极MFC($[HCO_3^-]=5$ mmol/L,pH=7),最大电池电位为0.805 V-(-0.300 V)=1.105 V。然而在实际中,空气阴极电位比这里预算的要低得多。典型的是空气阴极的开路电位大约在0.4 V,即使使用铂催化剂,工作电位只能达到0.25 V。在无阳离子交换膜的MFC中,阴极开路电位达到0.425 V(相对于Ag/AgCl电极0.230 V)。把阳离子交换膜热压到阴极会将阴极开路电位降低到$OCP_{Cat}=0.226$ V。阳极开路电位为-0.275 V,而无论是否有阳离子交换膜存在,阳极工作电位均为-0.205 V(相对于Ag/AgCl电极0.400 V)。

氧气还原成水需要转移4个电子,但在通常条件下是不能实现的。也有可能只有2个电子发生转移,还原产物为过氧化氢。过氧化氢溶液的标准电位为0.695 V,但在对MFC

合理的条件下得到的结果是 $E'^{\ominus}=0.328$ V(图 2.1)。这与在阴极观察到的 0.425 V 的阴极开路电位很接近。产生过氧化氢是有疑问的,由于它是强氧化剂,能引起电极或膜的降解。但是它的产生也可能产生有益的作用,比如它可能起到消毒剂的作用而抑制阴极生物膜的形成或是帮助降解吸附有机物。关于氧气在 MFC 阴极上的形式以及在阴极长期性能所起的作用需要进一步研究。

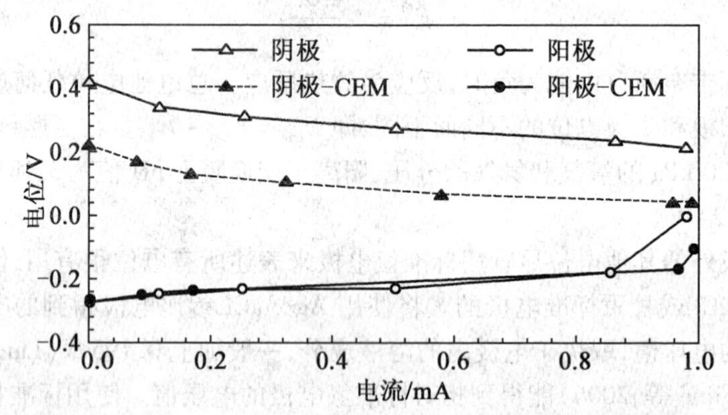

图 2.1 葡萄糖培养 MFC,CEM 是否存在时的阳极和阴极电位(相对于标准氢电极)

图 2.1 中所有其他的电位氧化剂都是不可持续的,所以它们必须具有化学可再生性。在 MFC 中仅次于氧气最常使用的阴极液是铁氰化物或亚铁氰化物。它的标准电位是 0.361 V,易溶于水,且在阴极上不需要类似铂的贵金属。实验表明,使用铁氰化物阴极能够产生比氧气阴极更高的功率输出,这是因为阴极几乎没有极化现象,所以阴极电位几乎接近标准条件下的计算结果。所以,虽然推测氧气有比铁氰化物更高的阴极电位,但实际应用中的电位比理论值要低很多。在双室 MFC 实验中,Oh 和 Logan (2006) 发现将使用氧气的液体阴极替换成铁氰化物能够将功率提高 1.5 ~ 1.8 倍,尽管该系统的功率密度较低。Rabaey 等(2004)使用铁氰化物作为阴极,得到了 MFC 中最高的功率密度之一(相对于阳极面积 4.1 W/m^2),但他们并没有报道使用溶解氧阴极时的功率结果。

其他阴极电解液包括铁、锰和高锰酸盐也都在 MFC 中使用过。TerHeijine 等(2006)设计了一种能够在阴极将三价铁转换成二价铁的双极膜,产生的最大功率密度达到 0.86 W/m^2。他们报道,使用硫酸铁时的阴极开路电位是 0.674 V(相对于标准氢电极),但他们没有测量 Fe^{3+}/Fe^{2+} 的相对浓度。假设其浓度相等,阴极最大电位将达到 $E_{Cat}=0.780$ V,相差只有 0.106 V,这与阴极开路电位和阴极最大电位相差很多的氧气相比,结果是非常好的。另外,它使用铁时的阴极电位比使用氧气时所得到的更高。

Shantaram 等(2005)发明了一种金属阳极(Mg)和固体二氧化锰阴极的燃料电池。尽管由于阳极上没有微生物,并不是这里所说的真正意义上的微生物燃料电池,但阴极产生的还原的二价锰被假定为是基于释放锰的细菌的氧化作用产生的生物可再生性物质。You 等使用高锰酸钾作为阴极电解液,$E^{\ominus}_{Cat}=1.70$ V。在实验条件下,阴极电位达到 $E'^{\ominus}_{Cat}=1.385$ V (总开路电位 $E_{emf}=1.53$ V)。阴极开路电位 1.284 V,是 MFC 中报道的最大数值之一。基于这一结果,阴极损失只有 0.101 V。相对于阳极面积,它们的最大功率密度为4.0 W/m^2。而使用铁氰化物为阴极电解液的同样的反应器得到功率密度 1.2 W/m^2。这些对比说明了开路电位在功率产生时起到的重要作用,在后面章节中将详细讨论。

2.5 阳极电位和酶电位以及设定电位时的群落与酶的作用

2.5.1 阳极电位和酶电位

虽然阳极和阴极的电位限制了能量产生过程所得到的最大电压,但底物利用的电位并不足以阐明能量产生的生物化学机制。利用氧气或如铁这样的替代电子受体的微生物经柠檬酸循环完成底物的氧化,同时伴随着三种电子载体(NADH、FADH 和 GTP)的生成。由于 NADH 和氧气之间的电位差最大,在有氧条件下 ATP 的产率最高。例如在好氧条件下,葡萄糖被首先氧化成丙酮酸(产生 2 个 ATP),每个丙酮酸脱羧形成乙酰辅酶 A,然后在柠檬酸循环(CAC)中,丙酮酸被完全氧化,产生 1 个 GTP (1ATP)、4 个 NADH (12ATP)和 1 个 FADH (2ATP)。在有氧时,每个丙酮酸经过柠檬酸循环能形成 15 个 ATP(总共 30 个),加上丙酮酸氧化时产生 6 个 ATP 和糖酵解时产生的 2 个 ATP,在有氧情况下,最多能得到 38 个 ATP。ATP 的产生源自于呼吸酶作用时质子穿过内膜的动力。当它们流过 ATP 酶时,ADP 形成了 ATP。当氧气作为最终电子受体时,一共有 5 个质子穿过内膜。当硝酸盐作为最终电子受体时,只有 4 个质子穿过内膜,因此使用硝酸盐与使用氧气相比,ATP 的产率要低。这是由于硝酸盐比氧气可利用的能量要低,这一点可以用在同样条件下硝酸盐(NO_3^-/(1/2)N_2,$E'^{\ominus}=0.74$ V)比氧气($\frac{1}{2}O_2/H_2O$,$E'^{\ominus}=0.82$ V)的氧化还原电位低来说明。能量越少意味着能穿过内膜的质子越少。

这一生物化学路径分析的重要特性是:在能够产生能量的柠檬酸循环中,进入呼吸链的电子供体实际上是 NADH,而不是乙酸盐。前面的讨论主要集中在底物(乙酸盐)到氧气的电子转移上,可以看出,$NADH/NAD^+$ 与最终电子受体直接相关。

我们可以知道相关细胞内 NADH 和 NAD^+ 是如何通过调节而实现实际的电位的,但要控制在启动浓度以下。在这个例子中,如果[NADH]过大,柠檬酸循环将会终止,反应将无法进行。这将导致细胞的呼吸作用停止,并直到持续到通过 NAD^+ 的浓度增加使得[NADH]减小为止。因此可以预见,这就是 MFC 开路状态时的模式。还原物例如 NADH 的浓度,在细胞内增加,直至电位反应不可进行和呼吸作用停止为止。一旦接通 MFC 电路,压力就会释放,也就是说,还原物被氧化,电子流向最终电子受体(阳极,然后到达阴极)。以上情况只是一种例证,绝不表示[NADH]/[NAD^+]是体系中最主要的电对。事实上在细菌的呼吸链中,存在着多种氧化物和还原物。我们对于带有电子的还原物在哪里增加或是电子在哪里离开呼吸链的理解都是猜测的。

2.5.2 设定阳极电位时群落与酶的作用

以上关于氧化态和还原态中 NAD^+ 相对丰度的电位的讨论使我们了解了能够影响 MFC 微生物生态的因素。首先考虑纯培养的情况,可以确定,NAD^+ 的浓度和其他氧化还原物质的相对比值一样,是由细胞控制的。一种微生物可能只能实现一个确定的[NADH]/[NAD^+]比值,因此如果对电位设定了限制,一类特定的微生物就可以根据电路而确定。因此,阳极电位随着微生物的不同而改变,不同种的细菌有不同的功率输出。以微生物从底物降解过程获得最大的能量产生作为目标,较高的[NADH]/[NAD^+]比值是对微生物有利的。基于相似的原因,较低的比值对于将电子转移到阳极上的终端酶也是有好处的。因此,我们确定了最大的可能电位,这决定了细胞能获得的最大势能。

考虑在混合培养情况下两种不同的细菌(种1和种2)竞争使用电极时所发生的情况,二者都尽可能地使[NADH]/[NAD^+]比值最大化以取得较大电位的优势,所以设定这一值为-0.261 V。假定种1调节终端酶产生了0.20 V的最终电位(这是Fe^{3+}/Fe^{2+}在pH值为7的标准条件下的电位)。因此,种1的电位$E=0.20\ V-(-0.26\ V)=0.46\ V$。我们能在MFC中收获0.60 V的电压。种2调节阳极电位为-0.10 V。种2现在从路径中得到较低的电位($E=0.16$ V),但是重要的结果是,由于种1终端酶的电位是0.20 V,它相对于电极是完全的负电位(-0.10 V),因此种1再也不能从酶上转移出电子。所以,种1必须调节终端酶上相关的氧化还原剂的比例以从呼吸链上传递电子。

两种细菌的竞争导致以下结果:一种细菌调节了更低的电位战胜了另一种细菌,或者它们都实现了相同的电位,得以共存。细菌用来传递电子的电路(纳米导线或是潜在的电子中介体)的外电阻也可影响微生物产生的最终电压,因此这也成为不同种属竞争的一个因素。随着微生物的生长和新细胞的产生,微生物与阳极距离的变长,导线的长度或是到阳极表面的距离变得更远,因此,这些微生物对于电极表面空间的竞争就开始减弱。这些细菌可能因此而死掉,或是被迫转移到电极上新的更有利的地方,或是代谢其他种类的电子受体(或是转移为新的发酵代谢)。也许这样的铁还原细菌在寻找类似三价铁这样不易溶解的电子受体时更容易移动,但一旦细胞黏附在特定的铁离子表面,鞭毛就不会再表达出来,这种现象并不是巧合。

2.6　MFC能量的产生与计算

MFC提供了从可生物降解的、还原的化合物中维持能量产生的新机会。MFC可以利用不同的碳水化合物,同时也可以利用废水中含有的各种复杂物质。关于它所涉及的能量代谢过程,以及细菌利用阳极作为电子受体的本质,目前都只有极其有限的信息;还没有建立关于其中电子传递机制的清晰理论。倘若要优化并完整地发展MFC的产能理论,这些知识都是必需的。依据MFC工作的参数,细菌使用着不同的代谢通路。这也决定了如何选择特定的微生物及其对应的不同的性能。在此,我们将讨论细菌是如何使用阳极作为电子传递的受体,以及它们产能输出的能力。

为了使MFC技术成为有效的产能方法,优化该产能系统非常关键。功率等于电流值乘以电压值,即$P=IE$。MFC的输出功率等于测量的电压值乘以通过该电路的电流值。

$$P=IE_{MFC}$$

实验室规模的MFC产生的电流通过测量该电路在某一负载(如外电阻R_{ext})下的电压值计算而得

$$I=E/R_{ext}$$

因此输出功率可由下式给出,即

$$P=E_{MFC}^2/R_{ext}$$

根据欧姆定律

$$I = U/R_{ext}$$

因此输出功率可表示为

$$P = I^2 R_{ext}$$

对于面积功率密度的计算,我们知道对于描述特定构造的MFC系统的效率,仅仅知道其输出功率是不够的。例如,微生物用于生长的阳极,其表面积可影响其产能。因此,通常将产生的能量通过阳极面积(A_{An})进行规范,进而得到MFC的功率密度,即

$$P_{An} = \frac{E_{MFC}^2}{(A_{An} R_{ext})}$$

并非所有研究中阳极面积都是一样的。例如,当阳极悬浮在反应器的溶液中时,阳极面积是基于电极两侧的投影面积或几何面积。对于形状规则的电极,$A_{An} = 2l_{An}\omega_{An}$,其中$l_{An}$和$\omega_{An}$分别是电极的长和宽。当电极的一侧紧贴在反应器的一侧时,阳极面积按单面面积计算。其他情况下阳极的总面积包括任何液体可接触到的部分。当用气体吸收数据计算总面积时,总面积可能会因为阳极上的空隙比微生物小(纳米导线或此中介体可能通过,但视具体情况而定),因而其对于微生物来说是不可利用的,使得估算值比实际值大。基于阳极材料的投影面积的比较,为确定更好的阳极材料提供了直接的方法,实验发现输出功率只受阳极限制,而没有受到其他影响内阻因素的影响。

在此之后的实验显示,阳极面积并不总是影响能量输出的因素。在某些系统中,缩短阳极与反应器之间的距离,或提高阳极面积与阴极面积的比值也能提高能量输出,并得到能量输出与阴极面积A_{Cat}的关系,即

$$P_{Cat} = \frac{E_{MFC}^2}{(A_{Cat} R_{ext})}$$

式中 P_{Cat}——基于阴极面积的功率密度;

E_{MFC}——外电阻上的电压;

A_{Cat}——阴极面积;

R_{ext}——外电阻阻值。

在有膜的MFC系统中,单位面积的功率输出可由膜面积A_{Mem}计算。这就为研究电极面积与输出功率的影响提供了相同的条件。研究表明,阳极、阴极和质子交换膜(Proton Exchange Membrane, PEM)的相对面积的改变会引起输出功率的变化,当阳极、阴极以及PEM面积相同时,系统的性能最优。

对于体积功率密度计算,我们知道MFC设计的目标是使系统的总功率输出最大,最重要的因素是基于反应器总体积的功率输出。体积功率可由下式计算,即

$$P_V = \frac{E_{MFC}^2}{(V R_{ext})}$$

式中 P_V——体积功率,W/m^3;

V——反应器总体积,m^3。

V也可以用液体容积来计算,但是在环境工程领域,更习惯使用反应器的总体积。有时,有些研究者使用阳极体积或者阴极体积来单位化输出功率,但是他们经常忽略这样的事实,即两个电极室对反应器的总体积都有贡献。计算反应器的体积时,通常不计算其供

给瓶的体积,但如果细菌是在反应器的外部生长,这部分体积应该计算在内。例如,Ringeisen 等从一个反应器(1.5 cm^3)中得到了 500 W/m^3 的功率密度,但是计算体积中没有包括 100 cm^3 的用于供给细胞生长的容器。此外,空气阴极系统与反应器以外的空气一侧是没有间距的,但是如果电池是堆栈在一起的话,就要在阴极面向空气的一侧留出一定的间距。

为什么有些反应器的功率只能达到几毫瓦特每立方米,而有些却可达到几百瓦特每立方米? 这主要是由反应器的内阻与阳极和阴极的化学反应产生的最大固有电位的比值决定的(如电池的 E_{emf})。由于系统内阻的存在,一般系统达不到这一最大值。我们可将 MFC 看作有电流通过的串联两个电阻的电池,一个是外阻 R_{ext},另一个是内阻 R_{int}。因此,最大的输出功率 $P_{t,emf}$ 为

$$P_{t,emf} = \frac{E_{emf}^2}{(R_{int} + R_{ext})}$$

因此,功率与最大电位(E_{emf})的平方成正比。如前所述,开路电压(OCV) 总比 E_{emf} 小,实际上不可能得到这一输出功率。基于 OCV 的输出功率 $P_{t,ocv}$ 为

$$P_{t,ocv} = \frac{OCV^2}{(R_{int} + R_{ext})}$$

弄清这一功率非常重要,但是人们更关心的是最大的输出功率 P_{max}(如系统产生的有用的功率)。预测电池电动力的最大可能输出功率(P_{max})可以这样计算,即

$$P_{max} = P_{max,emf} = \frac{E_{emf}^2 R_{ext}}{(R_{int} + R_{ext})^2}$$

然而如前所述,OCV 对计算 P_{max} 更有用。基于 OCV 的 P_{max} 为

$$P_{max} = \frac{OCV^2}{(R_{int} + R_{ext})^2}$$

对于空气阴极 MFC,OCV 变化不大,影响功率的主要因素是 R_{int},从上式可知,如果 $R_{int} = R_{ext}$,那么 $P_{max} = E_{emf}/(4R_{int})$,所以,内阻越小,$P_{max}$ 越大。因此,MFC 构造的主要目标是使反应器的内阻最小化。

2.7 库仑效率和能量效率

2.7.1 库仑效率

库仑效率(Coulombic Efficiency,CE)是反映 MFC 电子回收效率的重要指标。库仑效率通常用来衡量电泳涂料的上膜能力,表示耗用 1 C 的电量析出的涂膜质量。影响库仑效率的因素有:溶剂含量、NV、MEQ、ASH、槽温、施工电压等。库仑效率高,槽液的稳定性不良,可采用添加中和剂来调整;库仑效率低,泳透力降低,膜厚分布不均,可采用废弃超滤液或添加溶剂来调整。

由于 MFC 反应器的阳极微生物种群具有多样性,因此有机物的转化途径也具有多样性,其中通过产电微生物的代谢转化成为电流的有机物是属于有效利用,以其他途径转化未产生电流的部分被看作是底物损失。在 MFC 的研究中,用库仑效率衡量阳极的电子回收效率,定义为阳极有机物氧化转化的实际电量和理论计算电量的比值,实际上反映的是有

机物转化为电量的部分占理论电量的百分比,计算公式为

$$CE = \frac{Q_{EX}}{Q_{TH}} \times 100\%$$

式中 Q_{EX}——实际电量,C;

Q_{TH}——理论电量,C。

对于采用间歇流方式运行的 MFC 反应器,如果单周期反应时间为 t,则将外电路电流在时间 $0 \sim t$ 上进行积分,就可以得到实际电量,即

$$Q_{EX} = \int_0^t I \mathrm{d}t = \sum_{i=0}^{t} I_i \Delta t_i$$

式中 I——电流,A;

t——工作时间,s;

Δt_i——离散后的电流采样时间间隔,s;

I_i——在时间间隔 Δt_i 内的平均电流值,A。

在有机废水处理中,有机物浓度是通过化学需氧量(COD)进行计算的,因此,MFC 中的有机物也按照 COD 来计算。根据 Faraday 定律,有

$$Q_{TH} = \frac{(COD_{in} - COD_{out}) V_A}{M_{O_2}} bF$$

式中 COD_{in}——初始化学需氧量,mg/L;

COD_{out}——反应后的化学需氧量,mg/L;

V_A——MFC 阳极总体积,m^3;

M_{O_2}——以氧为标准的有机物摩尔质量,32 g/mol;

b——以氧为标准的氧化 1 mol 有机物转移的电子数,4 e^-/mol;

F——Faraday 常数,96 485 C/mol。

将上式整理,得到间歇流 MFC 库仑效率的一般计算公式为

$$CE_{Batch}(\%) = \frac{M_{O_2} \sum_{i=0}^{t} I_i \Delta t_i}{bFV_A(COD_{in} - COD_{out})}$$

对于连续流 MFC,设电压输出达到稳定状态时,稳定电流值为 10,如果电流有脉动,根据情况需要,可以取算术平均值或加权平均值$\bar{I}_0$,则

$$Q_{EX} = \bar{I}_0 \Delta t$$

式中 $\bar{I}_0$——连续电流输出的平均值,A;

Δt——电池工作时间,s。

在一定体积流量 q_0 条件下,Δt 时间内通过阳极底物的总体积为 $q_0 \Delta t$,于是,根据 Faraday 定律,有

$$Q_{TH} = \frac{(COD_{in} - COD_{out})(q_0 \Delta t)}{M_{O_2}} bF$$

式中 q_0——连续流体积流量,mL/min。

将上式整理,得到连续流 MFC 库仑效率的一般计算公式为

$$CE_{\text{Continuous}}(\%)=\frac{M_{O_2}\bar{I}_0\Delta t}{bFq_0\Delta t(\text{COD}_{\text{in}}-\text{COD}_{\text{out}})}=\frac{M_{O_2}\bar{I}_0}{bTq_0-(\text{COD}_{\text{in}}-\text{COD}_{\text{out}})}$$

2.7.2 能量效率

能量效率(Energy Efficiency,EE)的意义是阳极有机物氧化转化的实际能量和理论标准焓变的比值,实际上反映的是有机物转化为电能的部分占总能量的百分比。

$$EE=\frac{E}{\Delta H}\times 100\%$$

式中 E——实验测定得到的电能,J;

ΔH——理论计算得到的电子供体和受体反应的标准焓变,J。

$$E=P\Delta t=IV_{\text{cell}}^{\text{EX}}\Delta t=V_{\text{cell}}^{\text{EX}}Q_{\text{EX}}$$

式中 P——电池在工作期间的功率,W;

Δt——工作时间,s;

I——外电路电流,A;

$V_{\text{cell}}^{\text{EX}}$——电池的电压,V;

Q_{EX}——实验测定得到的电量,C。

在热力学计算中,标准焓变 ΔH 和 Gibbs 自由能 ΔG_0 的关系为

$$\Delta H=-\Delta G^0=V_{\text{cell}}^0 Q_{\text{TH}}$$

式中 V_{cell}^0——理论计算得到的电势差,V;

Q_{TH}——理论计算得到的电量,C。

将上式整理,得到 MFC 能量效率的一般计算公式为

$$EE(\%)=\frac{V_{\text{EX}}Q_{\text{EX}}}{V_{\text{cell}}^0 Q_{\text{TH}}}\times\frac{Q_{\text{cell}}^{\text{EX}}}{Q_{\text{TH}}}\times\frac{V_{\text{cell}}^{\text{EX}}}{V_{\text{cell}}^0}=CE\times PE$$

式中 CE——电池的库仑效率或电子回收效率,%;

PE——电池的电位回收效率,%。

该式的物理意义是,电池的能量效率等于库仑效率和电位效率的乘积,该式不但适用于间歇流 MFC,同样也适用于连续流 MFC。但是要注意的是,只有在使用特定有机底物时才能获得和能量效率相关的热力学数据,实际有机废水中的化学成分十分复杂,无法计算能量效率。

2.8 极化曲线与功率密度曲线

2.8.1 极化产生的原因

所谓极化,是指电流通过电极时,电极电位偏离其平衡电位的现象。阳极极化使电位向正方向偏移;阴极极化使阴极电极电位向负方向偏移。电极通过的电流密度越大,电极电位偏离平衡电极电位的绝对值就越大,其偏离值可用超电势或过电位 Δ 来表示,一般过电位用正值表示。

通电时电极产生极化，是电极反应过程中某一步骤速度缓慢所引起的。以金属离子在电极上被还原为金属单质的阴极反应过程为例，其反应过程包括下列3个连续的步骤：

(1)金属水化离子由溶液内部移动到阴极界面处——液相中物质的传递。

(2)金属离子在电极上得到电子，还原成金属原子——电化学。

(3)金属原子排列成一定构型的金属晶体——生成新相。

这三个步骤是连续进行的，但其中各个步骤的速度不相同，因此整个电极反应的速度是由最慢的那个步骤来决定的。

由于电极表面附近反应物或反应产物的扩散速度小于电化学反应速度而产生的极化，称为浓差极化。由于电极上电化学反应速度小于外电路中电子运动速度而产生的极化，称为电化学极化（活化极化）。

1. 浓差极化

在电极上，反应粒子自溶液内部向电极表面传送的过程，称为液相传质过程。

当电极过程为液相传质过程所控制时，电极产生浓差极化。液相传质过程可以由电迁移、对流和扩散3种方式来完成。

在酸性镀锌溶液中，未通电时，各部分镀液的浓度是均匀的。通电后，镀液中首先被消耗的反应物应当是位于阴极表面附近液层中的锌离子。故阴极表面附近液层中的锌离子浓度逐渐降低，与镀液本体形成了浓度差异。此时，溶液本体的锌离子，应当扩散到电极表面附近来补充，使浓度趋于相等。由于锌离子扩散的速度跟不上电极反应消耗的速度，于是电极表面附近液层中离子浓度进一步降低。那么，即使 $Zn^{2+} + 2e^- \longrightarrow Zn$ 的反应速度跟得上电子转移的速度，但由于电极表面附近锌离子浓度降低，阴极上仍然会有电子的积累，使电极电位变负而极化。由于此时在电极附近液层中出现锌离子的浓度降低，从而与本体溶液形成浓度差异，所以称为浓差极化。阳极的浓差极化也同样如此，阳极溶入溶液的锌离子不能及时地向溶液内部扩散，导致阳极表面附近液层中的锌离子浓度增高，电极电位将向正方向移动而发生阳极的浓差极化。

在阴极，当电流增大到使预镀的金属离子浓度趋于零时的电流密度称为极限电流密度，在电化学极谱分析曲线上出现平台。当阴极区达到极限电流时，因为预镀离子的极度缺乏，导致 H^+ 放电而大量析氢，阴极区急速碱化，此时镀层中有大量氢氧化物夹杂，形成粗糙多孔的海绵状的电镀层，这种现象在电镀工艺中被称为“烧焦”。

2. 电化学极化

阴极反应过程中的电化学步骤进行缓慢所导致的电极电位的变化，称为电化学极化。电极电位的这一变化也可认为是改变电极反应的活化能，从而对电极反应速度产生了影响。

镀锌过程中，当无电流通过时，镀液中的阴极处于平衡状态，其电极电位为零。通电后，假定电化学步骤的速度无限大，那么尽管阴极电流密度很大（即单位时间内供给电极的电子很多），在维持平衡电位不变的条件下，在阴极锌离子也能进行还原反应。也就是说，所有由外线路流过来的电子，一到达电极表面，便立刻被锌离子的还原反应消耗掉，因而电极表面不会产生过剩电子的堆积，电极的电荷仍与未通电时一样，原有的双电层也不会发生变化，即电极电位不发生改变，电极反应仍在平衡电位下进行。

如果电极反应的速度是有限的，即锌离子的还原反应需要一定的时间来完成，但在单位时间内供给电极的电量无限小(即阴极电流密度无限小)时,锌离子仍然有充分的时间与电极上的电子相结合,电极表面仍无过剩电子堆积的现象,故电极电位也不变,仍为平衡电位。

事实上这两种假设情况均不存在,电镀时,电荷流向电极的速度(即电流)不是无限小,锌离子在电极上还原的速度也不是无限大。由于得失电子的电极反应,总要遇到一定的阻力,所以在外电源将电子供给电极以后,锌离子来不及被还原,外电源输送来的电子也来不及完全消耗掉,这样电极表面就积累了过剩的电子(与未通电时的平衡状态相比),使得电极表面上的负电荷比通电前增多,电极电位向负的方向移动而极化。

同样,由于阳极上锌原子放出电子的速度小于电子从阳极流入外电源的速度,阳极上有过剩的正电荷积累(锌离子的积累),使阳极电位偏离平衡电位而变正,即发生了阳极的电化学极化。

由电极极化过程的讨论可知,电极之所以发生极化,实质上是电极反应速度、电子传递速度与离子扩散速度三者不相适应造成的。阴极浓差极化的发生,是离子扩散速度小于电极反应消耗离子的速度所导致的,而阴极电化学极化则是电子传递速度大于电极反应消耗电子的速度所导致的。

2.8.2　极化曲线

极化曲线(Polarization curve)是分析燃料电池特性的有力工具,它表征的是电极电势与通过电极的电流密度的关系曲线。如电极分别是阳极或阴极,所得曲线分别称之为阳极极化曲线(Anodic Polarization curve)或阴极极化曲线(Cathodic Polarization curve)。理论上,电池的总电压应为阴阳极电位之差,但在实际研究中得到的电压数值往往要比理论值低很多,这是由于实际电池中存在极化现象,即电极电位偏离平衡电位。极化作用直接的反应是产生过电位,即电池在产电过程中受到阻力而损失的电压,在实际研究中可以通过测定极化曲线来分析系统的极化情况。

在燃料电池的基础和应用研究中,可以通过改变电路中的电流,同时观察电位对电流的响应来获得电池的极化曲线,它反映的是电池电压对电流的依赖关系。一条完整极化曲线包括5个部分,如图2.2所示。

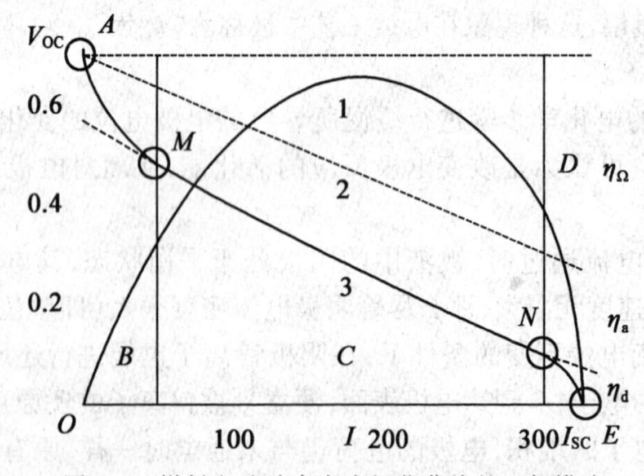

图2.2　燃料电池功率密度极化曲线的一般模式

(1)A点:在该点,电路中没有电流通过(即电流$I=0$),此时电池处于热力学平衡状态,对应的电压叫作热力学平衡电压或开路电压，用V_{OC}表示。如果电池内部没有任何的能量损失，开路电压将不随电流的变化而变化，V_{OC}始终保持不变（图2.2中的虚线1）。根据$P = V_{OC}I$可知，电池在外电路的功率输出和电流成正比，这意味着功率可以随电流的增大而无限制地增大。事实上，在实际系统中，由于电池内阻的存在，不可能没有能量损失，当电路中有电流通过时，电压和功率在内阻上的损失就会随即出现。

（2）B区域：在该区域内，电流处在一个较低的水平，欧姆极化和浓差极化也处在较低的水平，因此突显出来的是活化过电位（η_a），电压随电流的增大出现陡降（AM段）。此时体系的限速步骤是电荷的转移，对应的内阻是电荷转移内阻，也叫活化内阻（R_a）。由于电位和活化内阻之间呈非线性关系，活化内阻很难在此区域内定量给出。

（3）C区域：随着电流的继续增大，临界点M出现，欧姆极化开始占据主导地位。在此区域内，电压随电流的增大呈线性下降（MN段），遵循欧姆定律，此时的过电位叫作欧姆过电位（η_Ω）。如果电路中没有其他任何形式的损失而仅存在欧姆极化，则在整个电流变化的区间内，电压将一直呈线性下降趋势（图2.2中的虚线2）。由于电压和欧姆内阻之间的线性关系，欧姆内阻可以在此区域内定义。

（4）D区域：当电流增大到一定的数值后，基质向电极表面的扩散速率开始小于电化学反应速率，此时体系的限速步骤变成了物质扩散，对应的过电位叫作浓差极化过电位（η_d）。当继续增大电流越过临界点N时，浓差极化开始占据主导，电压又出现一次陡降（NE段）。由于电位和扩散内阻之间呈非线性关系，扩散内阻也很难在此区域内定义。

（5）E点：进入了扩散限制区域后，电压迅速下降至零，此时电路中的电流达到最大，叫作短路电流，用I_{SC}表示。在此点，外电路没有负载，所有的能量都消耗在电池的内阻上。

根据欧姆定律，可以得到不同电流值对应的功率，将电流换算成电流密度便可得到相应的功率密度，于是可以根据极化曲线计算得到功率密度曲线（$P-I$），同样根据欧姆定律，当系统内阻与外阻相等时功率输出即达到最大值，$P-I$曲线的顶点即最大功率密度，由此也可得到系统的总内阻。

我们知道在研究可逆电池的电动势和电池反应时，电极上几乎没有电流通过，每个电极反应都是在接近于平衡状态下进行的，因此电极反应是可逆的。但当有电流明显地通过电池时，电极的平衡状态被破坏，电极电势偏离平衡值，电极反应则处于不可逆状态，而且随着电极上电流密度的增加，电极反应的不可逆程度也随之增大。由于电流通过电极而导致电极电势偏离平衡值的现象称为电极的极化，描述电流密度与电极电势之间关系的曲线称为极化曲线。

金属的阳极过程是指金属作为阳极时在一定的外电势下发生的阳极溶解过程，如下式所示：

$$M \longrightarrow M^{n+} + ne^{-1}$$

此过程只有在电极电势正大于其热力学电势时才可能发生。阳极的溶解速度随电位变正而逐渐增大，这是正常的阳极溶出，但当阳极电势达到某一正数值时，其溶解速度可达到最大值，此后阳极溶解速度随电势变正反而大幅度降低，这种现象称为金属的钝化现象。

2.8.3　极化曲线的测定

极化曲线测定可采用恒电位法或恒电流法。

1. 恒电位法

恒电位法就是将研究电极依次恒定在不同的数值上，然后测量对应的各电位电流。极化曲线的测量应尽可能接近稳态体系。稳态体系指被研究体系的极化电流、电极电势、电极表面状态等基本上不随时间而改变。在实际测量中，常用的控制电位测量方法有以下两种。

(1)静态法：将电极电势恒定在某一数值上，测定其相应的稳定电流值，如此逐点测量一系列各个电极电势下的稳定电流值，获得完整的极化曲线。对某些体系，达到稳态可能需要一段时间，人们为节省时间，提高测量重现性，往往自行规定每次电势恒定的时间。

(2)动态法：控制电极电势以比较慢的速度连续地改变(扫描)，并测量对应电位下的瞬时电流值，以瞬时电流与对应的电极电势作图，获得整个的极化曲线。一般来说，电极表面建立稳态的速度越慢，其电位扫描速度也应越慢。因此对不同的电极体系，扫描速度也不相同。为测得稳态极化曲线，人们通常依次减小扫描速度测定若干条极化曲线，当测到极化曲线不再明显变化时，可确定此扫描速度下测得的极化曲线为稳态极化曲线。同样，为节省时间，对于那些只是为了比较不同因素对电极过程影响的极化曲线，应选取适当的扫描速度绘制准稳态极化曲线。

上述两种方法都已经获得了广泛应用，尤其是动态法，由于其可以自动测绘，扫描速度可控制，因而测量结果重现性好，特别适用于对比实验。

2. 恒电流法

恒电流法是控制研究电极上的电流密度依次恒定在不同的数值下，同时测定相应的稳定电极电势值。采用恒电流法测定极化曲线时，由于种种原因，给定电流后，电极电势通常不能马上达到稳态，不同的体系，电势趋于稳态所需要的时间也不相同，因此在实际测量时一般电势接近稳定(如 1 ~3 min 内无大的变化)即可读值，或人为规定每次电流恒定的时间。

OCV 是 MFC 系统中得到的最大电压，受到特定的微生物种群和阴极 OCP 的限制。当外电阻无限大的时候，才能得到 OCV。对于 MFC 或其他电源，目标就是获得最大的功率输出，在最高电位下获得最大的电流密度。当外阻降低时，输出电压也随之降低。因此，为了在一定的电流范围之内得到最大的功率输出，需要在电流密度增大的过程中寻求最小的电压降。

改变电路的外阻值可得到相应的电压以及该阻值下的电流值。为了得到极化曲线，需要在电路中使用一系列的电阻值，不同的电阻值测量出不同的电压值，如图 2.3(a)所示。利用公式 $I=E/R_{ext}$ 计算电流，电流密度则是用电流除以电极面积得到。将电压对电流作图得到极化曲线。曲线表征了在一定的电流下，MFC 能得到多大的电压。如图 2.3(b)所示，OCV 为 0.78 V，当电流密度为 0.1 mA/cm^2 时，电压急剧下降到 0.5 V，通过该点后电压与电流呈线性关系。

MFC 的研究者通常都用功率曲线的最高点来表明系统得到的最大功率。功率密度曲线由电压计算得到。根据公式 $P=E^2/R$ 或 $P=I^2R$，应该注意的是，当用单位面积的电流计算功率时，得到的即为功率密度。图 2.3(b)中的最大功率密度为 700 mW/m^2。作极化曲线和功率曲线时，应当包括其 OCV，并在达到最大功率点前绘制完整的曲线。为了完整表现功率密度曲线的峰值，在最大功率点右侧只需再测量几个点即可。

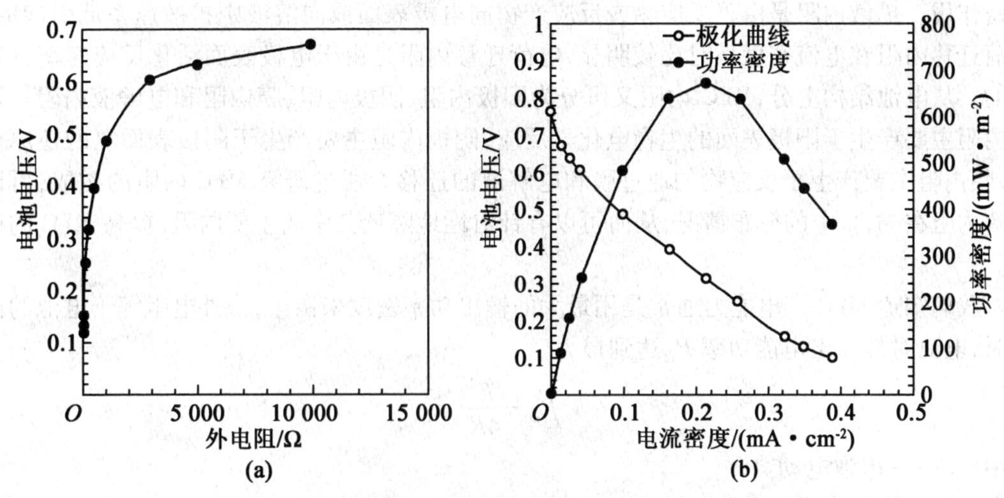

图 2.3　燃料电池不同电阻值对应的电池电压,以及在一定的电流下的极化曲线

2.8.4　功率和功率密度

1. 功率

电池的功率(Power)是在一定的放电方法下,单位时间内电池输出的能量,是表示电池做功快慢的物理量,和反应体系的动力学特性有关,如微生物生长和代谢动力学、阳极电化学反应动力学、离子迁移动力学及阴极氧化还原反应动力学等。功率计算公式为

$$P = IU_{\text{cell}}$$

一般通过测量固定外电阻(R_{ext})两端的电压,根据欧姆定律($I = U_{\text{cell}}/R_{\text{ext}}$)计算电流,由此得到的功率计算公式为

$$P(R) = RI^2 = R[E/(R+r)]^2$$

2. 功率密度

功率密度(Power density)是指燃料电池能输出最大的功率除以整个燃料电池系统的质量或体积,单位是 W/kg 或 W/L。基于面积或体积电流密度,可得到相应的 MFC 面积功率密度 P_A 或体积功率密度 P_V,本研究均按照体积功率计算,公式为

$$P_V = U_{\text{cell}} I/V = U_{\text{cell}}^2/(VR_{\text{ext}})$$

式中　P_V——体积功率密度,W/m³;

U_{cell}——电池电压,V;

V——阳极体积,m³;

R_{ext}——外电阻,Ω。

2.9　MFC 的内阻及其测量方法

MFC 内阻是指在运行过程中,电流通过 MFC 内部时受到的阻力。由于活性物质的存在,极化内阻随电流密度非线性地增加而增大,因此,MFC 的内阻通常不是常数。根据标准不同,MFC 内阻的构成有两种不同的划分方法。从来源上分, MFC 的内阻可分为欧姆内阻、扩散内阻和电荷迁移内阻。欧姆内阻产生于电解质和质子交换膜对电子和离子传导的阻碍作用。扩散内阻是由于反应物或反应产物向电极表面或向溶液中扩散速率低引起的。电荷迁移内阻在电流密度小时比较明显,电荷迁移内阻是由于电极表面活化反应速率低造成的。从电池结构上分,MFC 内阻又可分为阳极内阻、阴极内阻、膜内阻和电解液内阻。阳极内阻主要产生于阳极表面的生物电化学反应,阴极内阻主要产生于阴极表面氧的还原反应,膜内阻主要产生于反应物的通过膜和电解液的迁移。通过研究 MFC 内阻的构成,可以了解内阻在 MFC 中的分布情况,从而可以有针对性地降低其中的主要内阻,提高 MFC 的产能。

我们知道 MFC 产电能力通常是用最大的输出功率密度来衡量,当外电阻等于电池的内阻时,电池对外输出电能功率 P_m 达到最大。

$$P_m = \frac{E^2}{4R_i}$$

式中　E——电池电动势;

　　R_i——电池内阻。

由公式可知,MFC 对外供电能力受 E 和 R_i 的影响,E 和 R_i 分别是 MFC 产能的推动力和产能阻力。由于 MFC 中所发生的反应是确定的,因此提高 E 的空间不大,而 R_i 和电池结构密切联系,可通过优化电极、调整电池结构等方法加以降低。因此,测量 MFC 内阻的构成是提高 MFC 产电能力的前提。

目前在 MFC 研究中,对其内阻的测定方法有很多种,包括电流中断法、交流阻抗法和极化曲线法,此外,还有功率密度曲线峰值法和计算机模拟法。这几种方法具体可分为两类:暂态法和稳态法。暂态法包括电流中断法和交流阻抗法,其中交流阻抗法在氢氧燃料电池测定的实验研究中被广泛采用,而在微生物燃料电池中通常用来测定欧姆内阻。而稳态法是通过稳态放电得到极化曲线,再通过线性拟合得到电池的表观内阻(欧姆电阻、活化电阻和传质电阻)。

当外电阻等于电池的表观内阻时,MFC 对外供电能力最大,所以,要想考察 MFC 是否拥有对外最大供电能力时应测定 MFC 的表观内阻,但表观内阻中的活化内阻和传质内阻测定值均随电流变化,且易受极化曲线法中稳定时间的影响,如 Menicucci 等人发现改变外电阻的速度,所获得的 MFC 最大供电能力不同,所对应的表观内阻也不一致。

极化曲线法和功率密度曲线峰值法是测定 MFC 内阻常用的方法。在一定范围内改变外阻,获得的电流和电压关系曲线,即极化曲线,而获得的电流和功率密度关系曲线就是功率密度曲线。极化曲线的斜率和功率密度曲线峰值,即 MFC 的内阻。极化曲线法和功率密度曲线峰值法能很快估算出内阻,但无法将各种组成的内阻分开。采用稳态放电法测定 MFC 的表观内阻。稳态放电法是通过测量 MFC 在不同外电阻条件下,稳定放电时的外电阻电压,通过 $I = U/R$ 得到电流,进而得到极化曲线,将极化曲线的欧姆极化区部分数据线性拟合所得斜率即为表观内阻。

电流中断法是将稳定放电的 MFC 外电路突然断开,通过高频采样器测定阳极 - 阴极之间的电压随时间变化,得到电流中断瞬间电压升高值 ΔU,电路断开前电流为 I,因此欧姆电阻 R_Ω 等于 $\Delta U/I$。该方法能够很好地将欧姆内阻从总内阻中分离出来,但不能很明确地区分电荷迁移内阻和扩散内阻。

电化学阻抗谱是指在电极上加载一个小振幅的正弦信号,在较大的频率范围内改变信号以获得系统的响应情况。测定结果采用 Nyquist 图来表示,利用最小二乘法将阻抗数据与等效电路进行拟合,根据拟合情况可以获得内阻。Nyquist 图通常由高频区的半圆和低频区的直线两部分组成,分别代表电荷迁移内阻和扩散内阻,在图形出现的前部分为欧姆内阻。电化学阻抗谱法能够很好地将欧姆内阻从总内阻中分离出来,但不能很明确地区分电荷迁移内阻和扩散内阻,另外,电化学阻抗谱在低频区很容易不稳定,这将会导致获得的扩散内阻不准确。

第3章　MFC 应用材料及主要构型

3.1　MFC 应用材料

目前,解决日趋严重的环境污染问题和探寻新能源,是人类社会能够完成可持续发展的两大根本性问题。微生物燃料电池是一种以微生物作为催化剂,利用电化学技术将有机物氧化并转化为电流的装置。微生物燃料电池是在生物燃料电池的基础上,伴随微生物、电化学以及材料等学科的发展而发展起来的。MFC 具有废弃物处置和发电的双重功效,代表了当今最前沿的废弃物资源化利用方向,并且有望成为未来有机废弃物能源化处置的支柱性技术。

20 世纪 90 年代起,利用微生物发电的技术出现了重大突破,MFC 在环境领域的研究与应用也逐渐发展起来。虽然微生物燃料电池所产生的功率密度比其他类型的燃料电池要低,但是它在废水处理中的应用将是最有前景的发展方向。

同其他燃料电池相比,由于 MFC 具有以下特点,其将在移动装置、航空、环保、备用电力设备、医学等领域显示出显著优势。

(1)原料来源广泛。能够利用一般燃料电池所不能利用的多种无机物质和有机物质作为燃料,甚至可以利用光合作用或者直接利用污水等。

(2)清洁高效。将底物直接转化为电能,具有较高的资源利用率,氧化产物多为 CO_2 和 H_2O,无二次污染。

(3)操作条件温和。一般在常温、常压、接近中性的环境中工作,这使得电池安全性强,且维护成本低。

(4)生物相溶性好。由于可以利用人体血液中的葡萄糖和氧气作为燃料,一旦开发成功,便能够方便地为植入人体的一些人造机器提供电能。

因此,很多学者称 MFC 是一项具有广阔应用前景的绿色能源技术。MFC 作为一项可持续生物工业技术,它为未来能源的需求提供了一个良好的保障。目前,MFC 的研究正处于实验室研究或者小批量的实验水平,在实际应用中电池输出功率比较低(一般小于 10 W/m^2 阳极面积),这主要是因为在细菌细胞和外电极之间电子转移很困难。因此,高性能电极材料是非常重要的。

3.1.1　常用 MFC 应用材料

MFC 的基本工作原理(图 3.1)如下:

(1)在阳极池,阳极液中的营养物在微生物作用下直接生成电子、质子以及代谢产物,电子通过载体传送到电极表面。随着微生物性质的不同,电子载体可能是外源的染料分子与呼吸链有关的 NADH 和色素分子,也可能是微生物代谢产生的还原性物质。

(2)电子通过外电路到达阳极,质子通过溶液迁移至阴极。

(3)在阴极表面,处于氧化态的物质(如O_2等)与阳极传递过来的质子和电子结合发生还原反应,生成水。其阳极和阴极反应式分别为

阴极:

$$4e^- + O_2 + 4H^+ \longrightarrow 2H_2O$$

阳极:

$$(CH_2O)_n + nH_2O \longrightarrow nCO_2 + 4ne^- + 4nH^+$$

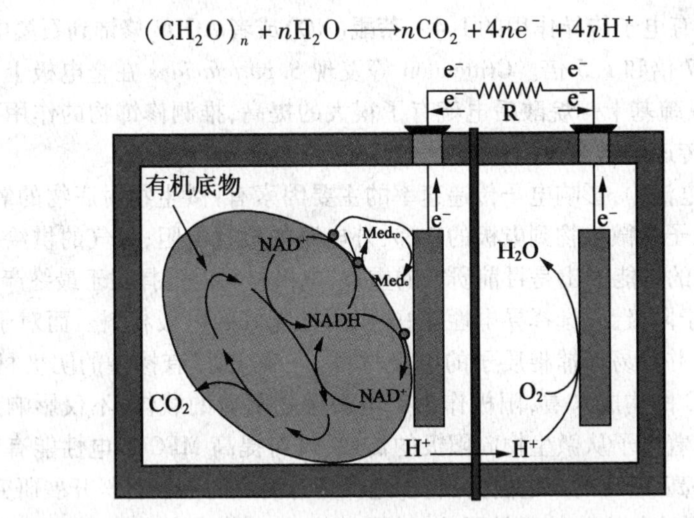

图3.1 微生物燃料电池工作原理

3.1.1.1 阳极材料

阳极直接参与微生物催化的燃料氧化反应,而且吸附在电极上的那部分微生物对产电的多少起主要作用。对阳极材料的基本要求是耐腐蚀、电导性高、孔隙率高、比表面积大、不易堵塞。微生物燃料电池常用的电极材料有碳布、石墨棒、石墨颗粒、石墨毡、石墨盘片等。Rabaey等对功率密度和电极构型的关系进行了研究,采用石墨毡和石墨盘片时,容积功率大致相同,前50 h的平均容积功率分别为(8.8 ±0.4) W/m³和(8.0 ±0.6) W/m³,最大容积功率分别为15.9 W/m³和15.2 W/m³,而采用柱型石墨电极时,开始阶段和前两种的容积功率相近,但是随后容积功率发生明显下降。由于活性炭纤维制成的石墨刷具有相对较高的孔隙率和比表面积,直径5 cm,长7 cm的纤维的表面积可达1.06 m²,其比表面积为7 170 m²/m³,孔隙率高达98%。在方形单室微生物燃料电池中,其功率密度可达73 W/m³(按反应器液体体积计算)。梁鹏等考察了以活性炭、碳纳米管和柔性石墨为阳极材料的3种微生物燃料电池的产电性能,其最大产电功率密度分别为354 mW/m³、402 mW/m³和274 mW/m³,以碳纳米管为阳极材料能够有效降低微生物燃料电池的阳极内阻,据推测可能碳纳米管含有丰富的梭基等含氧基团,还具有管壁缺陷等特性,可以促进电子传递。

化学修饰电极同样被用于微生物燃料电池反应器。铂/石墨电极比普通石墨电极催化效果要好,极化作用小。Moon等的实验证明,采用铂/石墨电极,功率密度可以高达0.15 W/m²,是采用普通石墨电极的3倍。增加电极比表面积可以降低电流密度,从而降低电化学极化。采用穿孔铂/石墨盘片电极时,电极表面微生物的覆盖率远远好于采用普通铂/石墨盘片电极,从启动到达稳定状态的时间也明显缩短。这是由于穿孔电极在保障生物膜形成和菌团形成所需足够的空间的同时,使电解质在相对稳定状态下流动,很好地防

止了含悬浮物的污水造成的堵塞。Zeikus 和 Park 利用锰修饰针织石墨电极，将接种 *S. putrefacians* 的微生物燃料电池的功率密度由 0.02 mW/m^2 提高至 0.2 mW/m^2，当采用混合菌群时，其功率密度可高达 788 mW/m^2。由于在修饰锰的同时，将 CEM 换成高岭土陶瓷隔膜，因此无法完全将微生物燃料电池功率的提高归于修饰电极的应用。利用气相沉积将氧化铁负载到碳纸上，可以缩短微生物燃料电池的富集时间，但是其最大输出功率不会发生变化。Lowy 等将具有电子传导作用的 1,4 - 萘醌(NQ)或者 AQDS 修饰到石墨电极上，发现电流分别提高了 1.7 倍和 1.5 倍。Crittendon 等发现 *S. putrefacians* 在金电极上产生的电流非常小，当修饰 11 - 巯基十一烷酸后电流有了很大的提高，推测修饰物的作用可能与在微生物和金电极之间传递电子有关。

在微生物燃料电池中，影响电子传递速率的主要因素有：微生物对底物的氧化；向阴极提供质子的过程；电子从微生物到电极的传递；外电路的负载电阻；氧气的供给以及阴极的反应等。提高 MFC 的电能输出是目前研究的重点，电极材料的选择对于最终产能效率有着决定性的影响。对于阳极，应选择导电性能好、吸附性能好的电极材料。而对于阴极，则应该选择吸氧电位高，并且易于捕捉质子的电极材料。一般选择有掺杂的阴极材料（如载铂的碳电极）。从 MFC 的构成来看，阳极作为产电微生物附着的载体，不仅影响产电微生物的附着量，而且影响着电子从微生物向阳极的传递，这对提高 MFC 产电性能有着至关重要的影响。因此，从提高 MFC 的产电能力出发，选择具有潜力的阳极材料开展研究，解析阳极材质和表面特性对微生物产电特性的影响，对提高 MFC 的产电能力具有非常重要的意义。在 MFC 中，高性能的阳极要易于产电微生物附着生长，易于电子从微生物体内向阳极传递，同时要求阳极内部电阻小、电势稳定、导电性强、生物相容性和化学稳定性好。目前有多种材料可以作为阳极，但是各种材料之间的差异，以及各种阳极特性对电池性能的影响并没有得到深入的研究。

1. 碳材料

碳材料，如碳棒、碳颗粒、碳纸、碳毡等，被认为是最佳的阳极材料，这是因为它们是良好的稳定的微生物接种混合物，比表面积大，电导率高，并且廉价易得。Derek R. Lovley 等用石墨泡沫和石墨毡代替石墨棒作为电池的阳极，结果增加了电能输出。用石墨泡沫产生的电流密度为 74 mA/m^2，是石墨棒(31 mA/m^2)的 2.4 倍；用石墨毡做电极产生的电流是 0.57 mA/620 mV，是用石墨棒做电极产生电流(0.20 mA/265 mV)的 3 倍。碳纤维毡比较适合用于较大体积的微生物燃料电池反应器阳极材料，阳极室填充石墨颗粒后可收集传递电子，进一步提高产电性能。电池输出电流由大到小的顺序为：石墨毡 > 碳泡沫材料 > 石墨，即输出电流随材料比表面积增大而增大。这说明，增大电极比表面积可以增大其吸附在电极表面的细菌密度，从而增大电能输出。

增加电极的比表面积的方法大致有如下两种：

(1)采用比表面积较大的材料或者可以任意制造不同孔径的材料，如网状玻璃碳纤维、碳毡等。

(2)采用堆积的碳颗粒等。

然而，对于阳极微生物的反应，它们几乎没有电催化活性。因为阳极直接参与微生物催化的燃料氧化反应，吸附在电极表面的细菌密度对产电量起主要作用，所以阳极材料的改进以及表面积的提高有利于更多的微生物吸附到电极上，改进碳材料以改进其性能是主要的办法。通过把电极材料换成多孔性的物质,如泡沫状物质、石墨毡、活性炭等,都可以使电池更高效地进行工作。为提高微生物燃料电池的阳极性能,研究者采用了各种物理化学的方法对阳极碳材料进行改进。例如采用能促进电子传递的物质,如电子介体-中性红、萘醌和蒽醌等对阳极表面进行修饰,通过提高电子传递速率来提高电池产电性能。Cheng 将用氨气预处理过的碳布作为 MFC 的阳极,结果表明,预处理过的碳布产生的功率为 1 640 mW/m^2,这要大于未预处理过的功率,并且使得 MFC 的启动时间缩短了 50%,同时电池输出功率密度也提高了约 7.5 倍。这主要是因为碳布经氨气处理过后,比表面积增加,从而有利于产生质子和电子以及对微生物的吸附。

2. 导电聚合物/碳纳米管复合材料

碳纳米管可以认为是由单层或者多层石墨片卷曲而形成的无缝纳米管,其两端一般都是封闭的。碳纳米管具有典型的层状中空结构特征,构成碳纳米管的层片之间存在一定的夹角,碳纳米管的管身则是准圆管结构,由六边形碳环微结构单元组成,其端帽部分由含五边形的碳环所组成的多边形结构,或者称为多边锥形多壁结构。碳纳米管的管径一般在几纳米到几十纳米之间,其长度为几微米到几十微米,而且碳纳米管的直径和长度随着制备方法以及实验条件的变化而不同。由于碳纳米管的结构和石墨的片层结构相同,碳纳米管上碳原子的 p 电子形成大范围的离域 π 键,由于共轭效应显著,碳纳米管具有良好的导电性能。基于碳纳米管及其衍生纳米材料具有独特的管状结构和由连续的 sp2 杂化提供的独特的电子特性,使其与表面负载的金属活性相产生一种特殊的载体——金属,相互作用。碳纳米管由于具有特定的孔隙结构、很大的比表面积、极高的机械强度和韧性、很高的热稳定性和化学惰性、极强的导电性以及独特的一维纳米尺度,使其极具制备电极的吸引力,从而成为一种十分理想的电极材料,作为燃料电池催化剂的载体具有很好的应用前景。然而,据报道,碳纳米管内的细胞有毒性,可能导致增殖抑制和细胞死亡,因此,不适合用于 MFC,除非加以修饰来减少细胞毒性。

最近,导电聚合物/碳纳米管复合材料已经取得了显著的效益。Qiao 等将聚苯胺负载在碳纳米管上,利用 *E. coli* 作为产电微生物,质量分数为 20% CNT 的复合阳极具有很高的电化学活性,其最大产电密度达到了 42 mW/m^2,电池电压为 450 mV,这也说明碳纳米管可以提高 MFC 产电效率,碳纳米管掺杂聚苯胺纳米材料在 MFC 上具有良好的应用前景。Zou 等用聚吡咯/碳纳米管复合材料作为阳极材料和 *E. coli* 的生物催化剂,没有使用电子介体。研究表明,改性聚吡咯/碳纳米管阳极比纯碳纸有着较好的电化学性能,电池输出功率随着负载量的增加而增加,当聚吡咯/碳纳米管为 5 mg/cm^2 时,其输出功率为 228 mW/m^2,这表明聚吡咯/碳纳米管复合材料是一种非常具有前景的、高效的、低成本的 MFC 阳极。

3. 导电聚合物

导电聚合物是一种新型的电极材料,具有易加工成各种复杂的形状和尺寸、重量轻、稳定性好以及电阻率在较大的范围内可以调节等特点,一直以来导电聚合物是研究的热点。Niessen 等采用氟化聚苯胺作为阳极材料,氟化聚苯胺具有很高的化学稳定性,作为一个电极修饰超越常规导电聚合物的性能,不仅改善了铂中毒的问题,也提高了阳极的催化活性,所以非常适合应用于生活污水污泥等处理。在众多导电聚合物中,聚苯胺(PANI)因为具有易于合成、掺杂态和掺杂的环境稳定性好、高电导率、单体成本低等优点,成为一种最有可能实际应用的导电聚合物。在最新的所有导电聚合物研究中,聚吡咯由于其良好的导电性、稳定性和生物相容性,被视为是一个最具有吸引力的材料。Yuan 等通过电聚合吡咯改性微生物燃料电池的阳极,大大提高了微生物燃料电池的功率密度。最近,Sahoo 等研究表明聚吡咯涂层碳纳米管比普通碳纳米管有着更高的电导率。

4. 其他催化剂

在阳极上加入聚阴离子或者锰、铁元素,使其充当电子传递中间体,也能使电池更高效地工作。Zeikus 报道了用石墨阳极固定微生物来增加电流密度,然后用 AQDS、NQ、Fe_3O_4、Ni^{2+}、Mn^{2+}、Ni^{2+} 来改性石墨作为阳极,结果表明,这些改性阳极产生的电流功率是平板石墨的 1.5 ~2.2 倍。除此之外,在石墨电极表面沉积 Fe_3O_4、Mn^{4+} 能够缩短电池产电的适应阶段。Kim 等人将铁氧化物涂抹于阳极上,电池的输出功率由 8 mW/m^2 增加到30 mW/m^2,这主要是由于金属氧化物强化了金属还原菌在阳极的富集。作为微生物附着体的阳极,应该尽可能地为产电微生物提供较大的附着空间,为微生物提供充足的营养,同时还要将微生物产生的质子和电子迅速传输出去。现有微生物燃料电池阳极材料的研究,除了试图增大微生物的附着面积、提高产电微生物的附着量外,还缺少对提高质子和电子传递措施的研究。

最近,研制出了一种高性能的碳化钨阳极,该阳极能很好地协调阳极界面上的电解催化作用和生物催化作用。该阳极能有效地氧化氢、甲酸和乳酸,但不能氧化乙醇。该阳极碳不用氨气处理会提高阳极的表面电荷,进而提高阳极的性能。石墨/聚四氟乙烯复合阳极也表现出提高产电效率的性能。其他材料修饰的阳极还有石墨/蒽醌 -1,6 -二磺酸 、石墨/1,4 萘醌,Ni_2 - 陶瓷、石墨/ Fe_3O_4,Fe_3O_4,Ni_2 复合电极,这些电极性能都比简单的石墨电极好 。

对于阳极材料的研究除试图增大微生物的附着面积、提高附着量外,还应通过在电极表面进行金属纳米粒子、碳纳米管等物质的修饰,利用纳米材料的尺寸效应、表面效应等特性来实现生物膜的附着和直接快速的电子传递。提高阳极性能的另一个关键是能接收到数量更多、更稳定的胞外电子,因此能提供更多与细菌个体匹配的空位也是今后阳极材料选择与研究的方向。

3.1.1.2 阴极材料

经由外电路传输的电子到达阴极,与氧化态物质即电子受体以及阳极迁移来的质子在阴极表面发生还原反应。电子受体在电极上的还原速率是决定电池输出功率的重要因素,因此该步骤也是微生物燃料电池产电过程的关键。一直以来,对于该步骤的研究主要集中在电子受体和电极两方面。

阴极性能是影响 MFC 性能的重要因素。阴极室中电极的材料和表面积,以及阴极溶液中溶解氧的浓度影响着电能的产出。阴极通常采用碳布、石墨或碳纸为基本材料,但是直接使用效果不佳,可通过附载高活性催化剂得到改善。催化剂可降低阴极反应极化电势,从而加快反应速率。

目前所研究的微生物燃料电池大多使用铂为催化剂,载铂电极更易结合氧,催化其与电极反应。Oh 等研究发现,单独使用石墨作为电极的 MFC 输出电能仅仅为表面镀铂石墨电极的22% 。Cheng 等研究了电极载铂量对电池性能的影响,发现当电极中铂的质量分数由 2 mg/cm^2减少至 0.1 mg/cm^2时,性能略有降低。该研究有利于减少铂的用量,从而降低微生物燃料电池的成本。但是铂昂贵的价格限制了其在实际中的应用,寻求较廉价的催化剂成为研究的一个方向。Morris 等以 PbO_2 来代替 Pt 作为阴极催化剂,电能比以 Pt 为催化剂时增加 1.7 倍,而成本仅仅是用 Pt 的一半,与市售载铂电极相比,电能更高出 3.9 倍。采用过渡金属作为催化剂能够收到很好的催化效果,过渡金属催化剂四甲基苯基卟啉钴(CoTMPP)和酞菁铁(FePc)的催化效果甚至优于 Pt。

目前,MFC 的阴极电子受体主要分为液相阴极和空气阴极两种,最常用的电子受体为 O_2,又分为水中溶解氧和气态氧两种。液相阴极 MFC 反应在溶液中进行,传质和反应阻力小,所以这种形式的电池通常可以得到较高的功率输出,但其最大的缺点是需要不断地向阴极补充电解液,而且阴极产物可能带来二次污染,因此不适合实际工程应用;空气阴极 MFC 是利用空气中的氧作为电子受体,但氧气分子在阴极表面发生的三相还原反应速率很慢,需要使用贵金属 Pt 作为催化剂来降低反应的过电位损失,大大增加了燃料电池的造价。另外,金属离子可能会造成阴极的催化剂中毒,导致系统运行失败。生物阴极能够满足减少或省去 Pt 催化剂,使系统投资大大降低,更便于 MFC 的推广应用。

氧气作为电子受体,具有氧化电势较高、廉价易得、反应产物为水、无污染等优点。对于以溶解氧为受体的微生物燃料电池,当溶氧未达到饱和时,氧浓度是反应的主要限制因素之一。目前,较多研究是直接将载铂阴极暴露于空气中,构成空气阴极单室微生物燃料电池。此设计可以减少由于曝气带来的能耗,并且可有效解决氧气传递问题,进而提高氧气的还原速率,增加电能输出。除氧气外,铁氰化物也是较为常用的电子受体,与氧相比具有更低的活化电势和更大的传质效率,能够获得更高的输出功率。Oh 等用铁氰化钾溶液作为电子受体比用溶氧缓冲溶液的输出功率高 50% ~80%。但是铁氰化钾无法再生,需要不断补充,并且长期运行不稳定,因此不适于大规模实际应用。此外,双氧水、高锰酸钾等具有强氧化性,均可用作电子受体,但是同样存在不可再利用等问题,实际应用价值不高。近期研究发现了一些新型电子受体,如 Rhoads 等以生物矿化的氧化锰沉积于石墨电极表面作为反应物,电流密度比以 O_2 为氧化剂时高出大约两个数量级,测量其标准氧化还原电势达(384.5 ±64.0)mV。

由于两室微生物燃料电池将阴极室与阳极室的反应分开,因此减少了两极室间的相互影响,这有利于微生物燃料电池阳极室微生物导电机理的研究和微生物燃料电池结构基础参数的研究,同时也有利于固定阳极室基本条件,研究阴极对电池输出功率的影响。目前两室微生物燃料电池的阴极氧化剂主要有溶氧、铁氰化物、高锰酸钾、二氧化锰等。

1. 溶氧阴极微生物燃料电池

溶氧微生物燃料电池是早期研究的结构相对简单的两室微生物燃料电池,其主要结构包括质子交换膜、厌氧微生物阳极室、悬浮于水中的充气的阴极。这种电池以溶氧作为电子受体,操作简单,许多实验研究都采用这种结构的微生物燃料电池。其阴极半反应为

$$O_2 + 2e^- + 2H^+ = H_2O_2,\ H_2O_2 = \frac{1}{2}O_2 + H_2O$$

能斯特方程(25 ℃,$E_0 = 1.229$ V):

$$E^+ = \frac{E_0 + RT}{2F\ln[P_{O_2}\alpha_{[H^+]}{}^2]}$$

式中 E^+——阴极电势;

E_0——25 ℃时氧的电极电势；

P_{O_2}——氧分压；

$\alpha_{[H^+]}$——质子氢的活度。

根据能斯特方程可知，阴极电压与氧气的分压成对数关系，与质子氢活度的平方也成对数关系。由于溶氧浓度可能引起阴极极化，进而导致电压差降低，增加了质子氢到达阴极的传输电阻，从而限制最大输出功率，因此在这种电池中，增加质子氢浓度有利于其提高阴极电位。

研究表明，以人工合成的葡萄糖及污水处理厂的污水作为阳极燃料，以氯化钠、磷酸盐缓冲溶液为阴极电解质，以溶氧作为电子受体的两室微生物燃料电池的最大输出功率为32.9 mW/m^2。He zhen 研究表明，以溶氧作为阴极电子受体的底泥微生物燃料电池的最大输出功率能够达到49 mW/m^2。由于这种燃料电池输出电压受溶氧浓度的影响，因此以溶氧作为电子受体的微生物燃料电池的输出功率很难得到提高，从而难以放大进行工程应用。

2. 铁氰化钾电解质溶液微生物燃料电池

铁氰化钾溶液具有超电势较低、不易极化的优点，以铁氰化钾溶液作为阴极电解质溶液构建的两室微生物燃料电池，其开路循环电压和阴极工作电压接近，从而使得铁氰化钾溶液在两室微生物燃料电池基础研究中得到广泛应用。其阴极半反应为

$$Fe(CN)_6^{3-} + e^- = Fe(CN)_6^{4-}$$

能斯特方程(25 ℃，$E_0 = 0.770$ V)：

$$E^+(Fe^{2+}/Fe^{3+}) = E_0 + RT/(F\ln[\alpha_{Fe^{3+}}/\alpha_{Fe^{2+}}])$$

阴极电位 E^+ 主要受到 Fe^{3+}/Fe^{2+} 活度比的影响。He 研究表明，以铁氰化钾溶液作为电子受体，以蔗糖为底物的上流式微生物燃料电池的内阻大约为84 Ω，最大输出功率为170 mW/m^2。Sangun Oh 研究表明，以铁氰化钾溶液作为电子受体时的电池输出功率比溶氧缓冲溶液可高出50%～80%。Korneel Rabaey 研究表明，以铁氰化钾溶液作为阴极电解质溶液，以醋酸钠溶液和葡萄糖作为底物的微生物燃料电池的最大输出功率分别达到90 W/m^2和66 W/m^2(阳极室净容积)。对以溶氧为阴极的电池来说，阴极面积的变化同样会引起电池电压的变化，但是对以铁氰化钾溶液为阴极的电池而言，阴极面积的变化对电池电压的影响是很小的。

以铁氰化物作为电解液时，由于 Fe^{2+} 再氧化还原成 Fe^{3+} 的能力比较差，因此要经常更换电解液，操作非常不便。

3. 金属阴极微生物燃料电池(固体阴极)

金属阴极微生物燃料电池是以金属电子受体作为阴极构建的微生物燃料电池，阴极的形式主要有两种：一种是由二氧化锰制成的固体阴极；另一种是调节 pH 值，使金属铁溶解于阴极电解质溶液中。MnO_2 得到电子后转变成为 MnOOH，使 Mn^{2+} 进入溶液中，再在好氧的锰氧化菌作用下将 Mn^{2+} 氧化成 MnO_2。

Rhodes 研究表明，在外电子介体存在的条件下，以玻碳纤维为电极材料，在锰氧化菌作用下可以制成固体阴极，此时两室微生物燃料电池可以实现连续产电，最大输出电压能够达到127 mW/m^2。

TerHeijne 研究表明，以循环使用的氯酸铁或者硫酸铁溶液为阴极溶液，向阴极室不断

鼓入空气,用双极板将两室分开,此种微生物燃料电池的最大输出功率为 860 mW/m²。

4. 高锰酸钾溶液两室微生物燃料电池

高锰酸钾/二氧化锰电对具有高还原电势,输出电压较高。以高锰酸钾为电子受体的微生物燃料电池的阴极半反应为

$$MnO_4^- + 4H^+ + 3e^- \!=\!=\!= MnO_2(s) + 2H_2O$$

能斯特方程(25 ℃, $E_0 = 1.532$ V):

$$E^+ = E_0 + RT/(3F\ln[\alpha_{MnO_4^-}]\cdot[\alpha_{4H^+}])$$

由能斯特方程可知,阴极电位不仅受到质子氢活度的影响,而且受到高锰酸根离子活度的影响,同时产物 MnO_2 容易沉积在电极表面,阻碍阴极半反应,从而导致浓差极化,降低了输出电压。因此在此种电解质溶液中,应该保持酸性环境,同时通过强制对流方式来消除浓差极化,这有利于提高输出电压。

詹亚力研究表明,以醋酸钠水溶液作为阳极燃料,以高锰酸钾作为阴极氧化剂的双室微生物燃料电池的最大输出功率为 824 mW/m²,内阻为 300 Ω 左右。You 研究表明,以高锰酸钾溶液作为氧化剂的微生物燃料电池的最大输出功率为 1 230 mW/m²。赵庆良对以不同电子受体(铁氰化钾、氧气、重铬酸钾和高锰酸钾溶液)为阴极的微生物燃料电池的输出电压进行了比较,发现酸性高锰酸钾阴极微生物燃料电池的开放电压最高,可达 1.41 V,对应的功率密度最大能达到 3 990 mW/m²。

3.1.1.3　质子膜

质子交换膜维持了阴阳两极的反应条件,但是由于质子交换膜对氢离子的选择透过性低于阳极液中大量存在的碱性阳离子,这导致阴阳两极 pH 差值变大;同时,阴极区的氧气向阳极区的扩散会破坏阳极的厌氧环境。在磷酸盐缓冲液浓度为 100 mmol/L、溶液 pH 为 7.0 时,碱性阳离子占通过质子膜阳离子总量的 30%。通过模拟计算表明:即使缓冲溶液浓度很低,但是膜的通透性能较好的条件下,溶液 pH 经过轻微的下降后也会逐渐回升。这也说明了膜的通透性对氢离子传递的影响大于缓冲溶液的影响,但是从理论推导得出:氢离子由细胞膜向溶液扩散的过程是由缓冲剂质子化后完成的而非质子本身扩散。为了缓解两极之间 pH 的差值,可以采用使阳极出水进入到阴极而阴极出水回流到阳极的循环流法,这样系统的 pH 值就会维持相对稳定,从而可以减小缓冲物质的使用量。但是此方法产生的电压不会很高,因为它并没有促进氢离子高效地通过膜而是绕过膜来传递。双极性膜由阴离子交换膜和阳离子交换膜组成,它能够成功地解决质子的传递问题,但是它的制作费用较高。

在传统的燃料电池中,质子交换膜是不可缺少的重要组件,其作用在于有效传输质子,同时抑制反应气体的渗透。它对于维持 MFC 电极两端 pH 值的平衡、电极反应的正常进行都起到重要作用。在微生物燃料电池研究的初期,主要针对有膜电池开展微生物和中间体筛选等方面的研究,电池输出功率一直较低(小于 10 mW/m²),而且其成本及氧气扩散的限制不利于工业化。研究表明,可以通过去除质子交换膜而进一步提高 MFC 的电能输出。用无质子交换膜的 MFC 处理污水时发现,当去掉质子交换膜后,减少了内阻,功率密度上升到 494 mW/m²,为有质子交换膜的 5 倍。无膜 MFC 在近年得到很大发展,Jang 等开发出无膜 MFC,并成功应用在富集电化学活性微生物将有机污染物转化为电能的研究中,这引起了很多人对 MFC 的关注。应用上流式无膜微生物燃料电池处理废水,在电化学活性微生物

富集阶段,分批运行条件下可以得到 536 mW/m^2 的输出功率。

3.1.2　不同材料的稳定性

电极材料和膜长期的稳定性,尤其是生物膜附着在其上的稳定性还没有得到深入的研究。许多研究者简要地给出其实验室设备已经运行数月到数年的时间,但缺少细节信息,所以难以确定是否存在操作问题或影响产能的确切因素(缺少底物、温度和 pH 值变化)。一般而言,不断给间歇式反应器添加补给物质或不使反应器长时间处于匮乏状态,反应器则能保持良好的产能状态。产能最大的影响因素是那些对生物系统造成负面影响的因素,如 pH 值过高或过低或离子强度的改变等。例如,我们实验室中一个反应器运行失败的原因在于不断地向其中添加乙酸钠的过程中 Na^+ 过多的积累(即 Na^+ 的浓度过高)。通过其他实验发现,若阳极营养物质全被消耗掉之后再重新注入阳极液,产能效果将大大降低。

用 PTFE 代替 Nafion 作为胶黏剂,同样观察到一段时间之后功率密度下降而 CE 升高。使用 PTFE 时,最大电压和功率密度不如 Nafion 高,但差距随时间而缩小。最大功率仅降低 9%,从(360 ± 10)mW/m^2(第 2 ~ 4 个周期)降至(331 ± 3)mW/m^2(最后 3 个周期),而使用 Nafion 时下降了 19%,CE 从(9.5 ± 1.5)% 增加到(13.1 ± 0.3)%。因此,系统的整体趋势和 Nafion 相同,而变化量的不同则说明胶黏材料对整个过程产生了一定的影响。

膜污染在含膜的 MFC 系统中将阻碍化学物质的扩散。这将减少质子传递或电荷转移,以及氧气和底物在两室间的扩散。一项研究表明,使用含铁离子的电解液极易因为铁离子的沉淀造成 CEM 的污染(Ter Heijne 等,2006)。这个问题的解决方法是用双极膜代替 CEM。在其他实验研究中发现,偶尔在 Nafion 膜上会出现黑色沉积,并伴有硫化物气味。然而,这种沉积和气味产生的结果尚未得到研究。膜污染的长期影响需要进行进一步的研究,但这些研究需在更大的系统中进行。

3.2　MFC 主要构型

3.2.1　MFC 构型要求

很多种材料已经在 MFC 中得到应用,但这些材料是被如何加工、安装并应用到最终的系统中,即这里提到的反应器构型,最终都会决定系统在功率输出、库仑效率、稳定性以及使用寿命上有什么样的表现。很多研究人员已经开始使用空气阴极,因为这种电极最终将会应用在更大的产电系统中。第一个空气阴极是 Sell 等报道的,但这份研究显然没有被广大的研究者所知,因为在早期的空气阴极的文章中,它并没有被引用。基于像铁氰化钾和高锰酸盐在阴极的还原反应,其他研究人员致力于通过使用最优化的阴极而得到可能的最大功率密度。有时产生的功率并不像生长在反应器中的细菌那样令人感兴趣。在这些研究中,因为双室系统具有较高的内阻,因而适合用于确定一种特殊底物是否能用于产电,或接种后是否能形成微生物群落。但这一体系很难区别不同的微生物或底物是否能提高反应器的性能。在实验室研究中,可以根据研究的目的来设想各种所需的反应器构型。

在 MFC 的实际应用中,一个好的设计不仅要具有高功率、高库仑效率,而且要保证原料提供的经济性和实际应用于大型系统时工艺的经济性。虽然同时满足功率、效率、稳定性和寿命要求的反应器仍在设计中,但我们现在已经知道将石墨刷电极和管状浸入式阴极共同使用能提高性能而且具有经济性。然而到目前为止,这种反应器尚未在中试和大规模实验中使用。因此,未来最终应用在大型系统中的材料和最终的MFC设计仍是未经验证的。

3.2.2 MFC主要构型分类

3.2.2.1 上流式MFC

上流式厌氧污泥床(Up-flow Anaerobic Sludge Bed,UASB)反应器是荷兰Wageningen农业大学的Lettinga等在20世纪70年代开发出来的。1971年Lettinga教授通过物理结构设计,利用重力场对不同密度物质作用的差异,发明了三相分离器,使活性污泥停留时间与废水停留时间分离,形成了UASB反应器雏形。1974年荷兰CSM公司在其6 m^3 反应器处理甜菜制糖废水时,发现了活性污泥自身固定化机制形成的生物聚体结构,这种结构被称为颗粒污泥(Granular sludge)。颗粒污泥的发现,不仅促进了以UASB为代表的第二代厌氧反应器的应用和发展,而且为第三代厌氧反应器的诞生奠定了基础。

上流式MFC由UASB反应器改造得来(图3.2),结合UASB与MFC的优点发展形成。升流式MFC结构简单、体积负荷高,可以使培养液与微生物充分混合,更适合与污水处理工艺耦联。Jang等在同一个圆柱体内,阴阳极为用玻璃丝和玻璃珠分开的填充碳毡。废水从底部经过阳极处理后直接到达顶部阴极。由于阳极的剩余底物会对阴极造成影响,因此功率密度仅能达到1.3 mW/m^2。当阴极更换为穿孔的载铂石墨、两极分隔物改为聚丙烯酸板后,功率密度则上升到560 mW/m^2。He等则采用网状玻璃碳填充阳极和阴极,两极间用阳离子交换膜隔开,各自独立进行升流式循环,以蔗糖为底物输出功率达到170 mW/m^2,内阻为84 Ω。

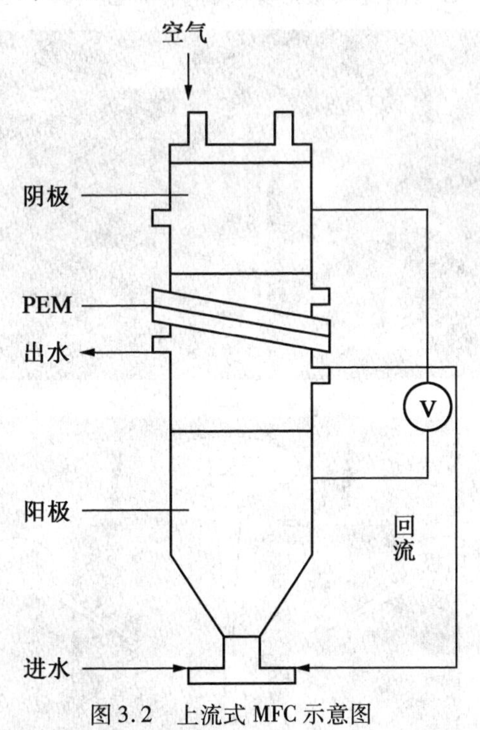

图3.2 上流式MFC示意图

实际上,UAMFC和传统的MFC相比,更适合废水处理的实际应用。UAMFC在设计上有别于已报道的MFC,其优点主要体现在以下几个方面:

(1)使用活性炭颗粒作为阳极,不仅增大了生物膜的附着面积,提高生物量,还大大降低了材料造价。

(2)阴极面积大,降低了反应的过电位。

(3)阳极和阴极之间用筛网分隔,阴极裹在阳极周围,阳极和阴极之间的距离达到最小,电池内阻降到最低。

(4)在运行过程中,采用连续升流式操作,更适合废水处理。实验数据表明,UAMFC 能够实现有机废水的连续发电和同步处理,由于内阻很低,功率密度在很大程度上得到提高,达到 50 W/m^3。UAMFC 进一步提高了 MFC 在有机废水处理中的可行性与普适性。

另一方面,UAMFC 也有其自身的不足:

(1)由于使用无膜空气阴极,空气能够以很高的速率向阳极内扩散,导致库仑效率有所降低。

(2)阴极表面负载昂贵的 Pt 作为催化剂来催化氧气的电化学还原,增加了系统的总造价。

(3)一旦长期运行,阴极表面会生长微生物,导致电池的功率衰减和内阻增加,这也是无膜 MFC 的缺陷之一。

因此,为了进一步优化 UAMFC 的产电性能,提高功率密度输出,降低系统总造价,需要在现有研究的基础上,开展更加深入的研究。

3.2.2.2　双室 H 型 MFC

H 型 MFC 是当前研究中使用最多的形式,早期的大多数 MFC 研究是在双室 H 型 MFC 反应器中开展的。由于该种反应器大多由中间夹有阳离子交换膜的两个带有单臂的玻璃瓶组成,外观上很像字母“H”,因此又被形象地称为“H 型”MFC(图 3.3)。

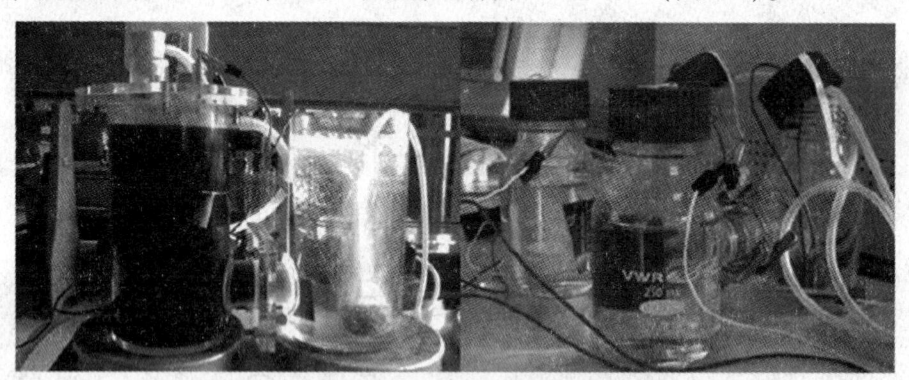

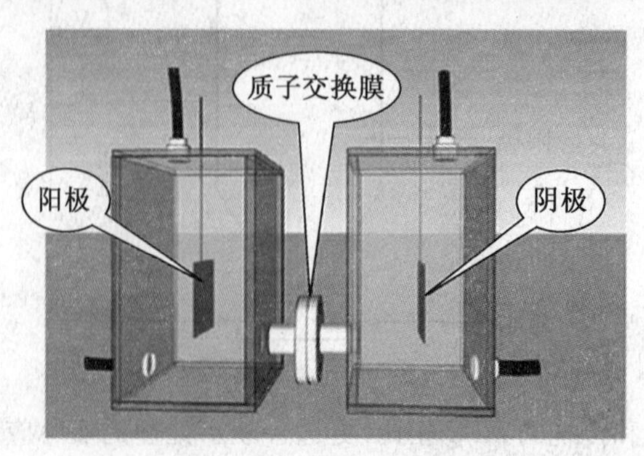

图 3.3　双室 H 型 MFC 图

双室H型MFC由阳极室和阴极室两个极室构成,中间由阳离子交换膜隔开,保证了阳极电子供体和阴极电子受体在空间上的独立性。由于阴阳极分别处在不同的空间,因此可以保证两极室互不影响。由于双室MFC的密闭性较好,抗生物污染的能力较强,因此产电菌的分离及其性能测试的实验通常在双室MFC中进行。而当固定阳极室条件时,研究者们使用双室MFC进行了阴极电子受体的测试,验证了如$K_3Fe(CN)_6$、$KMnO_4$和$K_2Cr_2O_7$这类可溶性氧化剂可作为阴极电子受体,同时也证明了在阴极无氧的条件下以硝酸盐作为电子最终受体可以实现阴极反硝化脱氮。此外,这种构型的优点是容易组装,甚至使用矿泉水瓶都可以组装简易的反应器。

但是,可持续性双室MFC的不足是隔膜带来的内阻以及电子受体。H型双室MFC的欧姆内阻通常为900~1 000 Ω。Oh和Logan研究表明,当膜面积分别为3.5 cm^2、6.2 cm^2和30.6 cm^2时,MFC的功率输出相差很大,分别为45 mW/m^2、68 mW/m^2和190 mW/m^2(固定阴阳极面积均为22.5 cm^2)。如果使用盐桥来替换隔膜,MFC的内阻会进一步升高(内阻约为20 000 Ω)。质子透过隔膜的速率受到隔膜面积和扩散系数的影响,因此在双室MFC中由于阴极消耗质子的速率大于质子补充的速率,导致了阴极pH值升高和阳极pH值降低。pH值变化会降低阴阳极的性能,从而导致MFC输出功率有所降低。尽管$K_3Fe(CN)_6$等氧化剂过电位较低,但此类物质仍需要不断更换,并且再生过程需要外加能量,因此是不可持续的。如果使用溶解氧作为电子受体,则需要高能耗的曝气过程,且阴极的性能受溶解氧浓度的影响较大。

3.2.2.3　平板式MFC

在电池的构造方面,现有的微生物燃料电池一般有阴阳两个极室,中间由质子交换膜隔开。这种结构不利于电池的放大。单室设计的微生物燃料电池将质子交换膜缠绕于阴极棒上,置于阳极室,这种结构有利于电池的放大,已用于大规模处理污水;另外,Booki Min等发明了平板式的电池,这些新颖的电池结构受到越来越多的科学家的青睐。

1. 整体结构设计

平板式MFC是对典型的双室MFC系统进行了改进,将阴阳极和质子交换膜压在一起,并将其平放,可以使菌由于重力作用富集于阳极上,而且阴阳极间只有质子交换膜,可以减少内电阻,从而增大输出功率。该系统包括两个用旋钮拧紧在一起的聚碳酸酯绝缘板,含有一个将阴极室和阳极室平分的渠道。每块板钻削成长方形渠道,两板用一个橡胶垫密封,并由一些塑料旋钮拧紧。PEM与阴极黏合后置于阳极上,形成PEM/电极的三明治形式置于两板中间。曹效鑫等利用两套阴阳极组成的MFC,采用厌氧污泥和乙酸配水进行实验,可输出功率密度为300 mW/m^2,此系统采用两个阴阳极,在一定程度上可以增加产电量。

平板式MFC省掉了储液罐,在阴阳两极侧设置不同形式的流场,使反应物在电极表面不断流动,以改善电极表面的传质。

2. 流场结构形式设计

在质子交换膜燃料电池(PEMFC)中,流场板起着进料导流、均匀分配反应物及收集电流的重要功用,是影响PEMFC性能的一个重要因素。流场结构形式对PEMFC性能的影响已经得到了广泛的研究,常用的流场形式有平行流场、蛇形流场、交指形流场等;并且实验研究发现,当采用蛇形流场时,PEMFC 性能要明显好于采用蛇形流场及交指形流场时。

在平板式 MFC 中,流场同样起着进料导流、分配反应物的作用,也是影响平板式 MFC 的一个重要因素。2004 年,Booki Min 等设计出蛇形的平板式 MFC,接种厌氧活性污泥,实现了 MFC 的产电。但是考虑到 MFC 阳极侧产电微生物都是生长在碳纸内部的微孔内,当采用蛇形流场时,虽然碳纸表面培养基供应充足,但是培养基到达碳纸内部微孔只能通过浓差扩散的方式,因此可能培养基供应不足;而当采用交指流场时,培养基可以被强制渗流过碳纸,可能更有益于产电微生物在碳纸内部微孔的生长。因此在本实验中,设计了蛇形流场及交指流场的平板式 MFC,并对其进行了初步的实验研究。

图 3. 4 为蛇形流场示意图,流场由 13 根槽道组成,每根槽道深 2 mm,宽2 mm,长 50 mm。具有代表性的流场为图 3. 4 上方交指形流场,此流场由两组平行交叉的槽道组成,有如手指交叉形成,但是两组流道之间并不直接相连。培养基从进口流入槽道后不能直接流入另一组槽道,而是必须强行流过电极然后才能流入另一侧流道,这样就强化了培养基在电极内的流动及传质。因为在 MFC 中不需要用流场板来收集电流,故而槽道均直接加工到端板上,既节省了空间又易于密封。

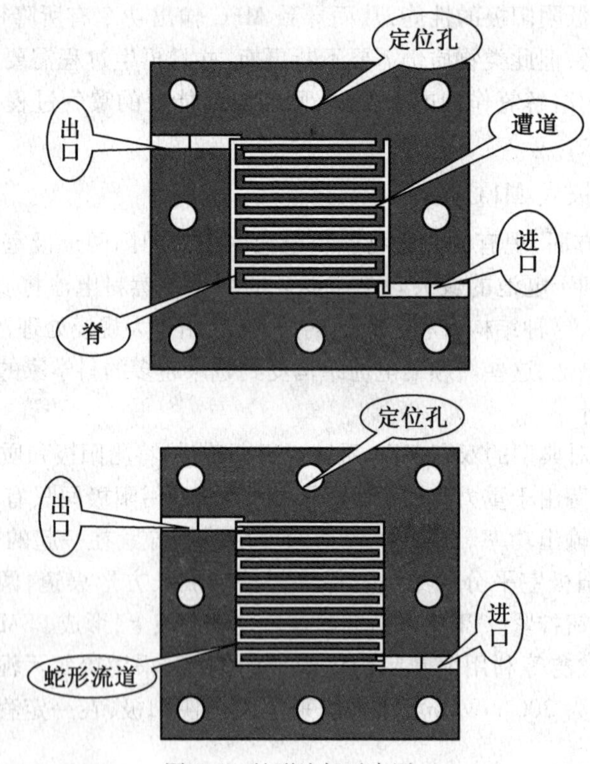

图 3.4　蛇形流场示意图

3.2.2.4　双筒型微生物燃料电池

研究人员开发出圆筒型双室 MFC,它可以看作方形 MFC 的变形。该类 MFC 由圆筒形紧紧包围阳极的隔膜和外层阴极室构成。这种设计极大地缩小了两极间距,增大了质子交换膜面积,因此内阻只有 4 Ω。例如 Rabaey 等使用颗粒石墨母体作为阳极,铁氰化钾溶液作为阴极电子受体,制成了管状双室的连续流 MFC,最大输出功率为 90 W/m^3。当加入废水时,基于库仑电量,去除的有机物中(例如负荷为2 kg有机物 · m^{-3}NAC · d^{-1})转化为电能的效率高达96%。

填料型MFC可以增大MFC产电能力,而以筒状质子膜作为增大MFC内电流通道可以有效降低MFC的内阻,所以又基于筒状质子膜构建双筒型微生物燃料电池。本节就以曹效鑫等建立的双筒型微生物燃料电池为例,如图3.5所示,该装置将阴极室和阳极室整合在一起,以筒状质子膜增大电池内电流通道,降低了MFC内阻,在提高其产电能力的同时加强对污水的净化。双筒型MFC装置包括主体部分、水循环系统和电流采集系统3部分,MFC主体部分又包括了阳极室、阴极室和质子膜3部分。

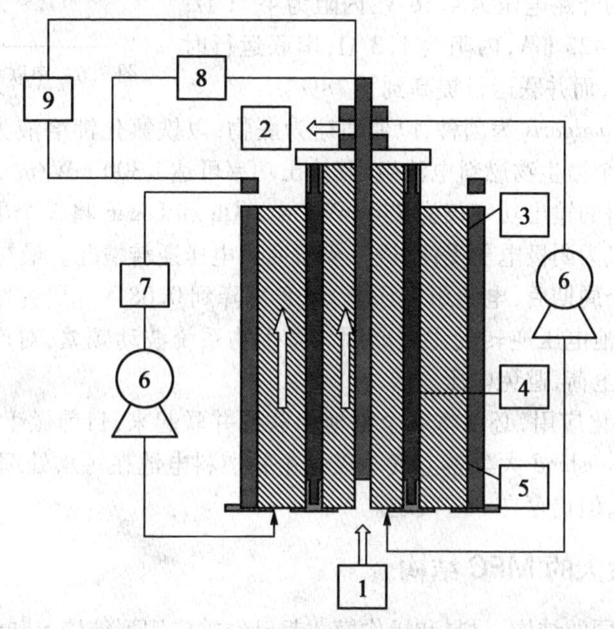

图3.5　双筒型MFC示意图

1—进水;2—出水;3—阴极;4—质子交换膜;5—阳极;6循环泵;7—曝气系统;8—可变电阻;9—数据采集系统

阳极室位于装置的中心,由质子膜围成圆柱体,充满填料,中间插入一根碳棒作为集电极,两端由顶盖和底座密封,以确保阳极室内部处于厌氧环境。阳极室底部留有布水层,保证进水均匀流入阳极室。质子膜为圆筒状,作为阳极室的侧壁,紧密包裹住阳极填料。阴极室由质子膜和石墨套筒围成,石墨套筒作为集电极。阴极室中填有与阳极室相同的填料,并插有饱和甘汞电极,用于测量阴极电势。

阳极室水路包括进水和循环两部分,阳极室进水从反应器底端由进水泵引入阳极室,从顶部出水口流出。为了强化阳极室中基质向生物膜的传递,采用了循环泵对阳极室内的污水进行循环。由于阳极室体积较小,连续进水流量也很小,致使进水管路容易堵塞,因此采取了半连续进水的方式,即固定阳极室进水流量、进水时间和进水周期,相当于确定了连续进水流量和阳极循环部分溶液体积。在锥形瓶中经过曝气后,由循环泵从阴极室底部进入,阴极室顶部出水口流出,再流回至锥形瓶中,连续循环,循环流量同阳极循环流量。

3.2.2.5　串联型 MFC

从现有研究来看,单个燃料电池产生的电量非常小,所以有些研究人员已经尝试用多个独立的燃料电池串联起来提高产电量。Aelterman 等将 6 个完全相同的 MFC 通过串联或并联的方式组合在一起(图 3.6),阳极与阴极由插入到粒状石墨的石墨棒组成,使用葡萄糖连续发电,发现两种连接方式的最大功率密度相同,均为 258 mW/m^3,串联的开路电压为 4.16 V,内阻为 49.1 Ω;并联的短路电流为 425 mA,内阻为 1.3 Ω;串联运行时库仑效率只有 12%,而并联运行提高到了 78%。

图 3.6　串联型微生物燃料电池

Shin 以 *Proteus vulgaris* 为菌种,以葡萄糖为底物,以铁氰化钾溶液为阴极电解质溶液,用双极板构建了 5 个微生物燃料电池组,其输出功率可达 1 300 mW/m^2,而以纯氧作为阴极电子受体时,电池组的输出功率仅为 230 mW/m^2。Oh 和 Logan 将 2 个电池串联起来,以醋酸盐作为底物,以氧为阴极电子受体,进一步研究了电压逆转情况。最初 2 个电池产生的电压是相等的,但几个周期后,电池组电压从 0.38 V 降到 0.08 V。研究结果表明,底物消耗不均可能是导致电池电压逆转的主要原因。微生物系统波动频繁,对产电有负面影响,可用二极管减少反向电荷,避免电压逆转。

为了实现工业化应用,必须将单个电池串联或并联起来,目前微生物燃料电池组还处于实验研究中,Queensland 大学就空气阴极微生物燃料电池在污水处理工程方面的应用做了大量的研究工作,但仍存在一些问题。

3.2.3　可放大的 MFC 结构

虽然很多种不同的结构、材料和操作模式都已经被应用到纯培养和混合培养的 MFC 产能研究中,然而尚未设计出放大后很经济的 MFC 构型。但是,基于以下几点原因,这种情况很快就会改变:第一,空气阴极反应器的功率密度在不断提高;第二,消费高(但是效果好)的阳极材料,例如石墨盘,正在逐渐被较便宜的材料所代替;第三,铂这样的贵金属催化剂正在被在效率上几乎没有差别的铁或是钴这类非贵金属催化剂所取代;第四,缩短电极距离是反应器设计的趋势,这种设计能提高功率输出;第五,反应器电极填料(单位体积的表面积)的增大,使单位反应器体积的功率输出增加。

反应器造价高的原因可能是由于使用了碳刷电极和管状阴极。尽管正在研发精密的材料,但实验室规模的反应器运行结果表明,该方法对降低造价是行之有效的。现在的最大挑战是设计出最便宜的管子和具有催化活性的导电覆盖材料,使其暴露在各种污水中时能够持续产生能量。完成这步后,我们将借助各种测试和模型对反应器的负荷和构型进行优化。这些最优化的反应器将用在大规模反应器中,而这第一次应用可能会出现在废水处理厂中。在第 9 章中,我们将继续探讨反应器怎样适用于污水处理厂处理工艺和在实际尺寸以及应用这一技术时存在的工程挑战。

第4章　MFC应用

4.1　MFC用于污水处理

19世纪以来,一些经济发达的国家相继出现了环境污染和社会公害等问题,许多国家的河湖水域溶解氧降低,水生物减少,甚至绝迹。由于水环境污染,人们的发病率大幅度增加,有关当局也开始认识加强污水处理的必要性,并投以大量资金兴建污水处理工程。经过30多年的大力整治,付出巨大代价,才基本控制了形势,使水生物恢复生长,水环境得到改善。这种污水处理事业与经济发展不相适应的状况所造成的损失是极大的,教训是深刻的。为此,各国政府对于污水处理工作极为重视,从法律和建设资金上给予保证,并不断开拓新技术,使城市污水处理事业得以迅速发展。

我国城市污水处理事业开始于1921年。上海首先建立了北区污水处理厂,1926年又建了西区和东区污水处理厂,总处理量为4×10^4 t/d。近几年来随着经济的发展,水污染控制所面临的问题也愈加严重,目前不仅大、中、小城市建设污水处理厂,还有些郊区县也建设污水处理厂,如上海市嘉定县的污水处理厂已投入运行十几年,上海市青浦徐泾镇、重庆市渝北区、河南省汝州市、浙江省多个县郊等几十个污水处理厂都已建成。据2011年统计全国城镇的污水处理率达到77.4%,比2005年提高25个百分点,全国已建成投运城镇污水处理厂2 832座。

同先进国家比较,我国城市污水处理工程从数量、规模、普及率,以及机械化、自动化程度上,还都存在着较大的差距。按照《城市污水污染控制技术政策》要求,城区人口达50万以上,必须建立污水处理设施;在重点流域和水资源保护区,城区人口在50万以下的中小城市及村镇,应依据当地水污染控制要求,建设污水处理设施。在宪法中也有明文规定,并组建了许多专门生产环保设备和给排水机械的专业工厂,许多产品已系列化了,但自动化仪表、检测仪与国外差距还很大。

目前,常用的水处理技术有物理非破坏性的吸附法、混凝法等,其原理是将污染物从液相转移到固相,虽有一定的处理效果,但由于再生费用昂贵,推广起来受到一定限制。而化学、光化学、生物等处理技术虽是破坏性的,但处理周期长,实际应用中也存在一定的问题。目前,国内外仍以生化处理法为主,尤以好氧生物处理占绝大多数。

MFC的研究是目前燃料电池界,乃至化学界、生物界研究的前沿课题和热点,近年来我国能源、电力供求趋紧,国内外对资源丰富、可再生性强、有利于改善环境和可持续发展的生物质资源的开发利用给予了极大的关注。2004年,“国际生物质液体燃料与生物能发电研讨会”暨“拉丁美洲生物能论坛研讨会”在北京举行,第七届北京国际科技产业博览会专门举办的首届中国能源战略国际高层论坛,都对生物质能发电给予较高的重视。但基于目前微生物燃料电池的研究现状,无法达到能源再利用的目的,非但低于传统的能源产出,且其功率远远低于较为新兴的氢能源的研究热点氢氧燃料电池(低三个数量级),但根据目前研究现状,作为微生物燃料电所提倡的绿色能源主义的双重性来看,能否在处理废水方面打开一个突破口,发现能有不同常规处理的效果的惊喜,亦意义重大。

4.1.1 传统污水处理厂的工艺流程

假设各单元 MFC 在经济和技术上具有可行性,那么 MFC 怎样应用在废水处理中?我们首先总结一下处理废水的过程,然后根据各个构筑物的功能考虑如何应用 MFC。一个典型的生活污水处理厂包括一系列处理单元,每个处理构筑物都具有特定的功能,以确保废水处理与监测尽可能有效。然而,根据实际条件的不同,这些处理单元的顺序和各种参数有很多设计方法。此处我们只讨论典型的生活污水处理厂。而对于工业废水处理和营养物控制来说,废水处理工艺更是多种多样。

废水进入生活污水处理厂后,首先通过格栅将大块碎片去除,同时监测水流。通过格栅后水流流入沉沙池,此处水力停留时间为 1 ~ 20 min(Viessman,Hammer,2005)。这是为了使污水中的砂粒(如咖啡渣、骨头等)被分离出来从而保护水泵(见图 4.1)。上面两个处理单元产生的固体通常被收集并直接送到垃圾填埋场。

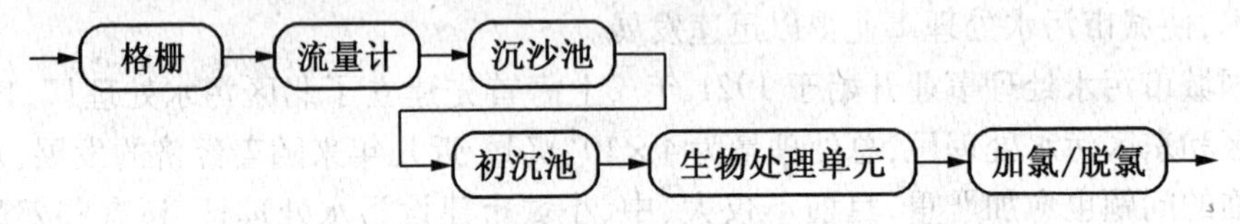

图 4.1 美国典型的污水处理流程

在初沉池中,废水的有机物质继续被物理去除,在小型处理厂中这个处理单元有时会省略。初沉池能够去除所有能沉淀的颗粒物,这种方法很耗费成本但是有较好的效果。废水中有机物质的浓度通常用 5 日生化需氧量,即 BOD_5 值表示;或者利用化学方法快速得到的化学需氧量,即 COD 值来表征。前者体现了物质的可生物降解性,而后者能够在一段时间内表征出水中全部有机物质的浓度。总 BOD 由两部分组成:可溶性 BOD(sBOD)和颗粒 BOD(pBOD)。一般来说,进入处理厂中 1/3 的 BOD 和 1/2 的总固体在初沉池中去除,水力停留时间为 1 ~ 3 h(Viessman,Hammer,2005)。这样废水中的 BODs 从 300 mg/L 降至 200 mg/L。大部分的 pBOD 以固体形式收集在构筑物的底部从而在初沉池中被去除。这些固体叫做初沉池污泥,将送入后续的厌氧消化处理(AD)中进一步处理。

废水随后进入下一个处理单元,传统上这个单元包括两个组成部分:一个生物反应器和一个沉降池。在反应器里 BOD 转化为细菌的生物量,在沉降池中细菌的生物量被移除,沉降池叫做二沉池。这个生物处理单元是污水处理厂的核心,其特性变化多样。考虑到处理的目的,可以考虑两种处理技术:活性污泥法(AS)和生物滴滤池(TF),如图 4.2 所示。AS 工艺由一个大的曝气池组成,在这个处理单元,流入的污水与二沉池的固体结合。从沉淀池中收集到的固体中含有高浓度的细菌(大约 10 000 mg/L),这些细菌快速地降解污水中的有机物质(约 200 mg/L 的 BOD_5)。曝气池的水力停留时间是 4 ~ 6 h。然后污水进入二沉池,在这里由微生物构成的生物膜沉淀到池底。经此单元处理后流出的废水 BOD_5 需小于 30 mg/L,总悬浮固体(TSS)需小于 30 mg/L。该工艺是一种非常有效的废水处理方法,在大多数以 AS 工艺进行生物处理的处理厂中很容易达到这样的水平。在污水处理厂实际运行当中需要注意的问题包括:设定适当的污泥回流比,选择恰当的混合液固体浓度以及控制污泥产量。避免扰乱沉淀过程,这直接影响循环的生物量浓度:曝气是很有必要的,但是成本相当高。在典型的污水处理厂中,曝气所需的能量占总能耗的一半。

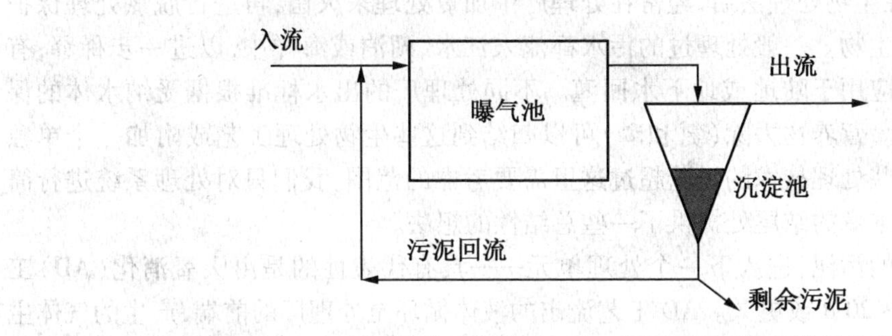

(a) 活性污泥法(包括曝气池、污泥循环系统和排泥系统)

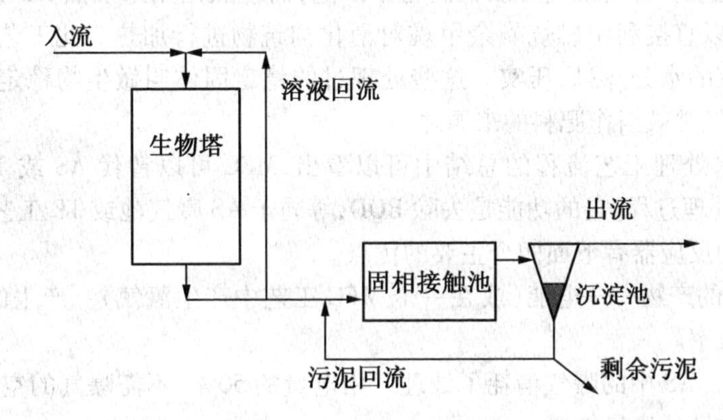

(b) 生物滴滤池(包括生物塔、固体接触池、生物塔回流系统和污泥回流系统)

图4.2　由生物反应器和二沉池构成的生物处理流程

TF 是一个包含多孔填料的构筑物,废水在填料的顶部分配(像草坪的洒水装置)。填料必须具有足够的多孔性,以保持空气在构筑物中流通,从而使 BOD 的去除以好氧去除为主。TF 首先用炉渣或岩石制成孔隙率为 30% ~50% 的填料,但是现在的新系统多采用新型结构塑料介质,其孔隙率都在 90% 以上。岩石滤池一般高度不能高于 2 m,但塑料介质系统高度可以在 2 ~10 m,甚至可以高于 10 m,构筑物直径大于 20 m。此反应器中的 HRT(水力停留时间)难以确定,因为某些污水用 15 ~20 min 即可穿过此反应器,而示踪实验指出污水在生物膜中的扩散需要几个小时,甚至更长的时间。反应器通常装配通风系统(风扇)来维持氧气在反应器中的流通。从 TF 中流出的部分液体循环至 TF 反应器顶端,以便保持生物膜良好的润湿状态来维持系统的稳定性。污水从 TF 底部流出进入二沉池中,去除此过程中产生的老化生物膜。TF 工艺通常不如 AS 工艺有效,BOD_5 只能达到小于 45 mg/L。

为了使以 TF 工艺为基础的系统处理效果能与 AS 污水处理厂相当,常应用一种叫作滴滤池/固相接触(TF/SC)工艺的二次固相接触(SC)工艺(Parker,Bratby,2001)。在 SC 工艺中,将二沉池中沉淀的固体与 TF 出水相结合,并一起送入反应构筑物中。相对于 AS 工艺,SC 工艺的水力停留时间很短且可调整。向 SC 反应构筑物曝气可以加强混合和保持污水的氧化。污水随后流入二沉池,使固体沉淀,出水水质得以改善,达到 BOD_5 < 30 mg/L,TSS < 30 mg/L 的处理要求。在 TF 工艺里,大部分的溶解性化学需氧量(SCOD)得到了去除,一些

附加的 SCOD 也在 SC 工艺中得到去除。沉淀是 pBOD 去除的基本方式,从而使全过程更有效。从 TF/SC 过程中产生的污泥常与初沉池的污泥混合在一起,用厌氧消化法进行处理。

在美国,废水在生物处理法后,经常在处理厂中加氯处理来灭菌,再进行脱氯处理保护受纳水体中的水生生物。一般处理过的污水都流入江水、湖泊或海洋中,以进一步稀释;有时将处理过的污水应用于陆地或地下水回灌。不同处理厂的出水标准根据受纳水体的保护水平不同而不同。营养物去除(氮和磷)可以归结到这些生物处理工艺或附加一个单独的工艺。但对于这些处理技术的讨论超过这里需要考虑的范围,我们只对处理系统进行简单扼要的总结。在本章的结尾处提供了一些总结性的想法。

产自沉淀池中的污泥,进入下一个处理单元——具有代表性的是由厌氧消化(AD)工艺组成,HRT 为 15 ~ 20 d 或更久。AD 工艺流出的液体循环至处理厂的前端,产生的气体主要是甲烷和二氧化碳。这些废气可以在涡轮中产电,而废热则用来加热 AD 反应器。在一些处理厂中,也可以直接利用燃烧剩余甲烷对消化构筑物进行加热。此工艺生成的固体,通过抽滤去除含有的水分,然后压实。这些处理过的稳定固体叫做生物稳定固体,适用于安全填埋技术,也经常被当作肥料的来源之一。

从上述对污水处理工艺流程的总结中可以看出,MFC 可以替代 AS 或 TF 处理系统。MFC 是一个生物处理过程,它的功能是去除 BOD,等同于 AS 曝气池或 TF 工艺。用 MFC 代替这些传统的生物反应器有下面四个主要的优点。

(1)产生有用的产物——电能(或在一个 MFC 工艺中产生氢气)。产生的电流取决于废水浓度和库仑效率。

(2)无需曝气。AS 中的曝气消耗了处理厂用电量的 50%,不需曝气的空气阴极 MFC,在阴极处只需要被动的氧气传递。

(3)减少了固体的产生。MFC 是一个厌氧工艺,因此,相对于好氧体系(如 TF 或 AS),产生细菌的生物量将减少。固体量的减少取决于几个下面将要讨论的内容。固体处理是昂贵的,应用 MFC 可以充分减少固体的产生。

(4)潜在的臭味控制。这是需要在处理实施时仔细规划的部分。省略了 TF 所需与空气接触的较大的表面积和 AS 工艺中大量气流从曝气池底部流出的过程,均可大大降低向周围环境释放臭味的可能性。

4.1.2 MFC 可替代生物处理反应器

需要注意的是,从来没有超过实验室规模的 MFC 装置应用于实际测试,所以还没有明确的系统运行数据,例如在实际的污水处理厂能够应用的单元工艺和系统条件(HRT、表面积等)的数据。因此读者应该了解,这部分内容阐述的是研究者根据已知数据和对其他地方污水处理工艺的全面理解而进行的推断,以及研究者对 MFC 处理生活污水的设计和实现方法的观点和看法(Logan 等,1987; Logan,1999,2005)可以预想三种可能的处理工艺流程。首先,MFC 工艺可以在工艺流程中与更多的传统工艺体系结合,代替 AS 或 TF 体系。在这种情况下,MFC 以与 TF 相似的方式应用于 TF/SC 流程,如图 4.3(a)所示。MFC 反应器是生物膜工艺,因此对 sBOD 的去除效果比对 pBOD 的去除效果更好。这样就需要 SC 工艺来去除 pBOD,使生活污水的处理达到满意的处理水平。在 TF 工艺中,MFC 反应器出水不需要回流至进水,因为反应器全部被填满(与 TF 相对,TF 是敞开在空气中的)。SC 和沉淀工艺的设计与TF相同,取决于从MFC中产生的固体,可以计算得到生物膜固体量。

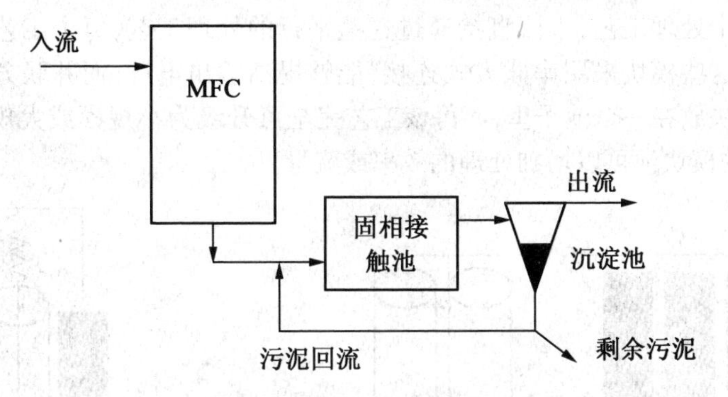

(a)利用固体接触池、污泥回流系统和沉淀池的传统处理工艺

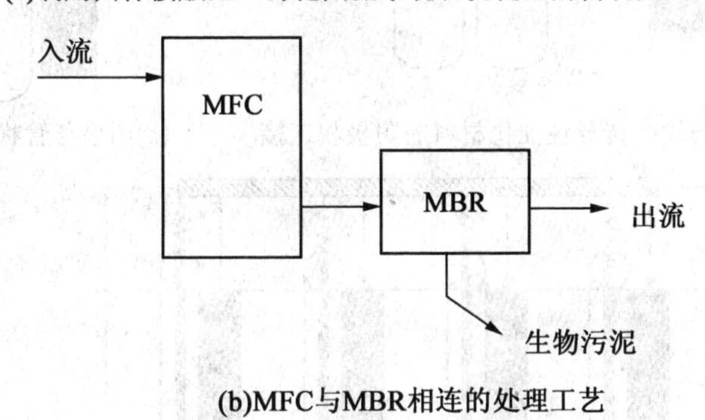

(b)MFC与MBR相连的处理工艺

图4.3 利用MFC反应器作为生物处理过程的流程

注:MFC作为预处理方法同时为MBR提供能量;另外MFC还可以变成一种新型的MBR处理工艺,在这里还没有标明

第二个可能性是应用MFC作为膜生物反应器(MBR)的预处理工艺,如图4.3(b)所示。MBR由膜组成,废水穿过膜,将固体颗粒和生物质过滤掉。因此,此反应器既是一种处理构筑物,又是一个澄清装置。MBR由于曝气和过滤所需的能量而使运行成本昂贵。在此工艺中,MFC产生的电能可以用来抵消这些能量的成本,减少固体产生,降低氧气消耗。

第三个MFC应用的可能性是让它像MBR一样运行。通过改进阴极结构,使其既可以用作阴极又可以作为过滤管,MFC可以看作是单独的MBR类型的系统。目前正在研发具备这种功能的阴极。组合系统相对于MBR工艺的好处在于反应器更小而且能量需求更少,但这样一个处理厂不太可能收集电能。该体系运行的主要困难可能是膜阻塞。MBR运行时需要通过管子进行曝气来减少污垢的产生,但MFC需要在厌氧体系中运行。反应器可以在间歇式通风下运行,因为大多产电菌是兼性厌氧微生物,但这个想法需要进一步研究证实。

MFC电极更适合由高效的可按比例增加表面积的石墨刷和管状阴极组成。这些电极按次序排列(例如先阳极,后阴极),或在相同的构筑物中随意安放(图4.3)。阴极和阳极的组合是由安装在独立的池子或模块中的许多电极组成,形成一个独立的“阳极-阴极模块”。在模块中的刷子和管子彼此间必须靠得很近,以此来缩短质子传递的距离,从而降低内阻(图4.4)。模块将按相同的方式连接在一起,类似于生物转盘(RBC)的连接方式被连接在一起形成一个处理工艺,水流直接通过这些平行的处理工艺,每个工艺由多个连接的模块水力串联。这些模块采用串联方式连接,能够提高输出电压,而并联方式则可以提高电流。将许多模块放在一个池子里,使得该工艺完全可升级为小规模或大规模的体系。像RBC一样,附加的模块池可以增加处理的效率或流量。

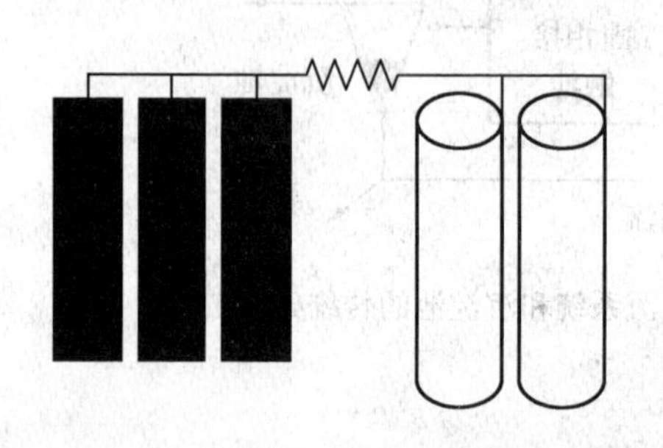

(a)碳刷阳极串联后与涂有传导性催化材料的阴极相连接

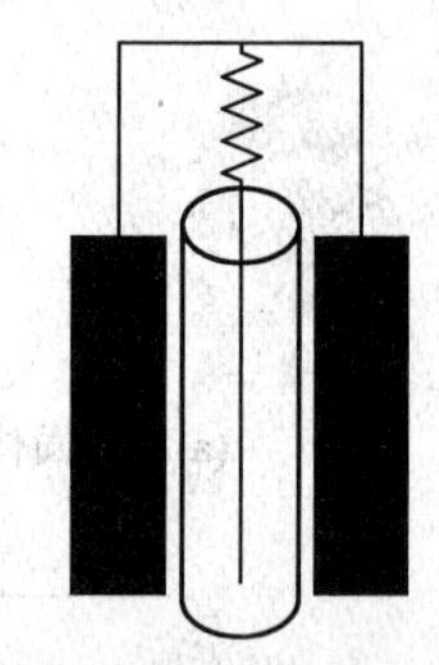

(b)阳极与管状阴极交替相连

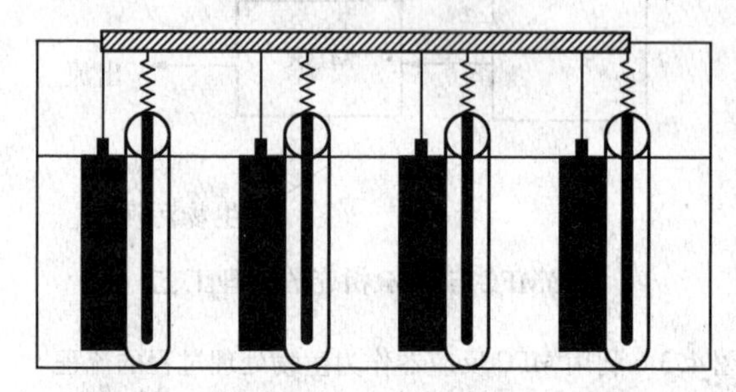

(c)在水槽中阳极 / 阴极组件处理废水的例子

图4.4　以碳刷为阳极和管状阴极的MFC构成示意图

在表面积一定的情况下,管状阴极的费用比碳刷阳极的费用高,因此在反应器运行中阴极的表面积是需要控制的因素。MBR拥有特殊的表面积[180～6 800 m^2/m^3(每立方米反应器的表面积)],以膜形式构成。管状阴极与石墨碳刷相对表面积还没有优化,这些材料的费用还没有可靠的预测。管状阴极的费用比阳离子交换膜还要少(MYM 80/m^2)。当然,我们可以避免使用如Nafion(MYM 1 400/m^2)这种昂贵的材料。石墨纤维相对便宜(MYM 0.60/m^2),同时能够提供更大的表面积,在阳极中会得到广泛的应用。

根据数据可知,绝大多数已开发的MFC的水力停留时间(HRT)为24 h或更长,间歇流运行多于连续流。在实验中,因为实际的一些原因,系统较难实现更短的HRT。一些连续流系统的研究表明,通过优化与反应器体积相关的阴阳极表面积,可将HRT降低到比AS污泥反应池稍长一点的范围。例如,用平板MFC处理生活污水(246 mg COD/L),在2 h的HRT内COD去除率为58%,在4 h的HRT内去除率为79%(Min,Logan,2004),但是没有关于更长的HRT的报道。这与其他许多研究一样,主要是为了提高产生的功率或研究MFC构型的其他方面而设计,不是为了达到高的COD去除率。曝气池的HRT一般为4～6 h。因此,为了制作出一个相似尺寸的系统,MFC系统的研究目标是与此HRT的范围相符合的。

4.1.3　从能量角度分析替代可行性

用于废水处理的不同污水处理厂所需的能量也不同,但是一般倾向于根据处理工艺的类型确定。已报道 TF 工艺所需能量为 430 kW/(m^3·s),AS 所需能量为其 2.4~5.9 倍[1 020~2 550 kW/(m^3·s)]。这些对 AS 进行的研究比 Shi zas 和 Bagley(2004)报道的多伦多北部污水处理厂(以下简称 NT 处理厂)更高些,其需要能量为 680 kW/(m^3·s)[30 kW/(mg·d)]。此污水处理厂中的废水含有 431 mg COD/L 和 1 930 mg TS/L,进水含能总量为 2 616 kW。这样,废水中含有的能量是需要处理废水的能量(283 kW)的 9.3 倍。膜生物反应器(MBR)系统需要 8 520 kW/(m^3·s),因此不能基于废水中含有的能量来自给自足。

基于 NT 处理厂的能量回收设想,值得考虑的是进入污水处理厂的固体中的能量在何处的问题,以便于我们确定如何从污水中回收能量。在 NT 处理厂中,66% 的原污水的能量(2 616 kW)留在初沉池的固体中,剩余 34% 的能量包含于初沉池的出水中(886 kW)。最初流入 NT 处理厂能量的 14% 从二沉池的出水中流走,因此最初污水含有能量的 38% 转移至二沉池的污泥中。在 NT 处理厂中,25% 的最初能量存在于剩余固体(生物固体)中。测量得到,进入 NT 处理厂能量的 38% 包含在生物气如甲烷之中,而基于固体的能量百分比而言,生物产气工艺可以获得剩余固体中能量的 47%。

这些结果对 MFC 如何在污水处理厂中设计与运行有重要的意义。为了使能量最大回收为电能,最好能够省略初沉池,直接将原污水注入 MFC 反应器,但可能导致反应器的阻塞。这些不经过初沉池直接注入的污水需要在 MFC 中一个合理的 HRT 下获得固体中的能量,对于这个课题的可行性还没有调查。尽管受上面范围的限制,但 NT 处理厂初沉池的固体去除率仍具有代表性。通常 1/3 的 BOD 和 60%~65% 的总固体在初沉池中去除,所以 2/3 约 66% 的能量(总固体)从 MFC 中转化至初沉池的固体中(Viessman,Hammer,2005)。虽然剩余能量只有 886 kW,然而 MFC 工艺仍然有足够的能量来自给自足。在能量输入与 TF 工艺相似的条件下,MFC 合理的目标是回收污水中能量的一半。经过测量 MFC,回收 443 kW 能量同时需要 179 kW 的能量(不包括 SC 工艺所需的能量)(图 4.5)。

在 NT 处理厂的例子中,MFC 以电的形式获得能量 17%,同时厌氧消化以产甲烷的形式获得能量 37%,或者说获得总回收能量的 54%。NT 处理厂利用活性污泥法进行污水的处理,因此耗能 680 kW。而 MFC 的处理工艺只需要耗能 179 kW,另外还有额外 14%[104 kW/(mg·d)]的能量回收,占总回收能量的 58%。在这个例子中,NT 处理厂耗能 179 kW 而产生能量 1 518 kW,即净产能值为 1.34 MW。因此,一个污水处理工艺能够成为一个产能的过程而不是一个耗能的过程。

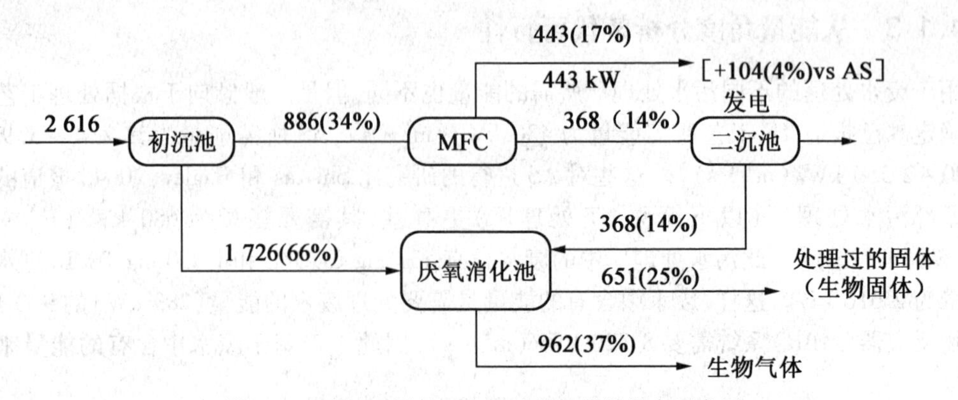

图 4.5　NT 处理厂基于能量平衡的能量分布示意图

注：其中能量以 kW 计；括号里的值代表原污水总能量的百分比，除了对 MFC 产生能量大小占能量回收的 50%，注意到初沉池固体去除率高于普通的，并且 MFC 产生的污泥要少于 AS 过程。进入系统的能量与离开反应器的能量之差估计是以逸散热的形式排出

这些能量的产生并没有考虑到最终产生电流的效率。例如，一个单室的 MFC 副反应将产生 0.3 ~ 0.6 V 的电压，这些电压需要转换成更高的电压（或者 AC）加以利用。可以将若干个 MFC 反应器串联起来，并且通过 DC - DC 转换或者 DC - AC 转换。对于厌氧消化反应器，产生的甲烷气足够用来发电，还可以利用产生气体的热量加热消化反应。甲烷转化成电能的效率随着系统的种类而不同，对于燃烧系统和燃料电池系统转化效率约为 30% ~ 40%。假设 MFC 的转换效率为 85%，而甲烷的转化效率为 35%，这就意味着最终产生的电能为 717 kW（27% 回收利用），与 AS 过程相比节省 104 kW（4%），或者说总共节省能量 821 kW（31%）。

图 4.4 说明，在这个过程中，大多数流入的能量包含在初沉池的固体中，并且这些能量接下来通过厌氧消化转化成沼气。如果留在初沉池中的固体经过发酵转化成可溶的有机物，那么这些有机物就能够在 MFC 中被利用。

现阶段估计这个系统的能量平衡还有很多未确定的因素，但是可以确定的是，这个过程可以回收更多电能，并且时间比厌氧消化的停留时间短。如何处理发酵系统以及固体接触过程产生的剩余固体物质，需要在大规模实验后，根据这些固体物质的特性来深入研究。

4.1.4　污泥减量化与脱氮除磷

1. 污泥减量化的意义

MFC 与好氧处理过程（例如活性污泥法）相比，另一个优点就是在反应过程中的污泥产量比较少。在这里需要注意，假设用乙酸钠作为碳源的 MFC 的细胞产量可以用 $Y_{x/s}$ = 0.16 g CODcell/g COD来表示。大约有 40% 的细胞产量是由好氧过程产生的，其中好氧过程的细胞产量表示为 $Y_{x/s}$ = 0.40 g COD 细胞/g COD 污水。在上面的例子中，根据固体的能值，活性污泥系统的固体产率是 0.41。因此我们希望每个 MFC 产生的污泥量只是厌氧消化过程的 40%。由于污泥可以大幅度地消减，因此固体处理的基本建设费用就会减少。在上面估计污泥产生的过程中，并没有估计固体接触（SC）过程的影响。额外添加 SC 系统将使污泥老化,更大程度地减少污泥产量,但是需要额外的能量输入用来保持系统混合的均匀性。

减少二沉池的污泥量会减少生物气的产生,即减少生物气的能量产量,尽管这可以通过降低厌氧消化的基础建设资本相互抵消。在上面的例子中,减少二沉池 40% 的污泥将会降低固体至 151 kW,鉴于以上沼气生产的效率,这会减少价值 858 kW 的沼气量(原污水的 33% 的能量),因此减少了消化过程中 4% 的能量输出。

细菌在电极上生长会形成生物膜,但是这种固体的沉淀特性和大小还未知。微生物会在阴极生长,我们希望这些生物膜和好氧生物膜的特性相似。然而在 MFC 中氧气会从生物膜底部的阴极处扩散,在 TF 系统中生物膜表面暴露在氧气和底物中,因此这些细菌应该是相同的。阳极生物膜的特性也没有被研究过。阳极的细菌在生物膜的底部进行产电活动,在那里阳极允许这些微生物传递电子到电极上进行呼吸作用。随着微生物在电极表面逐渐生长,它们将逐渐替代老化的微生物。因此阳极的生物膜以一种新的方式生长,在生物膜内与电极直接相连的支撑表面的细菌是最活跃的,并且越靠近电极的细菌年龄越小。所以,很难预料这些生物膜在沉淀池的沉淀特性。

正如上面所提到的,MFC 的出水需要通过固体接触过程继续去除 BOD。这个过程可以改变 MFC 生物膜的沉淀特性,但是经过 SC 过程后的效果还未知。如果将初沉池的污泥掺入 MFC 的污泥中,会改善它们的沉淀性。但是初沉池污泥的特性是否经常改变且效果如何还需要验证。

毫无疑问 MFC 应用在污水处理过程中还存在很多问题。不过,有充足的环境工程方面的经验来提供必要的判断,以决定如何最好地评估污水处理系统中的 MFC 系统。现在需要做的是获取资助与基金支持开始进行这些系统的测试分析。

2. 脱氮除磷

硝酸盐、亚硝酸盐、铵盐及其他形态的 N 元素广泛存在于各种水环境中,是地球氮循环的主要组成部分,然而氮元素超标也是环境污染的重要指标之一。MFC 可以有效地进行脱氮。氨氮的氧化还原电位较低,在有氧或厌氧氨氧化过程中都可作为电子供体为微生物生长提供能量。

分子中含有偶氮基($N=N$)的染料被称为偶氮染料,偶氮染料是合成染料中数量最多的品种,约占有机染料产品总量的 80%。由于该类废水具有色度高、结构复杂、可生物降解性低、对环境危害大等特点,因此是公认的难处理的有机废水。

废水处理的主要目的是去除 BOD,此外,脱氮除磷也是废水处理的一项重要内容。到现在为止,在 MFC 的研究中对脱氮除磷的研究还很少。细菌对氮的同化作用是很重要的脱氮过程,但是同化的这部分氮只是需要去除总氮的很少一部分。在考察 MFC 中的碳平衡实验中,Freguia 等(2007)以乙酸钠作为电子供体,将氮纳入生物量,并以化学计量式 $CH_{1.75}0_{0.52}N_{0.18}$的形式表示。在研究处理屠牛废水的时候,Yokoyama 等(2006)发现,当 BOD 的去除率为 84% 时,氮和磷的去除率分别达到 16% 和 30%。而 Min 等(2005)在研究屠猪废水时发现,在以 100 h 为一个周期的处理中,氨去除率为(83 ±4)%,可溶 COD 的去除率为(86 ±6)%。但是硝酸盐质量浓度从(3.8 ±1.2) mg NO_3^- – N/L 升高到(7.5 ±0.1) mg NO_3^- – N/L,说明氧气从空气阴极扩散进入单室 MFC,在溶液中发生了硝化反应。

之后,Kim 等(2007)在研究中发现,5 d 内以乙酸盐为底物的空气阴极单室 MFC 中氨去除率可达到60%。去除氨的主要机理并不是生物过程,而是氨在阴极的挥发作用。在MFC的运行过程中,由于氮转化成氨后从阴极挥发到反应器外,因此在靠近阴极的溶液的pH值是增大的。在无菌实验中证明了这个机理,氮去除率达到72%。在两室MFC反应器中,氮才会在阳极室得到去除。以铁氰化钾作为阴极催化剂时,在超过13 d的时间里氨去除率可以达到69%。以溶解氧作为阴极催化剂时,在超过20 d的时间里氨去除率可达89%。可见,氮是在综合作用下得以去除,一是由于NH_4^+在被动扩散作用下穿过膜,另一个是由于电荷转移的异化作用。

在MFC的阴极室也会发生硝酸盐的去除反应,细菌接受阴极的电子并将其传递给硝酸盐作为最终电子受体(Clauwaert 等,2007)。当一个阴阳两极都是由微生物作为催化剂的MFC系统,硝酸盐可以被还原生成氮气。同时这个反硝化过程说明可以利用MFC去除硝酸盐,但是首先需要将氨氧化成硝酸盐。利用这种生物反硝化作用,输出功率密度相对较小,从产电的角度来看降低了该过程的实用性。

去除氨氮的这些研究成果表明,在污水处理厂应用新型工艺进行脱氮处理是很有希望的。尤其对于不需要对碳源进行后续处理或者通过循环水即可实现对氮的去除。显然需要进一步研究废水中氨氮的去除。

4.1.5 产电与产甲烷

大多已报道的MFC的研究认为可溶性底物才能够产电,但是在MFC中也有一些微粒固体可以作为底物产电。最近已经有一些关于以几丁质和纤维素作为底物发电的报道(Niessen 等,2005; Ren 等,2007; Rezaei 等,2007),而且研究者正在进行关于污泥产电以及利用MFC对污水中微小颗粒去除效率的新研究。因此将会有更多关于固相介质产电的新发现。这是否意味着可以发明一个以MFC为基础的系统来取代厌氧消化系统?

产生甲烷的厌氧消化过程需要微粒状底物水解成可溶性底物,然后这些底物被还原成最终能够被产甲烷菌利用的挥发酸和氢气。两段厌氧消化则是将水解/发酵过程与产甲烷的过程分开。消化过程常常受到挥发酸积累和较低的pH值影响,从而抑制产甲烷过程,导致“黏性”消化。可以利用MFC进行产电消化。与产甲烷消化类似,固体首先被转化为小分子酸,但是随后这些物质是被胞外产电菌用作产电,而不是被产甲烷菌用作产甲烷。

微生物水解发酵底物的速率要远远大于产甲烷的过程,因此在反应器中这个过程可以有一个较短的HRT。在第二个阶段可以应用MFC的原理,电极上的产电菌快速代谢第一阶段的产物,将其转化成电能,并维持自身生长繁殖。产电菌与产甲烷菌竞争底物,使得第二阶段成为一个产电反应而不是一个产甲烷过程。但是对于这个想法我们并没有足够的依据。可能在没有污泥回流的MFC运行系统当中,水解速率不能及时供应MFC中微生物对底物的需要(假设HRT为10 h或较低一些)。因此如果为了降解微粒状BOD,可能需要增加一个分离固体的处理系统。然而如果有一个基于产电的固相系统,在缺氧条件下胞外产电菌能否竞争过产甲烷菌,并且尚不清楚在经济方面该技术产生的体积功率密度能否与厌氧消化过程相媲美。

1. 体积功率的比较

MFC可以用体积功率与厌氧消化进行比较。在厌氧消化中,1 kgCOD产生的功率大约为1 kW·h,在实际中体积功率密度为400 W/m³(Pham 等,2006)。平面空气阴极的MFC

体积功率密度可以达到 115 W/m^3(Cheng,Logan,2006)。因此,以体积为比较标准,MFC 需要增加产能系数 3.5 倍才能够与厌氧消化相比。MFC 可以连续地产能输出,因此还是有一定的可能性的(Logan, Regan, 2006)。如前所述, MFC 的产能功率密度目标在 83 ~ 415 W/m^3。如果厌氧消化产生的气体能够被马上利用,则不需要进行气体的存储。否则,生物气体存储设备也是必然产生的额外成本。因此,MFC 具有直接产生电能的优点,而厌氧消化需要一个单独的同步产能装置,同时产生如氮氧化物等物质污染空气。

2. 基建费用的比较

另外一种比较厌氧消化和 MFC 的方法是计算运行费用。污泥处理工艺每吨需要花费 £ 500(MYM 650)(Rabaey,Verstraete,2005),厌氧消化处理每吨碳水化合物能够产生能量价值£ 160(MYM 210)的甲烷(Pham 等,2006)。每天用厌氧消化的方法处理每吨 COD 需要花费£ 100 000(Pham 等,2006)。如果将厌氧消化过程看作是一个严格的产能过程,则意味着将要花费 MYM 2 400/kW 或者 MYM 1 800/kW。在能源工业中,资本费用通常在 MYM 1 000/kW 左右(Grant,2003)。综合考虑产能收益和花费,从这个非常简单的例子可以看出能量的产生效益不能弥补资本费用。

MFC 的资本费用还是一个未知数。但是,我们能够基于以下分析进行估算。例如,安装生物滴滤池(TF)需要 MYM 530/m^3。如果用生物滴滤池 MFC 达到与厌氧消化同样的功率输出(400 W/m^3),则产电的费用为 MYM 1 300/kW。如果只能够产电 100 W/m^3,那么产电费用为 MYM 5 200/kW。如果使 MFC 的资本费用比得上厌氧消化过程,MFC 的安装组成费用为 MYM 720/m。为了制造一个产能的系统(比如达到 MYM 1 000/kW),需要花费 MYM 400/m^3,低于生物滴滤池的建设费用。

基于其他性能方面的考虑,MFC 应用在厌氧消化中的主要优点有温度范围广、COD 负荷高以及稳定性强。实验已经证实,MFC 在高温、常温和低温条件下均能够产电(Holmes 等,2004;Liu,Logan,2004;Liu 等,2005;Jong 等,2006)。在 20 ~ 30 ℃的温度变化中,MFC 的产电速率只有较小变化(约 10%)(Liu 等,2005)。但是在处理浓度较低的废水时,厌氧消化速率在低于 30 ℃时较缓慢,在 20 ℃下效率很低。而在美国,这种废水是典型的城市污水和工业废水。MFC 的功率输出是随着温度的升高而增大的,但是有研究发现,当温度从 32 ℃降低到 20 ℃的过程中,MFC 的输出功率只减小了 9%(Liu 等,2005)。因此,MFC 产电有很好的耐温属性。但是在温度变化很大的情况下,关于单一反应体系的 MFC 产电性能还没有研究。

MFC 系统能够在不同的 COD 负荷下工作。相反,AD 只有在高有机负荷以及最佳操作温度(36 ℃)条件下方能正常运行,并产生甲烷作为能量输出。因此,负荷较低的废水(例如生活污水)没有足够的热量来加热废水。这就意味着 AD 只能处理污泥和一些特定的工业污水,这时才能够正常运行并产生额外的能量。MFC 能够处理屠宰(猪)等高浓度的废水(Min 等,2005),但是处理过程的 HRT 以及最佳条件还未被研究。因此,MFC 在处理高浓度有机废水时是否有竞争力还未知。

MFC 和 AD 相比最大的优点在于它的稳定性和相关性能方面的优势。AD 的启动时间很长(按月计),MFC 则能够在几天之内输出稳定的电能(Liu,Logan,2004;Liu 等,2005)。挥发酸的累积使得系统 pH 值较低,引起 AD 过程的失败。而到目前为止,MFC 的运转相当稳定。但是关于 MFC 的研究都在溶液中添加了缓冲液,因此这种情况的比较是不公平的。

MFC 菌群需要长在支撑介质的生物膜上,同时阴极需要进行氧的还原,因此在一些研究中,可能会出现末端污染的问题。对于 MFC 输出功率的稳定性以及长期运行的性能还需要进行大量的研究。

上面给出了 MFC 和 AD 性能的比较。在不久的将来,这两个过程可能可以串联起来作用,MFC 用于处理浓度较低的污水,而 AD 用来进行污泥处理。随着 MFC 的发展、改进与在较广条件下的应用,这种分离的处理过程可能会随着时间改变。

4.2　基于 MFC 技术的其他应用

在 20 世纪 90 年代末,科学家们热烈地探讨铁还原菌,如 *Shewanella spp.* 和 *Geobater spp.* 是怎样将电子从胞内呼吸酶转移到细胞外的。没有人质疑胞外的电子传递,只是这个机理未被证实。Reimers 等(2001)决定开始胞外电子传递方面的研究。2001 年他们发表了一篇关于使用一种全新类型的 MFC 获取海洋底泥中能量的论文。这时其他人已经提出了利用中介体可以产生电流(Potter 1911),并且 Kim 和他的合作伙伴已经对利用 MFC 产电的想法申请了专利(Kim 等,1999)。所以,Reimers 等的工作没有受到很多科学家的注意。Reimers 等(2001)强调细菌过程可以被控制并产生有效的能量,人们可以在遥远的和相对来说难以接近的地区(如海底)产生能量。SMFC 的概念在之前讲解过,它一般被用来作为放置于海底的能源装置,同时还可以作为在水下环境中运行的小型自治装置的"加油站"。

Reimers 等最初的实验(2001)利用全铂的阳极和阴极产生了 15 mW/m^2 的功率密度。他们还用碳纤维夹在玻璃纤维屏和树脂纤维框架之间的阴极进行了实验,开始时的功率密度达到 42 mW/m^2,在接下来的 80 d 内,功率密度降低到 10 mW/ mL。在接下来的 160 d 中,功率密度维持在 4 ~ 10 mW/m^2 的水平上,实验总共进行了 240 d。他们假设有机物、HS^- 和 Fe^{2+} 氧化作为能量产生的来源,氧气还原成水或 H_2O_2,底泥中的腐殖质作为电子中介体。

SMFC 的现场实验:Tender 等(2002)在两个地点用大型 SMFC 进行了实验,一个是在俄勒冈州 Newport 附近的 Yaquina Bay Estuary,底泥含碳 2% ~6%(干重),另一个在纽约 Tuckerton 附近的盐沼地区,底泥含碳 4% ~6%。SMFC 是由直径 48.3 cm、厚 1.3 cm 的石墨盘组装起来的,石墨盘上均匀地分散着 790 个孔,孔间距为 0.64 cm,工作面积为0.183 m^2(单面)。电极的面积包括两面,而且包括孔洞暴露出来的面积,Ryckelynck 等(2005)报道的面积是 0.542 m^2。在 Tuckerton,电极装入体积为 167 L 的聚氯乙烯的容器中,容器上钻了 80 个孔,每个孔的直径是 5.1 cm,这些孔允许海水进入。功率密度曲线表明,在 Newport 的反应器产生的功率密度为 32 mW/m^2,而在 Tuckerton 产生的功率密度为 18 mW/m^2。在 Newport 能得到的持续功率密度为 28 mW/m^2。在 Tuckerton,SMFC 用来考察不同电流和电压下的功率密度,最早得到的持续的功率密度为 27 mW/m^2。极化曲线的斜率表明这两个 SMFC 的内阻分别为 21 Ω 和 24 Ω。第 2 章已经讨论了反应器中阳极上附着的细菌,其中主要的组成部分来自 Geobacteraceae 族。

Ryckelynck 等在 Yaquina 海湾使用相同类型的 SMFC 进行了实验,装置放在水下 5 m 处(低潮)。电极与 Tender 等用的相同,只是这里定义的可用的表面积是基于所有暴露的面积(0.542 m^2)。反应器产生 11 mW/m^2 的持续功率密度。如果用工作面积来计算,就相当于

33 mW/m^2 的功率密度,这与 Tender 等(2002)报道的在 Newport 的装置得到的数据相近。反应器在这个地点运行后,阳极上富集的铁和硫分别为400倍和20倍。群落分析表明了占优势的为变形菌,主要为硫还原菌,包括 *Desul obulbus spp.* 和 *Desul foca psa spp.* 。得到的结论为硫化物(主要是 FeS 和 FeS_2)是细菌用来产电的主要的底物来源。

Reimers 等用一种新型的 SMFC 进行了实验,反应器中阳极是一个插在深海冷泉底泥中的石墨棒(直径8.4 cm,长91.4 cm),阴极是一个长1 m 的由碳纤维和钛丝制成的碳刷。冷泉位于加利福尼亚州 Monterey 海湾的957 m 深处。利用遥控的海洋车(ROV) Ventana 将反应器置于此处。在运行的最初26 d 内,反应器产生的最大持续功率密度输出为34 mW/m^2(利用阳极面积计算)。在接下来的72 d 内,功率密度降低到小于6 mW/m^2。回收系统后对其中一个阳极的分析表明,由于大量且不均匀的硫沉积导致系统性能降低。

Reimers 等使用的阴极是按照 Hasvold 等改进后的碳刷阴极而设计的,他们改进了海水电池。以前的研究已经证实了碳纤维阴极在性能上要好于不锈钢阳极。他们的系统用海水作电解液,电池产生的功率为650 kW·h。使用 DC-DC 转换系统提高电池的电压输出,由1.6 V 增加到2 V,效率是56%,使用模型装置产生了2 W 的功率。在大型系统中产生持续的功率为30 W,在电压为1.5 V 处得到最大的功率为40 W,DC-DC 转化效率得到改善,大约为70%~75%。后来同样类型的电池被用来为无人驾驶水下工具提供能量,该电池使用了铝阳极和持续循环的包含过氧化氢的碱性电解液。该电池系统在电压为30 V 处产生600 W 的功率。

硫化物是 SMFC 的重要的能量来源。Rabaey 等在双室 MFC 中使用含无机硫而不含有机碳的培养基获得了可持续的功率输出。这个 MFC 以石墨颗粒作为阳极,铁氰化钾作为阴极电解液。反应器产生的功率密度为20 W/m^3。其他的实验还表明,向管状反应器同时加入葡萄糖或乙酸盐和硫化物能够得到功率输出。因此,硫化物在有无碳源存在的条件下均可以作为能量的来源。

修饰海水电极来提高功率,提高无膜 MFC 的功率可以增加 SMFC 产生的功率。与低电导率下运行的典型 MFC 系统相比较,海水的高电导率是一个优势,但是 SMFC 必须依赖于阴极的溶解氧。因此,这些在系统中设计了非常大的阴极。为了提高阳极的性能,通过加入一些电子中介体来对其进行修饰。加入中介体的 SMFC 产生的功率密度是普通石墨阳极产生功率密度的1.5~1.7倍。在实际 SMFC 的实验中,对比以前实验中得到的20~40 mW/m^2,石墨电极中加入 Mn^{2+} 产生的功率密度可以达到 10^5 mW/m^2。如上面讨论的一样,在这些系统中主要的限制性因素很可能是电极间距,这导致系统的内阻高。

Bergel 等发现,在海水中使用氢燃料电池时,海水的成分提高了不锈钢阴极的性能,提高的程度取决于电极尺寸和 pH 值。燃料电池在生物膜存在时的功率密度为41 mW/m^2,当生物膜移去的时候,功率密度只有1.4 mW/m^2,生物膜使功率密度提高了30倍。阳极室的 pH 值由8.2提高到12.5,功率密度提高到270 mW/m^2,这几乎比阴极生物膜移除时的功率密度大100倍。将阴极的表面积由9 cm^2 降低到1.8cm^2,得到最高的功率输出为325 mW/m^2。

强化的沉积物 SMFC 产生的功率密度不仅受限于沉积物中有机物的浓度,而且受限于细菌降解这种物质的速率。认清了这些限制性因素,Rezaei 等考察了用一种新的方法来为 SMFC 提供动力:将可生物降解的燃料,以颗粒状的底物加入到阳极部分中。他们把这个称为强化底物的沉积物 MFC（SEM），SEM 是一个装有沉积物和水的瓶子，阴极放置在水面上并用石质曝气头充气，它更像一个生物电池而不是燃料电池，在底物耗尽时功率密度输出可以降到很低。实验室的 SEM 通常用两种不同的底物几丁质和纤维素进行实验。几丁质是一种多糖（$C_8H_{13}NO_5$），它是继木质纤维素之后的世界第二大丰富的物质，在海洋系统中它很容易被降解，主要以蟹壳的形式存在。实验表明，具有较高蛋白含量的几丁质 20 比几丁质 80 更容易被生物降解。平均粒径为 50 μm 的纤维素颗粒也被证明是可生物降解的燃料。实验中的阳极都是用碳布缝制的枕状电极，颗粒底物填充其内。这些阳极沉浸在海洋沉积物中，阴极则悬浮在海面上。

在 SEM 中得到的最大功率密度对于几丁质 20 和几丁质 80 分别为（76 ± 25）mW/m^2 和（84 ± 10）mW/m^2，而未经改造的对比实验小于 2 mW/m^2。在 10 d 的周期内，平均产生的功率密度为（64 ± 27）mW/m^2（几丁质 20）和（76 ± 15）mW/m^2（几丁质 80）。当使用纤维素时，最初也产生了相似的最大功率密度[（83 ± 3）mW/m^2]，但是功率密度在 20 h 后很快就下降。产生的功率密度在用相同方法启动的反应器之间也不同，这被认为是由于很多因素导致了反应器之间的不同，包括细菌接近底物的不同状态而导致的启动速率不同，反应器内颗粒的粒径、生物降解能力以及阴极性能（局部溶解氧的浓度和可比面积的性能）的不同。这些系统的内阻，对于几丁质 20 和几丁质 80 分别为（650 ± 130）Ω 和（1 300 ± 440）Ω，对于纤维素为（1 800 ± 900）Ω。这些值都比 Tender 等实验的较大规模的系统得到的值相对要高很多。因此，设计高效率的 SMFC 可能达到更高的功率密度。

使用降解速率慢的颗粒状底物说明有可能通过增大底物的可利用程度来提高功率，也可以通过控制粒径的大小来提高功率的持续时间。表面积能限制颗粒的生物降解速率，因此增加颗粒的尺寸（控制颗粒的表面积）能延长系统的寿命，并且这是可以预测到的。最初的模型表明，产生功率的时间将随着颗粒直径的大小而增加。还需要进一步的工作来检验 SEM 的概念和 SEM 在实验室的性能，尤其是对颗粒尺寸的实验以及它在实际应用中的情况。

4.2.2　用于生物修复 MFC

在 MFC 中，细菌通过纳米导线或中介体将电子供给阳极，但电子的转移是可逆的，即细菌能从电极接受电子，这看起来也是正确的。这是生物阴极想法的基础，在其他地方也回顾过（He，Angenent，2006）。生物膜催化氧气还原很可能是前文中提到的 Bergel 等（2005）观察到的阴极性能提高的基础。

正如前文所讲，人们还不清楚生物阴极在 MFC 中开始应用的确切时间。反应器本来是为电化学催化有机和无机化合物设计的，在这里它并没有被认为是一个细菌系统，而是一个纯粹的电化学系统。人们认为恒电位电解移除了 Fe（Ⅱ），因此减少了产物抑制并使细菌能连续生长，但是人们没有考虑细菌能直接接受电子的可能性。

Geobater 被认为可在 MFC 中产电（Bond 等，2002；Bond，Lovley，2003），并利用硝酸盐作为电子受体，但是使用电极来向细菌提供电子的想法没有被实施。施加 0.7 V 的电压，纯培养的 *G. metallireducens* 利用从工作电极（阴极）得到的电子将硝酸盐转化为亚硝酸盐。在使用河底沉积物的系统中，当使用恒电位的阴极提供电子时，硝酸盐同样可以转化为亚硝酸盐。同时还观察到 *G. sul furreducens* 能将延胡索酸盐还原为琥珀酸盐。在修复过程中，这些细菌能完成硝酸盐的还原是很有意义的步骤。但是在这种情况下,地下水中的亚硝酸盐与硝酸盐相比是不易被获取的,因此还需要其他的工作来找到一种方法实现完全脱氮,最终将其转化为氮气。这里施加的电压比在生物阴极系统中细菌在电极处氧化有机物获得的电压高。

Gregory和Lovley(2005)使用同样的阴极恒电位方法使可溶性的U(Ⅵ)还原为不可溶的U(Ⅳ)。没有细菌时施加-0.5 V的电压,U(Ⅵ)将从溶液中移走,但是不会减少,当电压去掉后,U将重新溶解在溶液中。当*G. sulfurreducens*加到阴极室中时,U(Ⅳ)将从溶液中移走,而且87%被电极回收。当系统保持在厌氧环境中,600 h后溶液中观察不到U(Ⅳ)。但是如果暴露在氧气中,U将很快溶解。U(Ⅵ)还原的方法展示了使用这个系统通过电极富集U,再将电极移走,从而可以将污染的地下水中的U去除的可能性。U可以在外部的溶液中浓缩,电极可以在系统中重新使用。这些都是在完全厌氧的环境中进行的,氧气进入系统将会引起U的再溶解,可能造成化学浓度升高。

最近的实验还表明,高氯酸盐能被电化学方法降解,但是还不清楚高氯酸盐的还原是通过电子传递到细菌完成的,还是细菌增多导致由水电解产生的氢气造成的(Thrash等,2007)。开始的时候,高氯酸盐的还原需要加入电子中介体(AQDS),后来发现分离出的一株细菌能在没有电子中介体的条件下完成高氯酸盐的还原。但是,在阴极表面存在低浓度的氢气。最近的研究还发现零价铁能够刺激氢氧化细菌还原高氯酸盐,而且能利用氢气和高氯酸盐生长的细菌已经被分离出来了(Zhang等,2002; Yu等,2006)。因此,还需要进一步的工作来确定使用这些细菌在电化学的帮助下降解高氯酸盐的方法。

阳极生物修复:在上面的例子中,化学物质在阴极被还原。但是,当存在高浓度的可生物降解的有机物时,它也可能在阳极完成氧化。这需要在阴极有足够的电子受体。例如,在一个被石油或汽油污染的地方,将水引入两个连续的液压传导室。这个过程与用零价铁处理地下水中的氯代脂肪族化合物类似。第一个部分包含阳极,如粒状石墨,化学物质可以在阳极被氧化(假设厌氧条件),然后提供电流到阴极。第二个部分包含阴极,例如管状阴极,氧气作为电子受体。向地下水中泄入氧气是有好处的,它可以向水中提供额外的电子受体,这样既允许连续地处理,又提高了地下水中氧气的浓度。这个概念最近在单室空气阴极MFC中得到验证。Jin和Morris(2007)使用被石油污染的地下水(主要为柴油化合物),从可生物降解的石油化合物中产生了持续的功率密度(高达120 mW/m^2阴极)。与背景降解速率相比,石油化合物的降解速率明显提高了。这些初步的研究表明,MFC系统可以在厌氧条件下用于提高被石油污染的地下水的生物修复速率。对于这个领域仍需要进一步研究。

4.2.3 生物质垃圾葡萄糖酵解细菌电池

作为碳源和能源,底物对任何生物过程都是非常重要的。底物的特性和构成决定转化有机废物为生物能源的效率和经济性。尤其是底物的化学成分和可以转换为能源的物质的含量对微生物燃料电池的发展尤为重要。底物不仅影响电极生物膜上菌落,还影响微生物燃料电池的产能效率。

微生物燃料电池中,底物是影响电能产生最重要的生物因素。可用于微生物燃料电池底物的物质很多,既可以是纯化合物也可以是废水中存在的混合物。到目前为止,所有废物处理过程的目的都是除去废物中的污染物。在20世纪,主要的污水处理方法就是活性污泥法(ASP)。然而活性污泥法也是一种能量密集型过程,据估计,在美国活性污泥法处理废水中用以提供氧气所消耗的电力相当于全美国电力消耗的2%。与此同时,用活性污泥法处理废物过程中产生的次级产物可用于生产特殊的化合物或者能量。

葡萄糖是另一种常见的微生物燃料电池底物。研究表明,以葡萄糖作为底物的微生物燃料电池在微生物细胞产生电力的启动时间上要短于以半乳糖为底物的微生物燃料电池。在以氰酸铁作为阴极氧化剂,葡萄糖作为底物的微生物燃料电池中可以产生最大216 W/m^3 的电力密度。在相同的隔膜式微生物燃料电池中,厌氧污泥产生有限的底物和有限的电力(0.3 mW/m^3)。但是,葡萄糖可以产生最大161 mW/m^3的电力。在另一项研究中,分别将醋酸盐和葡萄糖作为微生物燃料电池的底物进行能量转化率(ECE)的比较,醋酸盐的能量转化率是42%,而葡萄糖的能量转化率只有3% 并且产生的电量密度也较小。由于微生物竞争导致的电子流失,以葡萄糖为底物的微生物燃料电池产生的库伦率最低,但是由于微生物结构不同,可以使更多的物质被利用。葡萄糖是一种可发酵的物质,不同种类的微生物竞争性地消耗葡萄糖,比如说发酵和生成甲烷,因此不能产生电力。

4.2.4 纤维素生物燃料电池

丰富的木质纤维素类生物质来源于农业废物并且可以再生,因此可以成为能量产生的底物。但是,木质纤维素类生物质在产生电力的微生物燃料电池中需要转化为单糖或其他低分子量物质才能被微生物利用。研究表明,木质纤维素类生物质水解产生的单糖是微生物燃料电池产生电力很好的底物。纤维素作为底物,产生电力的菌群要既能分解纤维素又能产生电子。当以玉米秸秆作为微生物燃料电池的底物,需要先通过中性或者酸性蒸汽将半纤维素水解转化成可溶性的糖,才能被微生物利用产生电力。

最近,在单室微生物燃料电池中以玉米秸秆作为底物,其电力输出要远低于以葡萄糖为底物。目前还没有找到将戊糖转化为生物醇的有效微生物,因此相当大的一部分植物残渣不能用于生物醇的生产。将木糖作为微生物燃料电池的底物,要低于以相同浓度葡萄糖为底物产生的电力密度,因此木糖要比葡萄糖难于产生电力。

有相关学者以微晶纤维素酶解液作为燃料,在矿化剂浓度为5 mmol/L 的条件下构建的燃料电池,其最大功率密度为0.14 mW/cm^2,最大开路电压达到0.504 V,极限电流密度为0.412 mA/cm^2。微晶纤维素被各种溶解体系溶解作为燃料也可构建燃料电池,但其性能较纤维素酶解液差。不同的溶解体系相比,以NaOH/尿素/硫脲溶解的纤维素其电池产电性能最好。微晶纤维素经各种溶解体系溶解之后,结构发生了明显的变化,OH 基吸光度减弱,氢键减弱,这也是导致纤维素溶解的原因。

另外,科学家在美国化学学会的年会上展示了一款新的生物燃料电池模型。新电池不使用酶而使用细胞中的线粒体来分解燃料分子,即纤维素。线粒体是真核细胞的重要细胞器,有细胞“动力工厂”之称。该研究项目领导人、美国圣路易斯大学的雪莉·敏蒂尔表示,尽管这项技术距离实际应用还有很长的路要走,但该研究是将活性细胞的一部分整合进电池的一个里程碑式的进步。未来,这种设备在很多领域可替代一次性电池。一般来说,燃料电池都需要对生物燃料分子进行分解和重建,这个过程会释放出电子,电子聚集在一起形成电流。此前,敏蒂尔团队一直使用酶,但现在他们改用活性细胞的组成部分线粒体,线粒体可以将各种酶的力量和功能结合在一起,将很多燃料分子变为电池能够直接使用的形式。为了能够完全利用一种燃料,人们需要很多酶,有的较简单的燃料需要的酶不多,而有的则需要很多,而诸如葡萄糖等,则需要多达22种酶,并且,这些酶需要能够很好地配合在一起协调工作。而线粒体的分解效率更高,线粒体能够分解多种燃料,意味着它能够通过分解燃料混合物来工作。新展示的电池只使用了由一种分子组成的简单燃料,未来的研究将着眼于使这种电池能够利用人们更为熟悉的复杂生物燃料来工作。新墨西哥州大学新兴能源技术中心的主任普拉曼·阿塔那索维表示,尽管技术不断进步,但突破并非一朝一夕可以获得。比如人们首次演示标准的燃料电池和首次将其用于太空探索,中间整整隔了50年。这项技术是否具有直接的实用性还需要进一步观察。而这项工作的主要贡献是在生物技术和纳米技术之间架起了一座桥梁,并有望开创一个全新的生物燃料电池研发领域。

4.2.5 生物质垃圾直接乙醇微生物燃料电池

啤酒厂废水浓度较低,是粮食的代谢产物且不含有高浓度的抑制物(比如说动物尿液中的铵),因此以啤酒废水为底物的MCF更适合电力的产生。啤酒厂废水浓度范围一般为3 000~5 000 mg/L的COD,大约是家用废水的10倍。此外啤酒厂废水含有大量的碳元素且低浓度的铵盐,因此是MCF理想的底物。以空气作为阴极、啤酒废水作为底物进行了研究,当向废水中加入50 mmol/L磷酸盐缓冲溶液时得到的最大电力密度是528 mW/m^2。在这种情况下,啤酒废水产生的最大电力密度要比相同浓度的家庭废水产生的电力密度要低。可能是因为两种废水不同电导率造成的。将啤酒废水用去离子水稀释后,电导率降低。最近,基于微生物燃料电池的极化曲线制作了一个模型,经研究表明,影响以啤酒废水为底物的MFC性能的主要因素是反应动力学缺失和质量转移缺失。这些缺陷可以通过增加啤酒废水的浓度或者使用粗糙的电极增加反应点来避免。

有相关学者将啤酒废水用作MFC底物产电,并研究了在不同外接电阻、温度和阴极曝气等条件下,以啤酒废水为底物的MFC的产电性能、产电能力和降解COD的效果。同时还对啤酒废水和葡萄糖分别作为底物时的电能输出和净化效果进行了比较,实验运行3个周期,最高电压可达0.24 V,对COD的平均降解率达到了84%。当内阻为1 000 Ω时,电池的输出功率达到最大值375 mW/m^2。当以葡萄糖为底物时,电池的外电压为0.3 V,对COD的去除率为89%,总体来说,葡萄糖的产电性能要高于啤酒废水。

有研究员利用单室空气阴极MFC降解啤酒废水的同时发现其有着良好的产电性能。水力停留时间为2.13 h,有机物浓度为614 mg/L时,MFC的最大输出电压可达到0.578 V,最大输出功率为9.52 W/m^3,啤酒废水中有机物去除率达到40%以上。当啤酒废水的浓度升高时,MFC的输出功率随着啤酒废水浓度的升高逐渐增大。浓度增大到2 062 mg/L时,最大输出功率达到42.6 W/m^3。浓度越高,COD去除率越高,但库仑效率越低。此外,废水中加入磷酸盐缓冲溶液也可以提高MFC的输出功率,同时提高废水处理效果。在啤酒废水浓度为614 mg/L,水力停留时间为2.13 h的条件下,实验建立了单室空气阴极MFC的基本电化学模型,通过对该条件下极化曲线的非线性拟合,得到影响MFC性能的主要因素是动力学活化损耗和浓度损耗,并且整个MFC的控制因素在阴极。阴阳极联合双室MFC工艺可提高啤酒废水的处理效果。当整个连续流系统水力停留时间为14.7 h时,MFC对啤酒废水 COD 去除率可达到 90% 以上,其中阳极室和阴极室的作用不相上下。同时 MFC 的开路电压和最大输出功率可达到 0.434 V 和 0.83 W/m^3。研究表明,MFC 用于啤酒废水的处理是可行的,在废水得到降解的同时可以回收电能,降低处理成本,实现废水的资源化。

4.3 MFC 未来应用前景

氢气是一种高效节能的,可以作为交通运输及电力生产的清洁能源;同时也是石油、化工、化肥、玻璃、医药和冶金工业中的重要原料和物质。随着全球能源的日益紧缺以及环保意识的不断增强,氢气这种既具备矿石燃料的优点,符合长远能源发展的要求,又具备无毒、无臭、无污染的特性,满足环保要求的清洁燃料引起了各国政府的广泛关注。氢气是一种能源载体,自然界中没有可以作为燃料存在的氢气,必须用某种一次能源生产。清洁的可持续发展的一次能源主要指可再生能源,包括水电、风能、太阳能、核能和生物质能。水的电解制氢法是一项传统的工艺,制得的氢气的纯度可达 99.9%,但是此工艺只适用于水力资源丰富的地区,并且耗电量较大,在经济上尚不具备竞争优势。而风能、太阳能等,都是先发电,再用电解工艺制氢。

燃料电池是一种将化学能转化为电能的电化学装置,其机理是凭借其阳极催化剂的强电离能,通过消耗阴极的燃料物质,如氢气、甲烷等,进行氧化反应从而产生电流。而生物燃料电池(MFC)的独特之处在于它不需要传统燃料电池所使用的金属阳极;相反,它利用微生物使有机物氧化分解,并将电子传递到阳极。这些电子通过外部线路定向移动到阴极,并与氢离子和阴极的电解质如氧气相结合。虽然非贵金属也可以充当氧气还原反应的催化剂,但常用的都是贵金属,如铂。MFC 中阳极有机物的氧化并不是真正的催化过程,而是具有催化作用的微生物通过氧化有机物而获得能量,这样就造成了整体上的能量损失。考虑到细菌带来的能量增益和阴极的能量损耗,采用葡萄糖或乙酸等低电势物质通常可获得 0.3 ~0.5 V 的电压。而利用 MEC 技术理论上来说制得的氢气的纯度与采用水的电解方法相当,而其所消耗的电量则要低得多。一般碱性电解池在 1.8 ~2.0 V 电压下电解水制氢。而在 MEC 中电压高于 0.22 V 就可以实现产氢。几乎任何可生物降解的有机物来源都可被 MFC 用于发电,这包括简单的化合物,如碳水化合物和蛋白质;同样,人类、牲畜、食物加工过程中产生的废水等复合有机物、混合物也不例外。由于微生物对各种类型有机物的适应性,使得 MFC 成为一种理想的可持续的生物发电技术。

生物质制氢的主要方法有两种,分别为热化学法制氢和生物制氢。其中发酵制氢是利用发酵微生物代谢过程来生产氢气的一项技术,由于所用原料可以是有机废水,城市垃圾或生物质,来源丰富,价格低廉。其生产过程清洁、节能,且不消耗矿物资源,正越来越受到人们的关注。目前发酵制氢方法存在着所谓的“发酵屏障”的限制问题。细菌在发酵葡萄糖时只能产生一定数量的氢,伴随产生如乙酸、丙酸之类的发酵终端产物,而细菌不具有足够的能量把残留的产物转化成氢气。而利用 MEC 技术,则可以在正常的状况下跳过“发酵屏障”的限制,将乙酸、丙酸等转化为氢气,同时能量转化率非常高。通常状况下,MEC 工艺不像传统的发酵工艺那样局限于使用以碳水化合物为基础的生物群来制造氢气。理论上,可以通过任何能够生物分解的物质来获得高质量的氢气。利用 MEC 技术获得的是较为纯净的氢气,而发酵过程的产物则是氢气和二氧化碳的混合气,另外还混合有甲烷、硫化氢等杂质。MEC 这种新形式的可再生能源生产工艺不但可以帮助人们弥补处理废水所耗费的成本,同时还能提供可以作为动力资源的氢气。合理地将发酵技术与 MEC 技术相结合,可以发展出价廉、长效的产氢系统。在没有充足的生物质来供应全球氢能经济的现状下,MEC 技术是一项具有发展前景的生物制氢工艺。

在产氢体系中包含 4 个相互影响的电极半反应:MEC 阳极的底物氧化反应,MFC 阳极的底物氧化反应,MEC 阴极的产氢反应以及 MFC 阴极的氧气还原反应。MEC 的阳极的底物氧化所产生的电子沿电路传递到 MFC 的阴极,与来自于 MFC 的阳极的质子结合用于还原氧气,而 MFC 的阳极的底物氧化所产生的电子则在 MEC 的阴极与来自于 MEC 的阳极的质子直接结合生成氢气。并且对于一个稳定的耦合系统而言,从 MEC 的阳极流出的电子与 MFC 的阳极流出的电子应该相等,这样才能得到稳定的电路电流。

为了进一步了解 MEC 和 MFC 的四个电极反应之间的相互作用,设计了几组产氢实验,在每组实验中,通过降低磷酸盐浓度或去除 Pt 催化剂使某一电极反应得到抑制。当 MFC 的阴极氧气还原反应被抑制时,MFC 不足以提供 MEC 产氢所需要的能量,因此没有氢气产生。当 MEC 的阴极产氢反应被抑制时,CEmec 和 CEmfc 分别下降。类似地,当 MEC 或 MFC 的 PBC 浓度降低至 10 mmol/L 从而主动抑制其阳极反应时,另一个阳极未被抑制的反应器的 CE 同样下降。通过以上分析认为,一个稳定的耦合体系需要 4 个电极反应高效协调地进行,而抑制任何一个电极反应均会使其他 3 个反应受到影响,即体系整体效率受限于效率最低的电极反应。在 MFC 或 MFC 缺乏阴极催化剂的情况下,限制性电极反应则是底物的氧化反应。由于耦合系统的总体效率由 MFC 和 MEC 共同决定,因此为了使系统能够高效地进行产氢反应,首先需要提高 MEC/MFC 长期运行的稳定性。其次,需要采取各种措施提高 MEC/MFC 的电池效率。如采用低内阻的电池构型、选用高生物亲和性和导电性的电极材料、优化电池反应条件等。

在电化学反应器中,人们调节阳极电势的高低,使细胞释放电子,并直接测试细胞间电子传输的电势差,由此得知某细菌的电子传输能力。如不对电势施加人工控制,MFC 中的阳极电势会随着负载——电子携带者的氧化还原电势的变化而变化。当存在电子中介体的 MFC 处于开路状态时,阳极电势会变得更低,接近培养基氧化的热力学极限。当 MFC 重新接上负载时,阳极电势增长了,因为带有自由电子的呼吸酶和电子携带者被氧化了。在一个设定的阻值下,阳极电势越低,MFC 能量恢复的就越大,细菌所消耗的能量也就越低。发生氧化反应的电子携带者与发生还原反应的电子携带者的种类比率的变化,随着电子在细胞间的进出而影响微生物的电势。当使用稳压器将阳极电势固定在某个值便于检测其他影响因素时,我们才可以较好地理解整个过程。

据我们所知,培养基动力学及微生物生长率均能影响细菌在生物膜内的竞争,而另一个对于 MFC 十分重要的因素,就是库仑效率。因为在 MFC 中是化学能转化为电能的,因此高库仑效率是可取的。但是由于制造高库仑效率的细菌产量会减少,培养基里的电子也会随之减少。据报道,当库仑效率高达 96.8% 时,仅有 3.2% 甚至更少的电子参与到细菌生物量的制造环节。随着反应的进行,培养基同混合菌株里的电流一样都不能回升,最终将不能为微生物所用。而此时电子被阴极的电子接收者所利用,如通过阴极释放的氧气,硝酸盐、硫酸盐、二氧化碳等。培养基虽然不能进入电流,但是能制造并储存电子中介体,稍后再作为电子传输之用。人们发现,在培养基消耗殆尽、处于超低浓度之前,高功率密度会一直保持,这表明 MFC 中培养基的储量大小十分重要。

对于大规模开发 MFC 的最大功率输出还存在很多的挑战,一方面是如何找到合适的方法让系统更加经济,另一方面是基于 MFC 技术设计废水处理系统。功率仍然需要提高,但必须在可实现的情况下进行。例如,使用如铁氰化钾等化学阴极是不可行的,研究的重点应该集中到开发使用氧气的空气阴极上来。对于材料来说,尝试用不同的方法处理材料,必须考察用该方法处理后功率的提高与成本之间的效益问题。显而易见的是,阳极预处理可以缩短启动时间,提高功率输出。除此之外,还需要开发更加简单和廉价的阳极预处理方法。最大的挑战是开发廉价有效的阴极。现在阴极的造价是 MFC 整体系统造价偏高的主要原因。从构型上来看,管状极看起来是个有前途的解决方案,但是这仍然需要优化的材料和导电涂层。尽管还有很多不同的反应器构型,有些甚至使用刷子阳极和筒状阴极,但仍然需要优化系统构型。

暂时不考虑把 MFC 应用于废水处理,很多研究者选择了诸如葡萄糖和乙酸钠等这些确定的底物产电。使用这些底物的好处是可以在简单的条件下考察系统的反应。然而,在有机废水中,含量最多的是蛋白质,并且大部分物质是不确定的。我们需要做更多的工作考察实际废水的产电情况,这是为了更好地理解如何设计才能更加有效地处理充满颗粒物的复杂废水。我们还应当考察涉及造价的反应器的运行因素,例如水力停留时间(HRT)、污泥停留时间(SRT)、生物质产生量、系统的沉降性能或过滤性能以及回流对系统性能的影响。需要建立中试规模的 MFC,以便获得更加实际的性能数据。潜在的导致系统崩溃的因素是生物污垢或培养基导电性损失,因此我们需要在系统中考察可供使用的材料。由于 MFC 本身是一个厌氧处理过程,我们需要更多的信息来控制群落,将它们转变为产电菌群,而不是进行硫酸盐还原和产甲烷。

在工业应用中,我们可以很好地控制某个过程中的微生物类型,甚至进行纯培养。在所有的系统中,我们需要更多地能够产电的菌种的信息。哪些菌种最有用,哪株细菌产出的电能最高,如何使用这些菌株来有效利用纤维素降解,在 MEC 或 BEAMR 系统中获得最大的产氢量,生物膜达到多厚就不能产电了,引发细胞生成纳米导线的机制是什么,在产电菌生物膜中是否存在着自然进化,如果是这样,是什么控制着这个进化,哪些细菌会成为"胜利者"。很明显,还有很多工作等待开展,需要更加深入地研究产电生物膜中细菌的功能,从而帮助我们用 MFC 获得更多的电能。

除此之外,近几年我们也看到了许多有关 MFC 系统的的新技术。美国加州大学 Berkerley 分校机械工程系的 lin 出于对无污染的汽车能源和家用能源的研究, 注意到了微生物燃料电池。其研究表明,微生物燃料电池可以做到更小的尺度。lin 的燃料电池的面积目前已能达到 0.07 cm^2,原型中有一个微小的空室,用于放置进行发酵作用的微生物,实验的燃料为葡萄糖,葡萄糖溶液通过平行的流体槽道进入这个微小空室中。在微生物进行发酵的过程中,产生氢质子和电子。该微生物燃料电池产生了 300 mV 的电压。这种微型生物燃料电池产生的电压,已足以驱动 MEMS 器件,同时,微生物燃料电池产生的只是二氧化碳和水分,对 MEMS 器件不会有污染和侵蚀,所以两种技术的结合有一定的可行性。有关生物体内部的检测装置,可采用 MEMS 和 MFC 技术的结合,比如在微型的自维持型医疗器械上,若能有一个微生物燃料电池驱动的微型血糖浓度检测仪。则可将其植入到某一血管管壁上,在其提取血液中的血糖作分析时,可通过自带的微生物燃料电池,提取小部分的血糖,利用其中的葡萄糖发电,一方面维持自身的能量,另一方面则可以产生电磁信号,向外界传递关于血糖浓度的信息,从而达到长时间监测血糖的功能。MEMS和MFC技术的结合,可实现对生物体内部参数的长期观测,可以发展出微型的医疗设备,对生物体内部进行排毒。由于此时所采用的是微型的生物燃料电池,能源直接来自于生物体内部,所以不会产生多余物质,从而可避免对生物体的感染和伤害。

近日由美国宾夕法尼亚州立大学的科学家洛根率领的一个研发小组宣布他们研制出一种新型的微生物燃料电池,可以把未经处理的污水转变成干净用水和电源。在发电能力方面,据洛根称在实验室里该设备能提供的电功率可以驱动一台小电风扇。虽然目前产生的电流不大,但该设备改进的空间很大。据相关资料表明,洛根的研发小组已经把该燃料电池的发电能力提高到了350 W,并朝着500~1 000 W方向发展。洛根认为这种新型的微生物燃料电池可提供500 kW的稳定功率,大约是300户家庭的用电功率。

利用微生物燃料电池还可以通过分解有机物质作为能源驱动力的机器人。在微生物可将食物的能源转化为电流。以葡萄糖溶液作为基础燃料,利用发酵来起作用。还有一种新颖的微生物燃料电池,利用光合作用和含酸废水产生电能。Tanaka等研究人员将能够产生光合作用的藻类用于生物燃料电池,他们使用蓝绿藻催化剂。通过实验前后细胞内糖原质量的变化,发现在无光照条件时,细胞内部糖原的质量在实验中减少了;同时还发现在有光照时,电池的输出电流比黑暗时有明显增加。Karube和Suzuki用可以进行光合作用的微生物 *Rhodospirillumrubrum* 发酵产生氢,再提供给燃料电池。除光能的利用外,他们利用的培养液是含有乙酸、丁酸等有机酸的污水。发酵产生氢气的速率为19~31 mL/min,燃料电池输出电压为0.2~0.35 V,可以在0.5~0.6 A的电流强度下连续工作6 h。Habermann和Pommer进行了直接以含酸废水为原料的燃料电池实验。他们使用了一种可还原硫酸根离子的微生物制成了管状微生物燃料电池。实验降解率达到了35%~75%。

第2篇　生物电化学原理

第5章　生物电化学系统基本原理与应用

微生物燃料电池(MFC)在之前我们探讨过,它是以微生物充当催化剂,将化学能转变为电能的系统。早在1839年,William Grove就发现在电的作用下将水分解获得氢气和氧气的逆过程的可行性,并由此创建了第一个燃料电池,如今,有关微生物燃料电池的研究不断深化。近来,研究者发现MFC系统能够产生更多形式的能量,并不仅以电能作为唯一产物,如果在MFC两端施加电压,阴极便会产生氢气。这样的系统就被称为微生物电解池MEC。人们通常将MFC和MEC归为一类,统称为生物电化学系统(BES)。

5.1　基本原理

5.1.1　微生物与电流

微生物燃料电池之所以会选用微生物,是因为微生物新陈代谢需要一定的电子流动,在微观环境中,微生物会将电流从较低势的一端传递给高势的一端,也就是由电子供体传递至电子受体。这种新陈代谢作用分为呼吸作用和发酵作用,不同点在于电子受体的位置,胞外还是胞内,如果是胞外,那么就是呼吸作用,同理亦然,当然并不是所有的电子供体都可以进行这种发酵作用。一定的热力学限制因素会影响微生物的新陈代谢,这里我们用微生物的能量变化值与电子传递间的电势差的关系来说明:

$$\Delta G = -nFE_{emf}$$

式中　n——反应中发生转移的电子数量;

F——法拉第常数;

E_{emf}——电子传递间的电势差,V。

可以看出,无法传递电子会使ΔG减少。

由此,在这种微生物环境中,微生物通常会选择电势最高的电子受体或者电势最低的电子供体,最大限度地获取能量增益,当然,前提是它们可用。在这些电子受体和供体当中可溶性物质会首先被消耗掉,接着便是非可溶性物质,还有可能会进行发酵作用,发酵作用不说,消耗非可溶性物质需要将电子导出胞外完成反应,这个过程就是胞外电子传递(Extracellular Electron Transfer ,EET)。胞外电子传递与传统胞内厌氧呼吸存在两点差异:

(1)电子最终必须传递至胞外。与硝酸根离子、硫酸根离子等可溶性电子受体不同,胞外呼吸的电子受体为固体或大分子有机物,比如腐殖质一类的有机物无法进入细胞,因此氧化过程产生的电子必须穿过非导电的细胞壁，传递至胞外受体。

(2)两种传递方式的电子传递途径不同。胞外呼吸产生的电子必须经过周质组分的传递到达细胞外膜，然后通过外膜上的多血红素细胞色素c、“纳米导线(Nanowires)”或电子穿梭体等方式传递到胞外，因而传递难度也显著增大。胞外电子传递主要有直接电子传递和间接电子传递机制。直接电子传递(Direct Electron Transfer ,DET)，顾名思义，这种机制无需中介体便可由电子活性表面与细胞膜直接相互作用，或者是由特殊细菌产生的“纳米导线”来完成传导作用；间接电子传递(Indirect Electron Transfer ,IET)，这种机制由微生物产生或利用有机或者无机可溶性化合物来完成传递作用，这个过程目前只发现了两种机制，一种是细胞产生或利用小分子可溶性物质，将膜外的电子运送到最终电子受体，另一种是细菌产生的有机配位体能够从不溶的金属氧化物中释放可溶性电子受体。针对电子传递的研究中，主要以地杆菌属(*Geobacter*)和希瓦菌属(*Shewanella*)为研究对象，因为它们可在传递电子中产生纳米导线。

5.1.2　生物电化学系统中的微生物群落

目前，已经有很多学者分析研究了BES阴、阳两级的微生物群落，这些微生物群落具有广泛的多样性，但我们对电化学活性菌及其在生物膜中的相互作用等方面的认知仍然不够充分。

1.阳极群落

可以说在阳极进行或参加细胞外电子传递的微生物几乎遍及所有的细菌门(Aelterman et al. ,2008)，特别是变形杆菌门(Proteobacteria)和硬壁菌门(Firmicutes)。近几年相关研究者分离出了大量其他种类的微生物，并且获得了越来越多的相关基因组的信息。例如，绿脓假单胞菌(*Pseudomonas aeruginosa*)、沼泽红假单胞菌(*Rhodopseudomonas palustris*)、梭菌属的(*Clostridium acetobutylicum*)等。在这些群落的研究当中，即使生物膜经过连续的转移和培养，系统中的微生物群落依然存在很大的差异，这需要我们进一步研究分析。另外，阳极的生物膜是很关键且复杂的食物网，它联系着多种微生物，包括电化学活性菌、产甲烷菌，甚至古细菌，由此可见，对于阳极生物膜的研究对以后群落分析，包括古细菌的作用于活性分析是十分有益的。

王等曾以养殖废水沼气池沼泥为接种物，构建了乙二胺、三氯化铁改性阳极的空气阴极单室微生物燃料电池，均能利用养殖废水产电并能同时净化水质。运用PCR—DGGE技术研究了4个样品中微生物的群落结构，生物膜微生物多样性丰富，微生物相复杂，有多种微生物富集生长在阳极生物膜上。对DGGE条带测序和比对发现，不同时期和不同改性阳极的MFC阳极生物膜上的微生物群落存在明显差异，可能的主要产电菌为*Pseudomonassp.*、*Aeromonos sp.*和*Desulfovibrio sp.*。

北京师范大学的研究者们以厌氧处理的淀粉工艺废水出水为基质，成功地实现了无介体MFC连续产电，同时系统中COD去除率达到70%，电池的输出电压为475 mV。采用构建随机测序的方法，分别对开放和闭合电路的阳极表面的微生物群落结构进行研究。结果表明，系统中出现的已知高效产电细菌只占6%。阳极表面占优势的细菌未必是产电细菌，而是一些发酵、产酸细菌，主要对进水中有机物进行初步降解，为产电细菌产电提供合适的基质，对产电具有直接或间接的辅助功能。通过对开放和闭合电路的阳极表面的微生物群落结比对，提出几类可能存在的高效产电相关细菌 *Alcaligenes monasteriensis*，*Comamonas denitrificans*，*Dechloromonas sp.*，为高效产电细菌的研究提供了新的研究思路和理论依据。

另外，也有对不同底物的微生物燃料电池系统的阳极产电菌的研究。产电微生物是核心要素，而阳极底物和接种菌源会直接影响产电微生物的种类与产电性能。因此，投加不同底物对于研究产电微生物群落结构和理解不同底物条件下系统的产电机制有一定的理论意义。实验表征了阳极产电菌群在整个运行周期内的演变过程。研究发现，水解产物浓度为1 000 mg COD/L时，系统的最大功率密度达123 mW/m^2。功率密度随水解产物初始浓度的变化可用Monod经验公式来描述。最大功率密度为152.2 mW/m^2，K_s = 284.9 mg COD/L，库伦效率为15.5%～37.1%。生物膜和悬浮细菌在产电过程中的作用不同。复杂底物在悬浮细菌的作用下被发酵为简单小分子发酵产物，这些小分子发酵产物被生物膜中的产电菌进一步利用产电。16S rDNA文库分析表明，阳极生物膜中占主要的是Bacteroidetes菌纲微生物（40%），其次是Alphaproteobacteria（20%）、Bacilli（20%）、Deltaproteobacteria（10%）和Gammaproteobacteria（10%）。而悬浮细菌中占主要的是Bacteroidetes菌纲（44.4%），其次为Al phaproteobacteria（22.2%）、Bacilli（22.2%）、Betaproteobacteri a（11.2%）。实验还探讨了发酵型和非发酵型底物对MFC群落演变及电能输出影响。发酵型底物葡萄糖启动的系统改加非发酵型底物乙酸钠，产电菌属得到富集，电能输出显著提高。乙酸钠为初始底物改加入葡萄糖后，阳极菌群结构发生显著变化，系统在经过4 d的驯化期后恢复产电。丁酸钠启动的MFC改加入同类型底物乙酸钠后，阳极菌群未发生明显变化，产电性能未受影响。混合底物启动的系统的产电性能要低于单独底物启动的系统，达到稳定的菌群结构需要的时间较长。采用发酵型底物启动后改加非发酵型底物，可显著地提高系统的性能。

2. 阴极群落

相对于阳极来讲，阴极的微生物群落研究少之又少，由于有关阴极生物催化的实验刚刚起步，使得有关这方面的研究还不够充分。有些研究者对能够促进阴极催化反应的细菌进行了研究，发现这些起关键作用的微生物有拟杆菌门（Baeteroidetes）和变形杆菌门（Proteobacteria）。它们能在一定程度上促进阴极的催化作用。

以上提到的微生物多数都是生物电化学系统中的微生物群落，迄今为止，只出现过个别微生物纯种产电的功率密度高于或接近于混合微生物的报道。一些研究表明，在MFC产电微生物群落中地杆菌属（*Geobacter*）或希瓦氏菌属（*Shewanella*）是优势菌体。但也有一些研究中表明，MFC中的微生物群落具有更加广泛的多样性。有关以废水为产电微生物群落的来源的实验，发现连续给予光强为4 000 lx的光照，会改变阳极上附着的产电微生物群落，改变后的产电微生物群落以光合微生物 *R. palustris* 和 *G. sulfurreducens* 为优势菌，并且当以葡萄糖为电子供体时的功率密度提高了8%～10%，以醋酸盐为电子供体时的功率密度提高了34%。Fedorovich等以海洋沉积物为产电微生物群落的来源，当以乙酸盐为电子供体时，产电微生物群落以弓形菌属中的 *A. butzleri strain ED* – 1 和弓形菌 *Arcobacter* – *L* 为优势菌（占90%以上），所得最大的功率密度为296 mW/L。

除了微生物群落，生物电化学系统中还有许多产电微生物，如胞外产电微生物、阳极呼吸菌、电化学活性菌、亲电极菌、异化铁还原菌等，具体来说，可分为细菌类产电微生物、真菌类产电微生物和光合微生物类产电微生物。

细菌类的产电微生物有很多,如地杆菌(*Geobacteraceae*),家族中的产电菌 *Geobacteraceae* 家族均为严格厌氧菌,其中硫还原地杆菌(*Geobactersulfurreducens*)和金属还原地杆菌(*Geobacter metallireducens*)为产电微生物,并且都已完成了全基因组测序。在空气阴极双室 MFC 中,*G. sulfurreduces* 可降解乙酸盐产生电能(49 mW/m^2),在此过程中电子向阳极转移的效率可达95%。其完成电子传递的方式包括在阳极表面形成一层膜状结构,直接向阳极传递电子,以及通过纳米导线传递电子两种方式。金属还原杆菌 *G. metallireducens* 可氧化芳香族化合物,能将完全氧化安息香酸产生电子的84% 转化为电流。在使用空气阴极双室 MFC 中,*G. metallireducens*,产生的最大功率实际上与废水接种的混菌产生的功率[(38 ± 1) mW/m^2]相当。在含有柠檬酸铁和 L-半胱氨酸的培养基中测试(用来除去溶解氧),*G. metallireducens* 的最大功率密度为(40 ± 1) mW/m^2,在没有柠檬酸铁的培养基中最大功率密度为(37.2 ± 0.2) mW/m^2,而在没有柠檬酸铁或 L-半胱氨酸培养基中最大功率密度为(36 ± 1) mW/m^2;希万氏菌 *Shewanella* 也是厌氧菌,属于兼性厌氧菌,有氧条件下,可彻底氧化丙酮酸、乳酸为 CO_2。厌氧条件下,能以乳酸、甲酸、丙酮酸、氨基酸、氢气为电子供体。Shewanella oneidensis DSP10 是最早发现的可在有氧条件下产电的菌种,好氧条件下氧化乳酸盐,在微型 MFC 中可获得较高的功率密度,但电子回收率低于10%。此外,该菌还能氧化葡萄糖、果糖、抗坏血酸产生电能,以果糖为电子供体时微型 MFC 所获最大体积功率密度达350 W/m^3。*S. oneidensis* DSP10 向阳极传递电子的机制可能包括电子穿梭机制、直接接触和纳米导线机制。在 Mn_4^+ - 石墨盒空气阴极的 MFC 中,*Shewanalla putrefactions* 氧化乳酸盐产生的最大功率密度为10.2 mW/m^2,氧化丙酮酸盐产生的最大功率密度为9.4 mW/m^2,氧化乙酸盐或葡萄糖产生的功率密度非常低,分别为1.6 mW/m^2 和1.9 mW/m^2。在相同的反应器中,希万氏菌(*S. putrefacians*)产生的最大功率密度是污水接种 MFC 的1/6。当向新鲜基质中加入不同浓度的细胞时,初始电势随浓度升高而增大。推测 *S. putrefacians* 依靠细胞表面的电化学活性物质向阳极传递电子;假单孢菌属(*Pseudomonas*)属中的产电菌铜绿假单孢菌(*Pseudomonas aeruginosa*)属于兼性好氧菌,能够代谢产生绿脓菌素作为自身或其他菌种的电子穿梭体,将电子传递到阳极上,是最早报道的能够产生电子穿梭体的微生物,从而丰富了 MFC 中电子传递机制的认识。但绿脓菌素具有毒性,并非理想的产电微生物。*Pseudomonas sp. Q*1 能够以复杂有机物喹啉为电子供体产电,其电子传递机制一方面是附着在阳极上的菌体自身菌膜中的某些蛋白质向阳极传递电子,另一方面是依靠附着在电极上的代谢产物传递电子;弓形菌属(*Arcobacter*)中的产电菌布氏弓形菌(*Arcobacter butzleri strain ED*-1)和弓形菌(*Arcobacter-L*)从以乙酸盐为电子供体的微生物燃料电池的阳极分离得到,这2种弓形菌占该微生物燃料电池的90%以上,所得最大的功率密度为296 mW/L。仅 *Arcobacter butzleri strain ED*-1 作产电微生物,该菌能够以乙酸盐为电子供体产电进行代谢,且在短时间内能产生很强的电压(200~300 mV),是非常有潜力的产电微生物;铁还原红育菌中的 *R. ferrireducens* 属于兼性厌氧菌,是能以电极为唯一电子受体直接氧化葡萄糖、果糖、蔗糖、木糖等生成 CO_2 的产电微生物,以葡萄糖为电子供体时电子回收率可达83%,以果糖、蔗糖和木糖为电子供体时电子回收率也可达80%以上。*R. ferrireducens* 能通过在阳极上形成单层膜结构将产生的电子直接传递到阳极;其他能够产电的细菌,如耐寒细菌在 MFC 中能彻底氧化乙酸、苹果酸、延胡索酸和柠檬酸等产电,电子回收率在90%左右,它具有能够在低温海底环境中生长的优势。*Desulfoblbus propioni-*

cus 能够以乳酸、丙酸、丙酮酸或氢为电子供体产电，在 MFC 中的电子回收率低。酸杆菌门(Acidobacteria)的 *Geothrix fermentan* 以电极为唯一受体时，可以彻底氧化乙酸、琥珀酸、苹果酸、乳酸等简单有机酸，虽然以乙酸为电子供体时的电子回收率高达 94%，但电流输出较低。克雷伯氏肺炎菌(*Klebsiella pneumoniae L*17)能够在阳极上形成生物膜，直接催化氧化多种有机物产电。嗜水气单孢菌(*Aeromonas hydrophilia*)也可以产电，但其具有毒性，能使人类和鱼类致病。

真菌类的产电微生物，比较常见的是异常汉逊酵母(*Hansenula anomala*)，它是一种酵母真菌，当以葡萄糖为电子供体时产生的最大体积功率密度为 2.9 W/m^3。它能通过外膜上的电化学活性酶将电子直接传递到阳极表面，研究表明，膜上存在乳酸脱氢酶、NADH－铁氰化物还原酶、NADPH－铁氰化物还原酶和细胞色素 b_5。

有关光合微生物类的产电微生物的研究当中，最早研究人员以光合微生物作产电微生物，需加入电子传递体，才能进行产电。随后研究人员发现光合微生物一个普遍的特点是能够产生分子氢，可以将 H_2/H^+ 当作光合微生物与阳极之间的天然电子中介体。近几年研究者一直致力于发现不需要任何形式的电子中介体的光合微生物作产电微生物。Gorby 等的研究报道中虽然未说明以集胞藻(*Synechocystis strainPCC*6803)为产电微生物的 MFC 的电流产生的情况，但在该光合微生物体上发现了纳米导线。沼泽红假单孢菌是 Xing 等发现的光合产电菌，该菌能利用醋酸、乳酸、乙醇、戊酸、酵母提取物、延胡索酸、甘油、丁酸、丙酸等产电。以醋酸盐作电子供体，由其催化的 MFC 最大输出功率密度高达 2 720 mW/m^2，高于相同装置菌群催化的 MFC。小球藻(*Chlorellavulgaris*)为一类普生性单细胞绿藻，是一种光能自养型微生物。何辉等构建的由其催化的 MFC 最大输出功率密度为 11.82 mW/m^2，且电子传递主要依赖于吸附在电极表面的藻，而与悬浮在溶液中的藻基本无关。

5.1.3　从微生物代谢到电流产生

通过实验，我们可以将微生物新陈代谢与电极联系起来，这个过程涉及胞外电子传递在传递的过程中伴随着微生物与电极之间的电子传递，从而在电路中形成电流。

在胞外电子传递过程当中，呼吸作用的本质是底物氧化中产生的还原型辅酶 NADH2 和 FADH2 重新被氧化的过程。其中，产生的电子沿呼吸链传递到末端电子受体；并耦联 H^+ 转运到质膜外，形成跨膜质子动势合成 ATP，维持细胞的生长。呼吸链理论的研究一直是生物化学领域的热点问题。经典呼吸链也叫电子传递链(Electron Transport Chain , ETC)，由一系列位于细胞质膜上，氧化还原电势从低到高排列的电子传递体组成。在无氧呼吸中，电子受体的氧化还原电势比氧气低，因而电子供体与受体间的电势差小，产生的能量也较少。此外，电子受体只能接受低电势载体传递的电子，因而末端电子受体的氧化还原电势决定了电子传递链的组成。

如果将有氧呼吸、胞内无氧呼吸和胞外无氧呼吸电子传递链相比较，会发现 3 种呼吸电子传递链的质膜部分基本相同，最显著的差别是末端还原酶的组成和定位不同：有氧呼吸的电子受体是氧气，其可以进入细胞内，所以末端还原酶位于细胞质膜内侧；而胞内无氧呼吸的还原酶位于周质一侧，无氧呼吸的电子受体在周质中被还原；胞外无氧呼吸的电子受体在细胞外，所以其产生的电子必须经过周质中电子载体的传递，最终被外膜上的还原酶还原。由此可见，胞外电子传递过程有以下两个特点：

(1)与经典电子传递链相比,胞外呼吸的电子传递过程必须经过周质和外膜组分的传递,最终到达外膜。

(2)外膜上存在多种功能的细胞色素 c 或其他功能蛋白,通过多种作用方式,最终将电子由细胞外膜传递到胞外电子受体。

总地来说,在微生物作用下阳极的阳极液中的底物可直接生成质子、电子和代谢产物,并通过其呼吸链将此过程中产生的电子传输到细胞膜上,然后电子再进一步从细胞膜转移到电池的阳极上。随着微生物性质的不同,电子载体可能是外源的染料分子、与呼吸链有关的 NADH 和色素分子,也可能是微生物代谢产生的还原性物质。阳极上的电子经由外电路到达电池的阴极,质子则在电池内部从阳极区通过阳离子交换膜扩散到阴极区。这时,在阴极表面,处于氧化态的物质与阳极传递过来的质子和电子结合发生还原反应。最后,阴、阳两极的电子供体和电子受体形成的电势差促使系统产生电流。

为了衡量细菌的发电能力,控制微生物电子和质子流的代谢途径必须要确定下来。除去底物的影响之外,电池阳极的势能也将决定细菌的代谢。增加 MFC 的电流会降低阳极电势,导致细菌将电子传递给更具还原性的复合物。因此阳极电势将决定细菌最终电子穿梭的氧化还原电势,同时也决定了代谢的类型。根据阳极势能的不同能够区分一些不同的代谢途径:高氧化还原氧化代谢,中氧化还原到低氧化还原的代谢,以及发酵。因此,目前报道过的 MFCs 中的生物从好氧型、兼性厌氧型到严格厌氧型的都有分布。

在高阳极电势的情况下,细菌在氧化代谢时能够使用呼吸链。电子及其相伴随的质子传递需要通过 NADH 脱氢酶、泛醌、辅酶 Q 或细胞色素。Kim 等研究了这条通路的利用情况。他们观察到 MFC 中电流的产生能够被多种电子呼吸链的抑制剂所阻断。在他们所使用的 MFC 中,电子传递系统利用 NADH 脱氢酶,Fe/S(铁/硫)蛋白以及醌作为电子载体,而不使用电子传递链的 2 号位点或者末端氧化酶。通常观察到,在 MFCs 的传递过程中需要利用氧化磷酸化作用,导致其能量转化效率高达 65%。常见的实例包括假单胞菌(*Pseudomonas aeruginosa*),微肠球菌(*Enterococcus faecium*)。

如果存在其他可替代的电子受体,如硫酸盐,会导致阳极电势降低,电子则易于沉积在这些组分上。当使用厌氧淤泥作为接种体时,可以重复性地观察到沼气的产生,提示在这种情况下细菌并未使用阳极。如果没有硫酸盐、硝酸盐或者其他电子受体的存在,如果阳极持续维持低电势则发酵就成为此时的主要代谢过程。它表明,从理论上说,六碳底物中最多有 1/3 的电子能够用来产生电流,而其他 2/3 的电子则保存在产生的发酵产物中,如乙酸和丁酸盐。总电子量的 1/3 用来发电的原因在于氢化酶的性质,它通常使用这些电子产生氢气,氢化酶一般位于膜的表面,以便于与膜外的可活动的电子穿梭体相接触,或者直接接触在电极上。同重复观察到的现象一致,这一代谢类型也预示着高的乙酸和丁酸盐的产生。一些已知的制造发酵产物的微生物分属于以下几类:梭菌属(*Clostridium*),产碱菌(*Alcaligenes*),肠球菌(*Enterococcus*),都已经从 MFCs 中分离出来。此外,在独立发酵实验中,观察到在无氧条件下 MFC 富集培养时,有丰富的氢气产生,这一现象也进一步支持和验证这一通路。

发酵的产物,如乙酸,在低阳极电势的情况下也能够被诸如泥菌属等厌氧菌氧化,它们能够在 MFC 的环境中夺取乙酸中的电子。

通过代谢途径的差异与已观测到的氧化还原电势的数据,我们可以了解到微生物电动力学。一个在外部电阻很低的情况下运转的 MFC,在刚开始在生物量积累时期只产生很低的电流,因此具有高的阳极电势。这是对于兼性好氧菌和厌氧菌的选择的结果。经过培养生长,它的代谢转换率,体现为电流水平,将升高。所产生的这种适中的阳极电势水平将有利于那些适应低氧化的兼性厌氧微生物生长。然而此时,专性厌氧型微生物仍然会受到阳极仓内存在的氧化电势,同时也可能受到跨膜渗透过来的氧气影响,而处于生长受抑的状态。如果外部使用高电阻时,阳极电势将会变低,甚至只维持微弱的电流水平。

5.2 基质与污水

5.2.1 确定基质

生物电化学系统中的一些具有电活性、可利用的细菌需要一定量的可被氧化的基质,能够提供这些基质的任何物质均可作为 BES 的给料。对于产电和产氢系统而言,基质的有机化合物性质、缓冲能力、营养构成、导电性和降解性质等方面的特性至关重要。

在阳极室中主要用到的基质有乙酸盐等发酵终产物和糖类等可发酵物,Lee 等曾对乙酸盐和葡萄糖作为基质的系统进行了比较,发现当乙酸盐浓度为 360 mg/L 时,系统中的产电菌在竞争中占据优势,实验没有检测到甲烷,有 71% 的乙酸盐被用于产电。与此相比,用葡萄糖作为实验基质时,有 49% 的葡萄糖用于产电,且实验产生了很多的甲烷和生物质。实验表明,在分批补料 MFC 中,乙酸盐在功率和电流密度等方面的效果要优于葡萄糖,还有乳酸盐也经常在实验中用到,效果较好,如有些菌株的所需碳源十分有限,主要有乳酸盐、丙酮酸盐等。也有些细菌能够利用葡萄糖或果糖最为单一电子供体,如 Shewanella oneidensis,推测与柠檬酸循环有关的酶被诱导表达。有相关研究学者曾分别用葡萄糖、乳酸盐和醋酸盐作为驯化好的厌氧污泥的共代谢基质,对四氯乙烯的降解进行研究。结果发现本实验条件下,以乳酸盐和葡萄糖为共代谢基质比以醋酸盐为共代谢基质,在相同时间里四氯乙烯的去除率较高。乳酸盐和葡萄糖的浓度要比醋酸盐的浓度下降快。这三种条件都可以被提供足够的电子使四氯乙烯还原,且三种共代谢基质降解 PCE 时的反应速率常数的大小依次为乳酸盐、葡萄糖、醋酸盐。所以说乳酸盐通常是最有效的共代谢基质。

5.2.2 复杂基质

BES 用到的复杂基质多为纤维素类和几丁质给料,都是自然界中较为丰富的生物质原料。

纤维素材料是一种天然的可再生的高分子材料,存在于大量的丰富的绿色植物中。纤维素对于人类来说是一种取之不尽、用之不竭的资源。目前纤维素的降解产电菌还没有确定,不过,研究者发现共生的微生物菌群可以降解纤维素。不过与合成的生物降解材料相比较,纤维素材料有许多优势:纤维素大分子链上有许多羟基,具有较强的相互作用性能和反应性能,因此,这类材料加工工艺较简单、加工过程无污染且成本低;该材料可以被微生物完全降解,这与利用淀粉与聚烯烃共混所制得的生物降解材料不同,因为对于后者,淀粉可以被生物降解,但聚烯烃却不能或很难被生物降解;纤维素材料本身无毒。因此,纤维素为基质材料的潜在使用范围将非常广泛。Ren 等曾经利用 *Geobacter sulfurreducens* 和 *Clos-*

tridium cellulolyticum 来降解可溶性的羧甲基纤维素,得到的功率密度可与乙酸盐相媲美。Logan 等也曾在分批 MEC 中利用纤维素生产氢气,电压达到 600 mV,氢气产率达到 8.2 mol/mol已糖当量。在有关纤维素的研究当中,目前研究多关注用于乙醇发酵的已糖上,除此之外,还有相关木糖、戊糖、玉米秸秆等基质方面的研究。

几丁质又名甲壳胺,广泛存在于自然界的一种含氮多糖类生物性高分子,主要来源为虾、蟹、昆虫等甲壳类动物的外壳与软体动物的器官,以及真菌类的细胞壁等,是甲壳类动物、昆虫和其他无脊椎动物外壳中的甲壳中的甲壳质,经脱乙酰化制得的一种天然高分子多糖体,是动物性的食物纤维。其蕴藏量在地球上的天然高分子中占第二位,估计每年自然界生物的合成量可达 10^{11} t,仅次于纤维素。几丁质多数用于沉积物 MFC 的实验基质,这些几丁质作为海产食品业的副产品,是最丰富生物质原料。沉积物 MFC 的沉积物中有机质含量较低,由此 Rezaei 等对这种 MFC 的沉积物当中添加了处理后的蟹壳,处理后的蟹壳中几丁质的质量分数达到了 95% 左右,产电量显著增加。

5.2.3　生活污水

生活污水、市政污水、工农业污水都可以用作 BES 系统的给料,不过,与其他的人工配制的基质相比,其电化学性能较差,Liu 等人曾对生活污水处理厂初沉池出水的分批补料进行了相关研究,研究发现其功率密度几乎是最低的,这主要是因为实际污水的降解速率较慢,且其导电性能较低,实验过程中还易产生副反应。生活污水处理厂初沉池出水还可用于分批式的两室 MEC 产氢,实验 COD 去除率可达到 90%,氢气产率可达154 mL H_2/g COD。

人民生活水平的不断提高和饮食结构的改变,渐渐使得城市生活污水的水质成分有了很大的变化,污水的含氮量增加,出现了低碳氮比的情况。针对具有低 C/N 比城市污水,按原有设计水质运行的二级污水处理厂一般大多数都不能达到相应的排放标准,这使得污水处理厂资金浪费较大。采用传统的硝化/反硝化工艺处理低 C/N 比城市污水时,会因为碳源量不足,导致脱氮效率更低,使出水 TN 含量严重超过排放标准,这种污水排放到自然水体后,使水中藻类等浮游生物大量生长繁殖,水中溶解氧浓度降低,水质变差,导致其他水生生物死亡,破坏水体生态平衡。水体富营养化是许多湖泊、水库的主要环境问题,它的存在会严重妨碍对这些水体作为资源的利用,造成了环境和经济的重大损失。2007 年太湖等地相继出现大面积的水体富营养化现象,一些地区出现了水体黑臭的现象,严重威胁了居民的饮用水安全。之后,中国中、东部的地区城市几乎都有水体黑臭的现象发生,这引起了全国乃至国外水处理界的关注。

有相关学者针对水体富营养化的现象采用序列间歇式活性污泥法(SBR)反应器,驯化低 C/N 比好氧活性污泥,探讨不同 pH 值和 DO 对脱氮率的影响,以期为北方地区冬季低 C/N 比污水处理工艺设计和操作提供参考。实验利用 SBR 反应器驯化低温低 C/N 比好氧活性污泥,考察不同 pH 值和不同 DO 浓度对基质去除率的影响。发现在实验所选的 pH 值范围内,pH 值对有机物的去除没有影响。系统反应 5 h 时,COD 的去除率最高可达到 98.6%;随着 pH 值的增大,氨氮的去除率增加,此时的最适 pH 值范围为 7.8,这与硝化细菌和反硝化细菌的最适生长 pH 值范围基本一致;DO 对基质的去除率影响较大,当 DO 浓度为4 mg/L时,COD 和氨氮的去除率均达到最大值,98.5% 和 97.1%。

5.2.4　工业废水

有相关研究表明，MFC 可用于去除一些工业废水中的产生臭气的有机物。污水处理费时、费钱还消耗大量能量，基本是个只投入不产出的行业，也是让各国政府头疼的一大难题。有数据称，5%的电力消费被用于污水处理。根据美国国家发展委员会统计，美国每年需要处理 330 亿加仑的生活污水，处理费用大约为 250 亿美元，其中大部分为能源成本。因此，又能净化水质、又能发电的微生物燃料电池一旦出现，将有望把污水处理变成一个有利可图的产业。Logan 认为，未来污水处理厂通过使用微生物燃料电池不仅可以满足自身用电，还能向外输电。

美国宾夕法尼亚州立大学环境工程系教授 Bruce Logan 的研究组正在尝试开发微生物燃料电池，可以把未经处理的污水转变成干净的水，同时发电。传统的燃料电池利用氢气发电，但 Logan 和他的研究小组首次尝试使用富含有机物的污水来发电。理论上说，直接将富含有机物的工业污水倒入燃料电池就可以发电同时净化污水。在处理过程当中，污水中的细菌以有机物为食，随之释放电子，电子在燃料电池的碳棒上集聚，在水中形成电流回路。

Kim 等人曾研究过养猪场废水中产生臭气的挥发性有机酸的去除率，利用 MFC 可去除 99%的有机酸，并能产生 228 mW/m^2 的功率密度。Feng 等人曾经利用啤酒厂废水原液，添加磷酸缓冲溶液处理废水，取得了一定的成果。

除了这些工业废水，还有一种废水很有研究价值，那就是垃圾渗滤液，建议垃圾填埋场设置 MFC 系统，因为垃圾渗滤液具有高导电性，且其降解过程中可产生挥发性有机酸和氨氮。Greenman 等曾在 2009 年研究了以垃圾渗滤液为连续进料基质的 MFC 系统，实验过程中添加了磷酸缓冲液以增加导电性，最大 BOD 去除率可达到 57%左右，与曝气生物滤池相似，不同的是，MFC 省去了因曝气而损耗的能量。

5.3　测量指标和性能指标

5.3.1　电势测量

为了对实验结果做出准确的分析和解释，需要用许多测量指标来描述 BES 的性能，在研究这些分析指标的时候，最基本、最关键的是电势的测量。

我们需要分析的电势，即氧化还原电对的电势，可以通过能斯特方程来推测，因为能斯特方程可以指示出影响电势的主要因素，包括氧化型物质和还原型物质的活性以及溶液的 pH 值。在测量时，我们需要测得阳极和阴极的电势，通常阳极和阴极电势需要通过与参比电极对照测得。我们通常利用标准氢电极（NHE 或 SHE）作为标准参比电极（$E_{ref}=0$ V）。不过，在实际应用中，标准氢电极操作的复杂性，使得不同情形下对照的参比电极形式也不同。

在表述性能参数之前，我们已经对相应的电势和电流进行了测量，这些必要数据可用于计算实验相关效率和速率，不过，这些参数的计算还要区别是基于体积还是表面积进行的计算。当然，基于反应体积计算功率和电流是更有意义的。

5.3.2 电流

电流,是指电荷的定向移动,是描述转化速率时的重要参数。生物电化学系统中的电流与系统生成的产物数量直接相关。有相关研究表明,BES中的电流还与有机负荷率直接相关。MFC中的产生的电流是很小的。早在1911年植物科学家Potter用酵母菌和大肠杆菌进行了实验,发现微生物也可以产生电流,从此,开创了生物燃料电池的研究。之后,Tanaka等研究人员将能够产生光合作用的藻类用于生物燃料电池,展示了关于燃料新种类的可行性。Karabe和Suzuki用可以进行光合作用的微生物*Rhodospirillumrubrum*发酵产生氢,再提供给燃料电池,其作用的培养液是含有乙酸、丁酸等有机酸的污水,功率约为1~2.8 W,可产生0.5~0.6 A的电流强度。如果是一个小型的微生物燃料电池,一般情况下,并不直接测量电流,而是通过测量外电阻上的电压,再通过计算得到。

5.3.3 功率

在BES中,尤其是MFC中,功率是最常用到的性能评价指标。功率可基于容积和表面积来描述。其大小可依赖于生物和电化学两方面的过程。输出功率通常会受到实验中多种因素的影响,如内阻、生物催化剂活性、电子传输阻力、阴极反应等因素,如果能够降低这些因素的影响作用,就能提高系统的输出功率。在评价能量输出时,会考虑到净功率的问题,净功率在MFC和MEC中的解释有些许不同。在MFC中,净功率是指MFC输出的功率减去输入到操作系统所需的能量;在MEC中,电压附加在系统上,因此净功率是用于驱动反应进行和运行MEC所输入的能量之和。

5.3.4 有机负荷率

有机负荷率表示在一定时间内,单位反应器体积所能转化的有机物的量。通常会分为两种表达方式,即容积负荷率[kg COD/(m^3·d)]和污泥负荷速率[kg COD/(kg生物催化剂·d)]。污泥负荷率主要与系统内单位重量的活性污泥在单位时间内承受的有机质的数量有关,而容积负荷率主要与单位有效曝气体积在单位时间内承受的有机质的数量有关。在有关污水处理系统领域研究中,BES能够达到足够的有机负荷率是很重要的。有机负荷率是影响有机污染物降解和活性污泥增长时的重要因素。当有机负荷率较高时,会加快活性污泥的增长速率和有机污染物的降解速率;当有机负荷率较低时,会使活性污泥增长速率降低,同时影响有机污染物的降解速率,这时加大系统容积可使处理水的水质提高。

5.3.5 库伦效率

库伦效率,也可称为电荷传递效率和电子回收率,即回收的电子与有机物质提供的电子之比,是实际产生的电量与理论上底物完全氧化产生电量的比值。具体来说,可分阴极和阳极两方面来解释。对阳极来说,该值表示以电流的形式的电子从电子供体上导出的相对数量;对阴极来说,该值表示阴极提供的电子中,有多少电子最终成为还原产物。

5.3.6 能量效率

能量效率与库伦效率相似,是指能量在系统中的输出值与输入值之比。对于MFC系统来说,能量效率是基于系统所回收的能量与底物蕴含的能量的比值。它包括了反应过程中产生和消耗的电子,以及与产能相关的电子数量。

5.3.7 去除效率

在 BES 系统实验中,以污水处理和生物修复为主的工艺研究中的目标物的总去除效率是一个很重要的参数。它是保证系统正常运行、提高系统效率的一个重要因素。去除效率与系统的出水浓度直接相关,而出水浓度正是污水处理系统研究中最重要的一个指标。去除效率与库仑效率联合表征电子在电极与电子受体、电极与电子供体之间的传递效率。另外,需要注意的是理论期望值越高的去除效率,其去除速率就越低,这是因为在低底物浓度时的动力学速率比较低。

5.4 应　　用

目前 BES 的应用非常广泛,BES 除了可以处理生活污水外,还能处理大量的工业废水。在大多数情况下,BES 可以整合到已有的工业或生活污水处理系统中。BES 还可以利用废水产电,如 MFC,是一项节能的废水处理技术,且除了处理废水和能量回收外,MFC 作为一种可再生资源应用于经济发展,虽然其产电量还不够,但足以支持远海及河口处发电设备运转。当然,BES 的应用已远远超出产电这一目标,在生物修复过程或生产有用之物等方面也展现出优越性。这一过程与阴极生物催化剂息息相关,有关阴极生物催化剂的研究最近才刚刚开始。同样,用 BES 去除无机含硫化合物也是可行的。阴极的产物如果是有机物质,如 L - 谷氨酸(Hongo,lwahara,1979)和丙酸盐(Emde,Schink,1990),BES 完全可以用到新兴的生物炼制工业中。

在生物电化学领域里,MFC 是燃料电池中特殊的一类,是很有潜力的一类清洁、高效的生物处理装置,是指利用酶或者微生物作为催化剂,通过其代谢作用,在常温、常压下将生活污水和工业废水中含有的大量有机化合物的化学能直接转化为电能的装置,包含阴阳两个极室,中间由质子交换膜分隔开,在降解有机物的同时回收清洁能源。早前英国植物学家 Potter 曾把酵母或大肠杆菌放入含有葡萄糖的培养基中进行厌氧培养,发现利用微生物可以产生 0.2 mA 的电流和 0.3 ~0.5 V 的开路电压。20 世纪 50 年代初,随着航天研究领域的迅速发展,对 MFC 研究的兴趣随之升高,发现一些微生物可以不通过氧化还原媒介体直接氧化有机物转移电子,并以 Fe(Ⅲ)为最终电子受体。70 年代,作为心脏起搏器或人工心脏等人造器官电源的 MFC,直接 MFC 逐渐成为研究的中心。80 年代,MFC 的研究全面展开,出现了多种类型的电池,使用介体的间接型电池占主导地位。90 年代以后,研究发现微生物不通过介体也可以传递电子,研究热点开始转向无介体 MFC。在废水处理方面,微生物燃料电池具有现有方法所不具备的几项优势。在废水处理过程中,微生物燃料电池可以作为电源进行能量修复,另外,在更稳定的条件下还可以产生比好氧处理少的剩余污泥。好氧处理中的微生物会利用有机污染物所携带的所有能量,而微生物燃料电池中微生物的生长只消耗这些能量中的一小部分,大部分转化为电能。有研究利用厌氧活性污泥作为接种体成功地启动了空气阴极 MFC,以乙酸钠和葡萄糖作底物分别产生了 0.38 V 和 0.41 V 电压,最大功率密度分别达到 146.56 mW/m^2 和 192.04 mW/m^2,乙酸钠和葡萄糖的去除率分别为99%和87%,两者的电子回收率均在10%左右。Gregory 等研究发现电极是硝酸根离子唯一的电子供体,且其只有在 *G. metallireducens* 存在时才能被还原,说明其还原过程中有微生物参与,并且运行了一个阴阳两极分别进行反硝化和硝化反应的电解池,利用外加电源的电能促进电池中的生物反应,证实了 *Geobacter* 种属的微生物能直接从电极获取电子,且反硝化的速率和产电效率均受阴极微生物的影响。Wen 等以葡萄糖模拟废水为基质构建了上流式直接空气阴极单室 MFC,在连续运行条件下考察了电池的产电性能和水力停留时间(HRT)对电池性能的影响。结果表明,HRT 对 MFC 的产电性能和 COD 的去除效果均有影响,水力停留时间为8 h时,电池的最大输出功率密度为44.3 W/m^3(废水),COD 去除率为45%。胡永有等研究了以葡萄糖-偶氮染料为共基质条件下,BCMFC 产电性能及偶氮染料的降解特性。结果表明,BCMFC 可成功实现同步电能输出和高效脱色。功率密度维持50.7 mW/m^2,最终脱色率在94.4%以上。Virdis 等在 MFC 最近的研究中表明阴极硝酸盐还原菌具有同步产电脱氮效果,并且 MFC 最大输出功率为34 671.1 W/m^3NCC 和最大电流133.7 mA/m^3 NCC。而且 Jeffrey 研究认为,MFC 的技术在厌氧环境中提高石油污染物生物降解,无需终端电子受体如氧气,效果理想。因此,MFC 将有机废水中的化学能直接转化为最清洁的电能,在实现电能输出的同时实现废水处理,具有显著的环境效益和经济效益。据文献记载,采用厌氧技术只能从废水中回收15%的能量,废水中剩余的85%的能量被浪费掉。当前,随着分子生物学技术和纳米材料技术的发展,MFC 已在实验室广泛应用于废水或污泥的脱氮过程,不久的将来,MFC 的功率密度将会达到1 W/m^2,电流密度达到100 mA/m^2,库仑效率将达到90%以上,使污水中回收的能源可以最大限度地实现污水处理的可持续发展,使污水处理成为一个有利可图的产业。

如今,除了用于废水处理,MFC 最新的研究是与分子生物学技术融合,趋向于纯菌种研究为提高 MFC 电能输出筛选、培育优势产电基因工程菌种,为研究 MFC 性能开辟了新的途径。Kim 和 Pham 采用分子生物技术,通过基因工程分离、鉴别、克隆、培养出梭状芽孢杆菌和亲水性产气单胞菌,使直接 MFC 的性能进一步提高。并且 Kim 在 MFC 的研究中删除细胞色素蛋白 OmcF 编码基因和一个 monoheme 外膜 C 型细胞,大大降低 MFC 功率密度,研究认为,不是 OmcF 直接参与电子转移,而是 OmcF 通过其他基因的转录而间接参与电子转移,为深入研究 MFC 产电机理提供了理论基础。另一方面是生物固定化技术为 MFC 的发展提供了新的研究方向。Delina 等在聚苯乙烯表面涂上抗菌富勒的粒子,通过溴化染色和扫描电镜观察发现,nC60 促进了生物膜的生成,活细菌数目增多,MFC 功率密度提高。Robert 和 Shelley 将线粒体裁固定在阳极表面,MFC 电功率密度达到(0.203 ± 0.014) mW/cm^2。由于游离态酶容易失活,一般采用固化技术将酶固定在电极上,通常采用聚合物膜固定酶,常用聚合物有聚苯胺、聚吡咯等,最新发现丝蛋白和壳聚糖是生物相容性非常好的天然酶固定材料。MFC 研究最令人振奋的是新发现的铁还原红富菌(*Rhodoferax ferrire - ducens*)在 MFC 中将葡萄糖的化学能转化为电能的库仑效率超过了80%,而硫还原地杆菌(*Geobac - ter sulfurreducens*)在 MFC 中将乙酸的化学能转化为电能的库仑效率超过了96.8%。这为分子生物学技术应用到 MFC 的研究开辟了新途径,提供了新方法。

总地来说,MFC 具有在降解污染物的同时回收能源的特点,为污水资源化提供了新途径。MFC 产电微生物可利用底物范围也很广泛,生活废水、养猪废水、酿酒废水、食品废水、淀粉废水等都可以作为 MFC 的"燃料",但由于废水水质差别,MFC 产电去污效果有所差异。王超、李兆飞等初步尝试利用 MFC 处理黄姜废水，探讨了接种污泥来源、进水 COD 和 SO_2^- 浓度对 MFC 性能的影响，获得了利用 MFC 技术处理黄姜废水的基础数据。在利用 MFC 技术处理过的黄姜废水中，主要检出成分为长链脂肪酸、酯，环烷、烯烃，以及含苯环结构的脂类物质，可以推测呋喃类物质及部分酚类物质在 MFC 产电过程中被分解利用，还有一部分酚类物质同废水中的有机酸结合生成酯类。通过进、出水 IR 光谱的对比，发现含氮杂环化合物以及有苯环结构的污染物在产电过程中也可以被降解去除，黄姜废水 MFC 对废水中结构复杂的有机污染物具有良好的去除效果。

经过近半个世纪特别是近年的研究，MFC 在替代能源、传感器、污水处理新工艺等方面具有应用开发前景，MFC 技术打破了传统的污水处理理念，实现了污水处理技术的重大革新，但是燃料氧化速率低和质子传递速率慢束缚 MFC 发展，所以为了解决 MFC 发展的瓶颈因素，应依托生物电化学、生物传感器、纳米材料、分子生物学等技术，深入研究阴阳极材料、质子交换膜、微生物的筛选、培育、生物膜固化技术及 MFC 结构的研究与开发，MFC 在不久的将来必定得到更快的发展。总之该技术离产业应用还有很长的路要走。

第6章　基于可溶性化合物的电子穿梭

有研究表明,当一些菌株附着在恒定氧化电位电极上,并且溶液中没有可溶性电子受体的时候,它们会分泌出一种可溶性氧化还原穿梭体,这种物质的积累会使电子向电极传递的速率增加好几倍。在混菌条件下,这些非特异性的可溶性氧化还原穿梭体可以被其他菌株利用,使电子传递更加容易。因此,在纯菌和混菌中有中介体参与的间接电子传递过程是较普遍的一种方式。另外,还有许多实验表明,几乎在所有的细菌中发现的内源性氧化还原穿梭化合物可能是一种比胞外电子传递更为普遍的方式。具体的研究进展我们将在这一章向读者介绍。

6.1　氧化还原中介穿梭体

氧化还原介体的出现源于一种实验推测,那就是无机电化学反应,在反应中,半电池反应物在电极上的反应可逆且迅速,我们认为此时的电极电位反映了处于正负两极平衡状态的电极活性,但当反应物质是如氧化还原酶类一样的生物大分子物质时,由于氧化还原的中心无法直接接触电极,这一实验推测不切实际。此时,研究发现,一定的可溶性氧化还原介体可降低由氧化还原中心与电极间距产生的过电势,从而加速电子传递速率。

理想的氧化还原介体应有水溶性好、分子质量小、高度活性的氧化还原电对等特点,可以使我们从电子传递过程中收获大部分可用的能量。通过选择或者合成适宜的中介体,有可能促使更多的氧化还原活性生物分子与电极之间进行电子传递。另外,在没有副反应的理想情况下,氧化还原介体可以参与许多反应循环,并将电子在活细胞与电极间进行传递。

氧化还原介体的出现可以用来解释酶生物燃料电池的工作原理,即氧化还原蛋白和电极的间接电子传递,目前,酶生物燃料电池在疾病的诊断和治疗、环境保护和航空航天等领域有很好的应用前景,并已经成功应用于驱动小型电子器件。

6.2　有关氧化还原介体的早期实验及研究发现

有关氧化还原介体的早期研究多集中于氧化还原蛋白质的行为表现的生物电化学研究,20 世纪 80 年代初,在基于发酵细菌建立起来的第一代微生物燃料电池的研究发现,这种系统需要添加外源氧化还原介体,如硫堇和 9 - 羟基 - 3 - 异吩 - 唑酮 (Bennetto et al.,1983)以及螯合铁(Tanaka et al.,1983)。除此之外,还有一些研究表明,在无中介体的条件下,阳极纯菌(Chaudhuriand Lovley,2003;Kim et al.,2002;Park et al.,2001)和混菌(Gil et al.,2002;Rabaey et al.,2003)可将有机底物氧化产生的电子转移至电极上。

对于生物电化学系统中的微生物燃料电池,有很多有关氧化还原介体的研究,但对其电子传递机制仍没有明确认识,应用也多在传感器或持续产电等方面。在微生物燃料电池中,氧化还原介体可以有效地促进电子从微生物细胞内传递到电池阳极上,提高电池的能量转化率。其实微生物燃料电池 MFC 在实验过程中很容易受到外界环境的影响,如氧气等影响,使 MFC 很难保持恒定的环境条件,同时也影响着内源性氧化还原介体的产生,对微生物及其次级代谢产物的原位电化学分析可用恒电位仪控制的电化学电池进行研究。

6.3 外源性氧化还原介体

外源性氧化还原介体与内源性氧化还原介体都在我们的研究范围内,所谓"外源性",即与"内源性"相对应,指一切非本体的因素,即来源自外部而能对本体发生作用的因素。外源性氧化还原介体主要有人造介体和地表环境中存在的氧化还原介体。

6.3.1 人造介体

利用人造介体进行的电子传递是利用介体的氧化还原态的转变来实现电子转移的。电微生物除了利用自身细胞色素 c、纳米导线直接传递电子外,还可以利用氧化还原介体来进行电子传递,在 MFC 最初的研究中,正是以投加氧化还原介体作为电子传递体来进行的。此过程是微生物借助分解基质产生的小分子物质或是人工投加的可溶性物质使电子从呼吸链及内部代谢物中转移到电极表面。通过有效的分子设计,我们可以轻易地得到人造介体,人造介体作为一般的外源性氧化还原介体,具有一定的优势,包括相对于微生物的无毒性、稳定性好、容易通过细胞壁,并从细胞膜上的电子受体获取电子、电极反应快等。目前,人造介体多数应用在一些特殊的情况下,比如在没有电活性微生物的条件下用来尝试降解复杂的底物。作为传递电子的介体一般应具备:容易通过细胞壁;容易从细胞膜上的电子受体获取电子;电极反应快;溶解度、稳定性等好;对微生物无毒;不能成为微生物的食料等条件,常用的人造介体有硫堇、2－羟基－1,4 萘醌、中性红、腐殖酸等。

Park 等证实了吸附在脱硫弧菌细胞膜上与碳聚合膜交结的紫精染料可以调节电子在细菌细胞与电极间的转移,在微生物燃料电池中加入适当的介体,会显著改善电子的转移速率。但是由于外源性介体存在毒性;需要人工定时投加;价格昂贵;容易流失;电流密度较低等弊端,使介体的应用受到极大的限制。

有关空气阴极、单室、无膜液固厌氧流化床微生物燃料电池(AFBMFC)的研究中,孔等人以污水和椰壳活性炭为液相和固相,分别以亚甲基蓝(MB)、中性红(NR)及铁氰化钾为电子介体,考察电子介体的种类和浓度对厌氧流化床微生物燃料电池产电性能的影响。实验结果表明,亚甲基蓝可以提高 AFBMFC 产电量,但增加幅度较小;添加铁氰化钾后,电池正负极逆转,且产电量减小,使用这两种介体产电性能均不理想。添加中性红后, MFC 的内阻显著降低。以 1.7 mmol/L 中性红为电子介体时获得最大输出电压 650 mV,最大输出功率密度 330 mW/m^2,CO D 去除率为 91%。对于厌氧流化床微生物燃料电池而言,中性红是一种较为理想的电子介体。

人造介体可降低电子传递过程中产生的过电势,并且能透过细菌生物膜获得电子(Sund et al.,2007);腐殖酸的类似物可使革兰氏阳性菌持续产电,除腐殖酸的类似物外,蒽醌和 2,6 —二磺酸盐(AQDS)均可使革兰氏阳性菌持续产电(Milliken and May,2007);有相关实验证实了吸附在脱硫弧菌细胞膜上与碳聚合膜交结的紫精染料可以调节电子在细菌细胞与电极间的转移,在微生物燃料电池中加入适当的介体,会显著改善电子的转移速率。

在BES装置中,人造介体往往是需要连续投加的,需要注意的是,介体在环境中扩散会造成一定的成本流失问题,为了避免此问题的发生,可以将氧化还原介体固定在电极上,但是,当实验中有厚的生物膜或者溶液中有高浓度悬浮生物体的情况下,这种想法就不太理想,因为固定的中介体只能向第一层生物膜传递电子。

与其他氧化还原介体一样,人造氧化还原介体最大的优势在于它的非特异性。尽管人造介体作为实验常用的氧化还原介体存在一定的优势,但人造介体的缺点我们也不能忽视,具体包括:价格昂贵;大多有毒性;需要人工定时投加;容易流失;电流密度较低等弊端。人造介体的利用还需我们进一步地改进与完善在制备新型电极材料方面,人们对人造氧化还原介体仍然寄予厚望,从而可以使其呈数量级地提高电子在电极上的转移速率。

6.3.2 地表下环境中的天然氧化还原介体

利用地表下环境中的氧化还原介体的实验很多,我们会首先想到沉积物微生物燃料电池MFC的实验,这种BES系统需要在有机碳浓度较低的情况下才可运行,其环境中存在大量的复杂有机物、腐植酸(HA)、含硫化合物等,目前,我们猜想环境中的这些物质,尤其是腐植酸在细菌和电极间进行胞外电子传递中可能存在一定的作用。

腐植酸种类很多,且依据不同的应用进行分类,主要可分为天然腐植酸和人造腐植酸两大类,腐植酸(HA)是可溶性高分子质量有机化合物。它们来源于酶的解聚作用和植物性生物高聚物的氧化,并且普遍存在于陆地和海洋环境中。异化金属还原菌可利用腐植酸作为胞外电子受体(Lovley et al.,1996),也可作为Fe(Ⅲ)胞外呼吸作用的氧化还原介体(Lovley et al.,1998)。在有关沉积物MFC的研究当中,发现腐植酸含醌结构,这一结构可被分解为对苯二酚。分解后产生的对苯二酚可将电子传递至电极和其他细菌。虽然未分解的腐植酸既可作为电子受体,也可作为电极介体,但在有机碳含量较低的环境中,腐植酸是否有助于Fe(Ⅲ)还原仍存在争议。

除此之外,在地表环境中,还有一种天然氧化还原介体半胱氨酸也被相关实验研究发现,半胱氨酸是土壤中常见的必需氨基酸,在植物和细菌中,可从硫酸经过3′-磷酸腺苷-5′-磷酸硫酸和亚硫酸还原生成的硫化氢通过和O-乙酰丝氨酸或丝氨酸反应而生成。是一种微生物生长基质中普遍采用的还原剂。Kaden等发现,Ⅲ Geobacter sulfurreducens和Wolinella succinogenes共培养过程中半胱氨酸能够在种间传递电子。此外,在纯培养的G. sulfurreducens Ⅲ中加入半胱氨酸可使胞外还原速率增加8~11倍。半胱氨酸可作为一种电子穿梭体增加微生物还原铁的速率(Doong,Schink,2002)。

6.4 内源性氧化还原介体

内源性氧化还原介体大多是利用微生物代谢产生的物质来实现电子传递的,这些介体可以穿过细胞膜将电子在细胞与电极表面间来回地传递。近来,人们很快地在电活性微生物中发现了新的内源氧化还原介体。这归因于我们对重新兴起的BES研究的普遍关注,尤其是对于微生物燃料电池MFC的普遍关注。在许多研究中,可溶性氧化还原介体的分泌物和聚积物是对实验结果的唯一解释。然而,只有一部分内源氧化还原介体被明确地鉴定出来。

6.4.1 微生物的初级代谢产物

微生物利用厌氧呼吸产生的初级代谢产物为介体，Harbermann 和 Pommer 曾利用 *Proteus vulgari s*、*Escherichia coli*、*Pseudomonas aeruginosa* 和 *Desulfovibrio desulfuricans* 所生成的硫化物作为电子传递介体。另一些微生物则是利用发酵产生的还原性代谢产物如氢、乙醇等作为氧化还原介体进行电子传递，*Schroder* 等就曾利用 *E. coliK*12 产氢，然后将氢气在涂有铂的催化电极上重新氧化，此实验获得的最大电流为 150 mA。

6.4.2 微生物的次级代谢产物

通过微生物产生的次级的用于氧化还原电子传递的介体，绿脓杆菌产生的绿脓菌素、吩嗪－1－酰胺等就可以将电子传递到阳极。目前主要研究的有吩嗪、黄素、醌类物质和黑色素。

次级代谢产物介体作为可逆终端电子受体，将电子从微生物细胞内传递到阳极的同时又重新被氧化，进入下一轮的氧化还原过程；由于一分子次级代谢产物介体能进行上千次氧化还原循环，因此少量的次级代谢产物就能够使微生物以较快的速率传递电子。在间歇培养中，这些氧化还原介体能够更有效地促进电子的转移，增加电流的产生效率。

电子从细胞内到阳极的传递是和各类产电微生物的性质、代谢速率以及利用某一底物的能力有关的，因此对于每一种电子传递途径都存在一定的双面性。例如，利用细胞色素进行电子传递虽然避免了由于人工介体加人所带来的不便，但是为获得较高的输出功率就必须增加电极的表面积。对于 *Geobacter* 等大部分的产电菌而言，利用的基质只能是简单的有机酸如乙酸、丁酸等，需要依靠发酵性微生物首先将糖类或复杂有机物转化为微生物所需的小分子有机酸才可利用，这使得其在底物利用方面受到了一定的限制。而利用初级代谢物进行电子传递的产电菌虽然有较大的底物利用空间，同时也能获得相对较大的电流和功率密度，但是库仑效率普遍较低。因此，我们还不能说哪一种传递方式是最好的，这有待于我们进一步从产电机理、影响产电的阳极特性等方面进行综合分析。

吩嗪可由 γ 变形细菌 *Pseudomonas sp.* 产生，不仅有抗真菌特性，这种来自自然界土壤微生物中的抗生素还有助于细胞间信号传递和维持氧化还原动态平衡。从根系部位分离到的 *Pseudomonas chlororaphis PCLl*391 可以降解弱结晶态铁和锰的氧化物，同时产生吩嗪－1－草酰胺（PCN）。每个 PCN 分子在它的生命周期中都会经历许多个电子传递循环（Hernandez et al.，2004）。丧失铁还原能力的 *P. chlororaphis* 突变体，会在加入 PCN 后恢复其铁还原能力。*P. aeruginosa* 可产生许多种吩嗪，其中以绿脓菌素最为典型。在接种厌氧产甲烷污泥的双极室 MFC 中，绿脓菌素可促进电极还原并提高产电效率。之后的研究发现，在接种 *Pseudomonasaeruginosa KRPl* 的 MFC 中，PCN 和绿脓菌素都能使胞外电子传递至电极。

有实验证实，黄素是 *Shewanella sp.* 体内主要的内源氧化还原穿梭体。很多 *Shewanella* 细菌能利用 FMN 和核素来介导不溶性三价铁氧化物还原。Marsili 等也确证了黄素为可溶性氧化还原介体将胞外电子传递至处于氧化电势的电极。

Nortemann 等曾讨论在胞外萘磺酸盐降解中由 *Pseudomonas sp. BN*6 微生物分泌的醌－氢醌（quinine－hydroquinone）氧化还原电对的重要性。另外一项研究中，发现嗜酸菌 *Geothrixfermentans* 可以产生促进胞外铁还原的介体，并发现这种介体是水溶性的醌。

Shewanella algae BrY 产生的胞外黑色素在氧化 H_2 的过程中可充当氧化还原介体使 Fe(Ⅲ)还原,但因为其化学结构复杂性导致了其作为氧化还原介体的不确定性。随后的研究发现,这种由微生物产生的黑色素与细菌的生物膜是联结在一起的,如将其分开去除会导致还原速率的大大降低。

6.4.3　其他内源性氧化还原介体

在其他内源性氧化还原介体中,有研究发现非电活性细菌 *Escherichiacoli* 在厌氧条件下,并以葡萄糖为底物的双室连续流 MFC 中可分泌三种不同的极性氧化还原介体。除此之外,一些未确定的内源性氧化还原介体也被研究者发现,并在进一步研究当中,如近年来发现的富集光合细菌可产生一种或多种的氧化还原介体。这些介体的鉴定还在进一步的研究当中。另外,在嗜热菌 *Pyrobaculum aerophilum* 中也发现了一种未被鉴定的可促进胞外铁还原的氧化还原介体。

6.5　溶解性氧化还原介体的鉴定方法

有关氧化还原介体的研究发现,在活体细菌中,氧化还原介体的浓度偏低,且培养基化学性质复杂,若是在废水中培养混菌,复杂性更为严重,这种情况下甚至会在同一菌株中产生多种胞外电子传递途径。这些问题的存在,使得能够明确鉴定出来的氧化还原介体不多,不能明确鉴定出来的氧化还原介体只能通过实验现象和相关数据来进行分析鉴定。鉴定氧化还原中介体需要建立一套有效可用的方法,这里我们介绍一下溶解性氧化还原介体的基本鉴定方法和相关的鉴定条件。

6.5.1　恒电位仪控制的电化学电池

利用恒电位仪控制的电化学电池可以很好地控制工作电极电位,从而能够很好地分析电子传递过程,并明确鉴定氧化还原介体。

6.5.2　环境条件

鉴定过程中的理想电极应置于氧化条件下,并且高于限制电位,电位不得过高,过高会使细胞膜绷紧,并且使细胞成分发生不可逆的氧化反应。

6.5.3　序批式实验

由于通常情况下的氧化还原介体浓度偏小,大约在微克级到亚微克级之间,我们需要有效增加氧化还原介体的浓度,使其积累到一定浓度后再进行实验,为此,我们选择了长周期的序批式实验。

6.5.4　培养基配方

在培养微生物的时候,对于生长基质的选择需要注意的是,一些基质具有电活性成分,比如高浓度金属、维生素等,这些基质还可以充当氧化还原介体,在实验过程中会干扰实验结果,造成假阳性现象,有效去除这些物质,可以避免这种问题的发生。

6.5.5 电化学方法

在分析鉴定氧化还原介体的实验中,伏安法是普遍采用的电化学方法,它的高灵敏度使得在测定氧化还原介体的实验中存在一定的优势。扫描速率分析、膜放电速率的测定和阻抗光谱的分析可用来很好地研究电子转移机制。扫描速率分析可以用来计算电子传递过程中的热力学和动力学参数。阻抗光谱可以考察生物膜的生长状况及其在有或无内源氧化还原介体时的阻抗。

6.5.6 介体转化

在鉴定是否有溶解性氧化还原介体存在的实验中,我们需要先判断电子传递是因为溶解性氧化还原介体还是膜关联化合物。在此之前,实验前需要保证实验处于恒定氧化还原电位的电池中,且电子传递速率达到稳定值。可以利用更换培养基的方法来鉴定溶解性氧化还原介体的存在,如果存在,则电子传递速率将大大下降。

6.5.7 介体的化学结构

对于氧化还原介体的化学结构的鉴定,电化学的方法是不能够准确鉴定的,还需要一些更加可靠的实验鉴定,如分光光度计、高效液相色谱等。

6.6 溶解性氧化还原介体穿梭的影响作用

在有关氧化还原介体的研究中,发现一些非活性细菌在稳定期或其他的生长阶段,在缺乏溶解性电子受体的情况下,能够产生并分泌氧化还原穿梭化合物,表明基于可溶性氧化还原穿梭化合物的金属/电极还原途径是很普遍的一种保存能量的方法,而且可能许多其他微生物也具有类似的电子传递链。为了接触电极或者氧化态金属颗粒,细胞需要产生一种分子,并在短时间内将其排出体外。因此,我们希望大部分的细菌能够利用膜束缚性电子传递物质。同样,我们发现在适宜的电化学电位下,缺少可溶性电子受体的电活性菌能够过量产生氧化还原活性物质。电极上的电活性细菌可以将氧化还原穿梭体成层堆砌,这种方法有效减少了氧化还原介体的流失。所以,可以认为内源氧化还原介体的产生是电活性微生物群落形成的一种适宜策略。

在微生物燃料电池中,氧化还原介体的产生影响着电流的产生,利用能够产生可溶性氧化还原穿梭体的细菌接种的微生物燃料电池对环境的影响很小且电压低。多种产生氧化还原穿梭体的细菌可使其他非电活性菌传递电子至电极,从而提高输出功率。对于种间电子传递的连续流微生物燃料电池来讲,为了能够获得最大的输出功率,需要利用高浓度底物和较长的停留期,使内源氧化还原介体在阳极室积累,直到它成为非限制性因素。正是由于氧化还原穿梭的非特异性,与直接电子传递的微生物燃料电池相比,溶解性氧化还原穿梭作用的微生物燃料电池能够降解多种底物并将其转化为电能。

第7章　生物电化学系统的电化学分析方法

生物电化学系统的电化学分析方法主要有三种:循环伏安法、塔菲尔曲线和电化学交流阻抗图谱。本章将对这几种方法进行系统的研究。

7.1　循环伏安法

循环伏安法(Cyclic Voltammetry)是一种常用的电化学研究方法。循环伏安法能够控制电极电势以不同的速率,并随时间以三角波形一次或多次反复扫描,这里的电势范围是通过一定途径得到的,首先得使电极上能够交替发生不同的还原和氧化反应,同时记录电流-电势曲线。根据得到的曲线形状可以判断电极上的反应特征,包括可逆程度,中间体、新相形成的可能性,以及耦联化学反应的性质等。常用来测量电极反应参数,判断其控制步骤和反应机理,并观察整个电势扫描范围内可发生哪些反应,及其性质如何。

循环伏安法的基本原理是以等腰三角形的脉冲电压加在工作电极上,得到的电流电压曲线包括两个分支,如果前半部分电位向阴极方向扫描,电活性物质在电极上还原,产生还原波,那么后半部分电位向阳极方向扫描时,还原产物又会重新在电极上氧化,产生氧化波。因此,一次三角波扫描,完成一个还原和氧化过程的循环,故该法称为循环伏安法,其电流-电压曲线称为循环伏安图。如果电活性物质可逆性差,则氧化波与还原波的高度就不同,对称性也较差。循环伏安法中电压扫描速度可从每秒数毫伏到1 V。工作电极可用悬汞电极,或铂、玻碳、石墨等固体电极。

利用伏安法从细菌中提取特定信息成为一个新兴的研究领域,之后又利用该方法揭示了电极上的酶催化作用。循环伏安法的基本原理为在一定的工作电压下施以等腰三角形的脉冲电压,在得到的电流-电压曲线包括的两个分支中,如果前半部分电位向阴极方向扫描,电活性物质在电极上还原,产生还原波,那么后半部分电位向阳极方向扫描时,还原产物又会重新在电极上氧化,产生氧化波。因此,一次三角波扫描,完成一个还原和氧化过程的循环。

循环伏安法应用有很多,主要可用于电极反应的性质、机理和电极过程动力学参数的研究。但该法很少用于定量分析。

(1)电极可逆性的判断。循环伏安法中电压的扫描过程包括阴极与阳极两个方向,因此,从所得的循环伏安法图的氧化波和还原波的峰高和对称性中可判断电活性物质在电极表面反应的可逆程度。若反应是可逆的,则曲线上下对称,若反应不可逆,则曲线上下不对称。

(2)电极反应机理的判断。循环伏安法还可研究电极吸附现象、电化学反应产物、电化学-化学耦联反应等,对于有机物、金属有机化合物及生物质的氧化还原机理研究很有用。

7.1.1 周转和非周转伏安实验

在伏安法分析电子传递时,应考虑到周转和非周转伏安实验,在周转条件下,细胞获得电子供体,产生的电流随着电极电势的变化而变化。通常在实验中,电势变化速率很慢,扫描速率范围一般在 1 ~10 mV/s 之间,以至于在每个应用电势下,路径里所有参与的蛋白质都被多次的氧化和还原;在非周转条件下,细胞首先会失去所有的电子供体,然后会通过改变电极电势的方式来推动电子进出细胞,每一个氧化还原中心接近电极最多会引发一次单一的氧化或还原过程。

扩散能够显著影响伏安法,因此含有电化学和细菌的任何一个装置都希望可以尽可能地拥有一致的环境。启动实验的关键因素是与实验应用的技术相关的。由于慢的电势变化步骤减小了充电电流,慢扫描速率的线性扫描伏安法是相对宽容的。利用脉冲方法或利用交流阻抗图谱可以获得更快的扫描速率,实验可利用一个三电极的组合,保证实验中的所有连接都是健全的,且电极彼此间相接近,工作电极的表面一致。

7.2 塔菲尔曲线

1905 年,Julius Tafel 在研究电活性生物到电极表面电子传递的问题时确定了由电极产生的电流密度 i 和电极操作条件下过电势之间的关系:

$$\eta = a + b\lg i$$

式中,a 和 b 是电极系统的特征常数(Kordesch,1981)。在循环过程中,利用负载下(E)和没有负载下(如在平衡点 $E^{0\prime}$)的电势间的差可定义过电势:

$$\eta = E - E^{0\prime}$$

将电流密度和电极操作条件下过电势间的关系式以半对数绘图,得到一条直线,它表示为了达到一定的电流需要改变电极电势的程度。通过电流密度的对数与过电势作图称为 Tafel 图(塔菲尔图),其中获得的直线称为 Tafel 直线(塔菲尔直线)。

对于较简单的电子传递过程可以应用塔菲尔曲线来分析,利用其线性部分来计算出电化学过程中传递的电子数量,并通过将线性部分延长至与 η 轴相交的方式得到交换电流密度 i。交换电流密度表示的是从平衡状态开始系统产电的能力。因为塔菲尔图有定义明确的化学计量关系,所以常利用塔菲尔图来分析不太复杂的电活性过程。

塔菲尔图常用于分析评估燃料电池性能。稳态的塔菲尔图能够评估在甲醇或氢基燃料电池中各种各样电极的电催化活性,对于甲醇燃料电池的双重或三重 Pt、Ru 和 Sn 合金催化剂的甲醇氧化反应机制、速率控制步骤变化的揭示,以及不同催化剂活化能的比较等都可用塔菲尔图来分析,它还可在完全的甲醇燃料电池操作条件过程中,评估阳极和阴极的性能。除了评估燃料电池性能,塔菲尔图还可用来监测氧气还原反应动力学。如在冰点以下的聚合物电解质膜(PEM)燃料电池中观察氧气还原、在疏水性阴极的浓碱溶液中研究氧气放电机制和氢气 - 空气间质子交换膜燃料电池的持久能力测试。

在研究微生物燃料电池性能方面,塔菲尔曲线是很常用的分析方法。利用塔菲尔图可以比较不同平衡电势微生物的电活性、阳极不同材料的抗腐蚀性,分析阳极电荷转移过程等。Lowy 等曾利用塔菲尔曲线对用微生物氧化剂修饰过的石墨电极和未修饰过的石墨电极进行比较,之后在其他实验中,研究了电荷传递催化剂,研究发现,在深海微生物燃料电池中,硫化物是阳极电子传递过程涉及的主要无机物,它可以快速再生以高效产电。之后,Karayannis 及其同事研究发现,这种硫化物是五价锑复合物。当使用五价锑复合物修饰阳极材料时,电极的动力学活性是未经修饰的电极的1.9倍,用此复合物修饰的碳糊电极与为经修饰过的电极相比,最大电流提高了4.2倍。如图7.1所示。

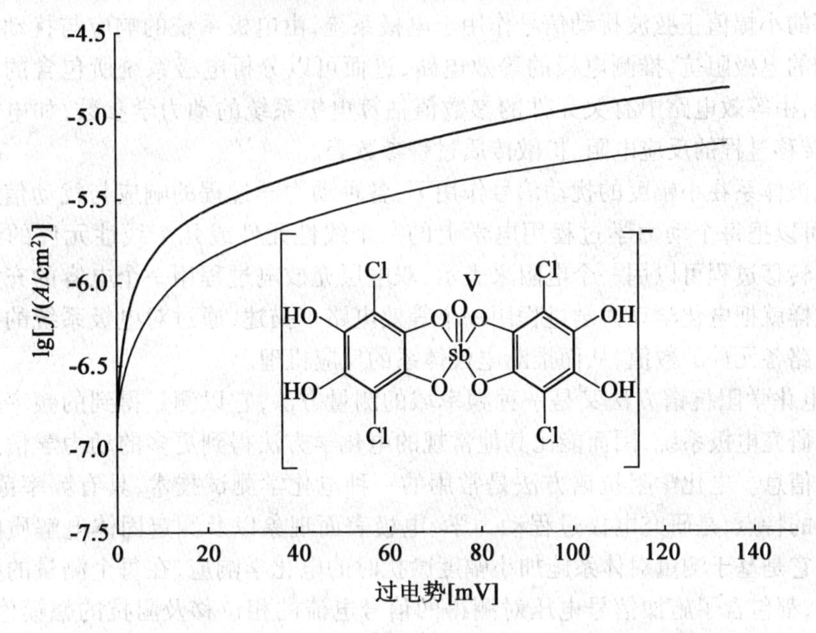

图7.1　装有碳糊电极的燃料电池的塔菲尔曲线

图中比较了两种电极,黑色为经Sb(V)复合物修饰过的电极;灰色则为未修饰过的电极。实验扫描速率为0.1 mV/s,图中的结构式为复合物Sb(V)。

另外,利用塔菲尔曲线还可以比较微生物的电荷传递速率,并以此辨别是否有活的微生物群落存在,曾有研究比较过在乙酸盐存在的条件下,利用11-巯基十一酸修饰过的金电极作为工作电极与野生 *Geobacter sulfurreducens* 活体群落的两条重叠的塔菲尔曲线,还有死体 *Geobacter sulfurreducens* 的曲线,发现了三种曲线分别表现了不同微生物的行为,且当系统中加入营养物质时,会明显地促进微生物的电子传递。

7.3　电化学交流阻抗图谱

7.3.1　简介

电化学交流阻抗图谱(Electrochemical Impedance Spectroscopy,EIS)是电化学测试技术中一种十分重要的方法,是研究电极过程动力学和表面现象的重要手段。阻抗测量原本是电学中研究线性电路网络频率响应特性的一种方法,引用到研究电极过程,成了电化学研究中的一种实验方法。最早提出这种技术的是 Epelboin 及其同事在研究腐蚀和防腐蚀情况时曾利用了“ac(alternating current,交流电)阻抗技术”来评价。之后,Mansfeld 和 Kendig

首次在一篇题目为《保护涂层电化学阻抗图谱》的文章中使用了"电化学阻抗图谱"这个词(Mansfeld, Kendig,1985)。

交流阻抗法是一种以小振幅的正弦波电位为扰动信号的电化学测量方法。由于以小振幅的电信号对体系扰动,一方面可以避免对体系产生大的影响,另一方面也使得扰动与体系的响应之间近似呈线性关系,这就使测量结果的数学处理变得简单。交流阻抗法就是以不同频率的小幅值正弦波扰动信号作用于电极系统,由电极系统的响应与扰动信号之间的关系得到的电极阻抗,推测电极的等效电路,进而可以分析电极系统所包含的动力学过程及其机理,由等效电路中有关元件的参数值估算电极系统的动力学参数,如电极双电层电容、电荷转移过程的反应电阻、扩散传质过程参数等。

一个电极体系在小幅度的扰动信号作用下,各种动力学过程的响应与扰动信号之间呈线形关系,可以把每个动力学过程用电学上的一个线性元件或几个线性元件的组合来表示。如电荷转移过程可以用一个电阻来表示,双电层充放电过程用一个电容的充放电过程来表示。这样就把电化学动力学过程用一个等效电路来描述,通过对电极系统的扰动响应求得等效电路各元件的数值,从而推断电极体系的反应机理。

另外,电化学阻抗谱方法又是一种频率域的测量方法,它以测量得到的频率范围很宽的阻抗谱来研究电极系统,因而能比其他常规的电化学方法得到更多的动力学信息及电极界面结构的信息。电化学阻抗谱方法是常用的一种电化学测试技术,具有频率范围广、对体系扰动小的特点,是研究电极过程动力学、电极表面现象以及测定固体电解质电导率的重要工具。它是基于测量对体系施加小幅度微扰时的电化学响应,在每个测量的频率点的原始数据中,都包含了施加信号电压对测得的信号电流的相位移及阻抗的幅模值,从这些数据可以计算出电化学响应的实部与虚部。阻抗谱中涉及的参数有阻抗幅模、阻抗实部、阻抗虚部、相位移、频率等变量,同时还可以计算出导纳和电容的实部与虚部,因而阻抗谱可以通过多种方式表示,每一种方式都有其典型的特征,根据实验的需要和具体体系,可以选择不同的图谱形式进行数据解析。

7.3.2　实验仪器和方法

一个电化学系统的动态行分析仪器包括一个频率响应分析仪(Frequency Response Analyzer,FRA)、频谱分析仪(Spectrum Analyzer)和用来收集和分析实验阻抗数据的,并与电化学池和计算机系统接触的数字调节仪(Digital Regulation DeVice)联用的网络分析仪(Network Analyzer)。恒电位仪与所有进行 EIS 实验的关键部件的连接是收集和分析阻抗数据的实验软件和硬件开发的巨大进步。

利用阻抗仪测量流程如图 7.2 所示,一个两电极或者三电极电池可以用来测量阻抗图谱。从图中可以看出,恒电位仪与频率响应分析仪相连,计算机与恒电位仪相连,前者是可以方便测得不同频率的交流电信号,后者则便于收集数据并作出图谱。现代的电化学阻抗仪可以测量的阻抗数据的频率范围可以延伸到从 1 MHz 到低于 1 mHz。

对两极的电化学阻抗图谱的测量通常在电极对应的开路电势下进行。测量阳极阻抗图谱时,恒电位仪的工作电极线连接到阳极,对电极线连接到阴极。参比电极线连接到安放在同一个极室内的工作参比电极上,作为工作电极用。测量电池的阻抗图谱时,工作电极线应该与一个电极相连,而对电极和参比电极则与另外一个电极相连。

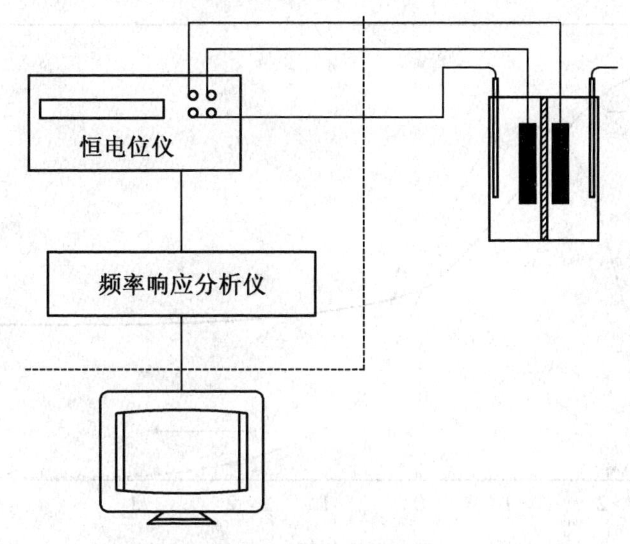

图 7.2　电化学阻抗测量仪器流程图

7.3.3　EIS 数据的显示和分析

有关 EIS 数据的显示,可以通过作图的方法表示测量得到的阻抗值 $Z(j\omega)$。系统的阻抗 Z 可表示为 $Z = Z' + jZ''$。其中 Z' 和 Z'' 依次是复数 Z 的实部和虚部。在作图时,可选用多种作图方法显示,大多使用复平面图和波特图,复平面图的虚轴负半轴对应的阻抗值是针对实部阻抗数据的;波特图中的阻抗模 $|Z|$ 的对数和相位角是针对应用交流电信号频率的对数。两种作图方法的图示可由图 7.3 表示。

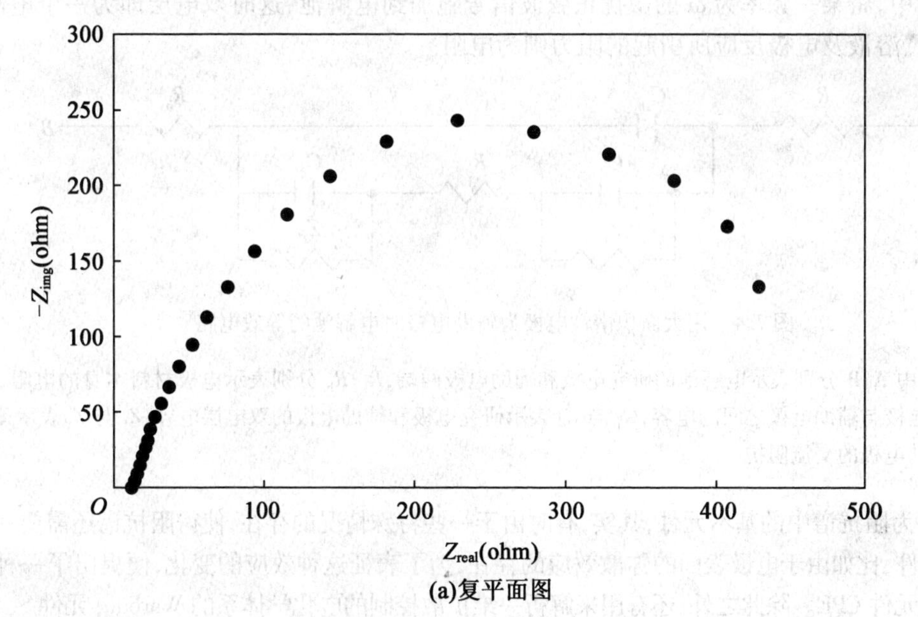

(a)复平面图

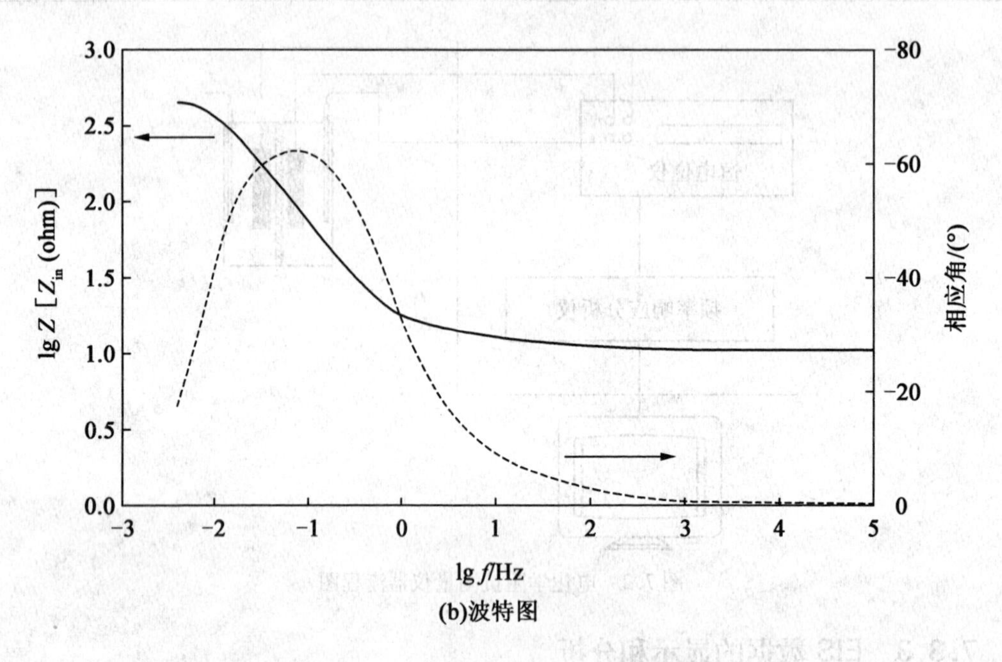

(b)波特图

图 7.3　空气阴极 MFC 中阳极的阻抗图谱

为了从测量得到的阻抗图谱中获得更多的电化学参数，我们会将数据拟合。等效电路（Equivalent Circuit，EC）交流阻抗谱的解析一般是通过等效电路来进行的，其中基本的元件包括：纯电阻 R，纯电容 C，阻抗值为 $1/j\omega C$，纯电感 L，其阻抗值为 $j\omega L$。这些元件是以串联和/或并联形式连接的，每个电元件都代表特定的电化学过程或者系统的某个特定属性。实际测量中，将某一频率为 ω 的微扰正弦波信号施加到电解池，这时双电层即为一个电容，电极本身、溶液及电极反应所引起的阻力则为电阻。

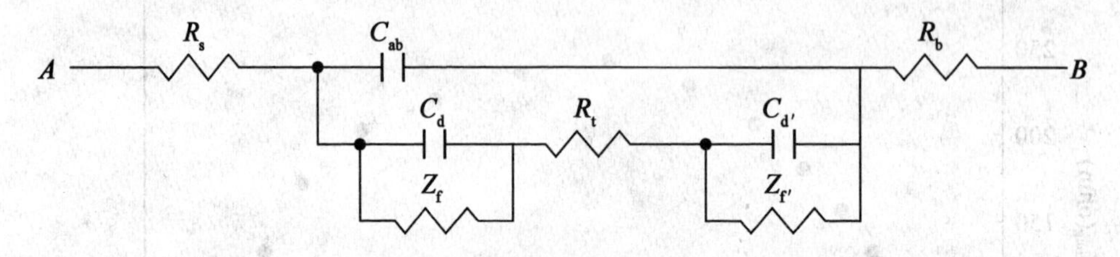

图 7.4　用大面积惰性电极为辅助电极时电解池的等效电路

注：图中 A、B 分别表示电解池的研究电极和辅助电极两端，R_s、R_b 分别表示电极材料本身的电阻，C_{ab} 表示研究电极与辅助电极之间的电容，C_d 与 $C_{d'}$ 表示研究电极和辅助电极的双电层电容，Z_f 与 $Z_{f'}$ 表示研究电极与辅助电极的交流阻抗

以上为阻抗谱中的基本元件，其实，有时由于一些特殊情况的存在，使得阻抗谱还需要一些特殊的元件，比如由于电极表面的弥散效应的存在，为了表征这种效应的变化，便提出了一种新的电化学元件 CPE。除此之外，还有用来解析一维扩散控制的电化学体系的 Warburg 元件。

如果将以上阳极的电荷传递反应阻抗图用等效电路来表示的话，可以以等效电路的形式定义元件，即 R_s 为溶液电阻（全部欧姆电阻），R_p 为电极的极化电阻（与电流密度呈反比），C 为电极电容。由此可表示

$$Z(j\omega) = R_s + R_p/(1 + j\omega CR_p)$$

$$实部\ Z' = R_s + R_p/(1 + \omega CR_p)^2$$

$$虚部\ Z'' = \omega C\ R_p^2/[1 + (\omega CR_p)^2]$$

上式整理后就可得到

$$(Z' - R_s - R_p/2)^2 + (Z'') = (R_p/2)^2$$

可以将表示复平面图中的半圆表示为等效电路图(图7.5)：

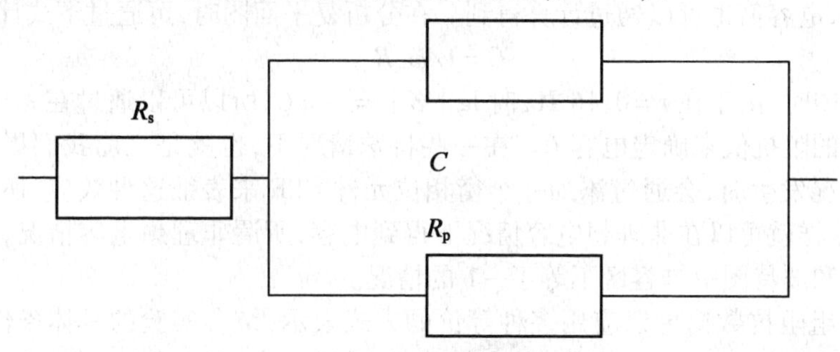

图7.5　阳极等效电路图(MFC)
R_s—溶液电阻；R_p—极化电阻；C—电容

其实，对阻抗的解析是一个十分复杂的过程，相对一种体系，可以选择多个等效电路来拟合同一个阻抗图，但电路是否符合实际情况是测量时的关键性问题。实验中常见的阻抗图谱有很多种，根据不同情况，可分很多种，主要包括吸附型缓蚀剂体系图、涂层下的金属电极阻抗图、局部腐蚀的电极阻抗图等。下面简单介绍一下吸附型缓蚀剂体系图。

如果缓蚀剂不参与电极反应，不产生吸附络合物等中间产物，则它的阻抗图仅有一个时间常数，表现为变形的单容抗弧，这是由于缓蚀剂在表面的吸附会使弥散效应增大，同时也使双电层电容值下降，其阻抗图及其等效电路如图7.6所示。

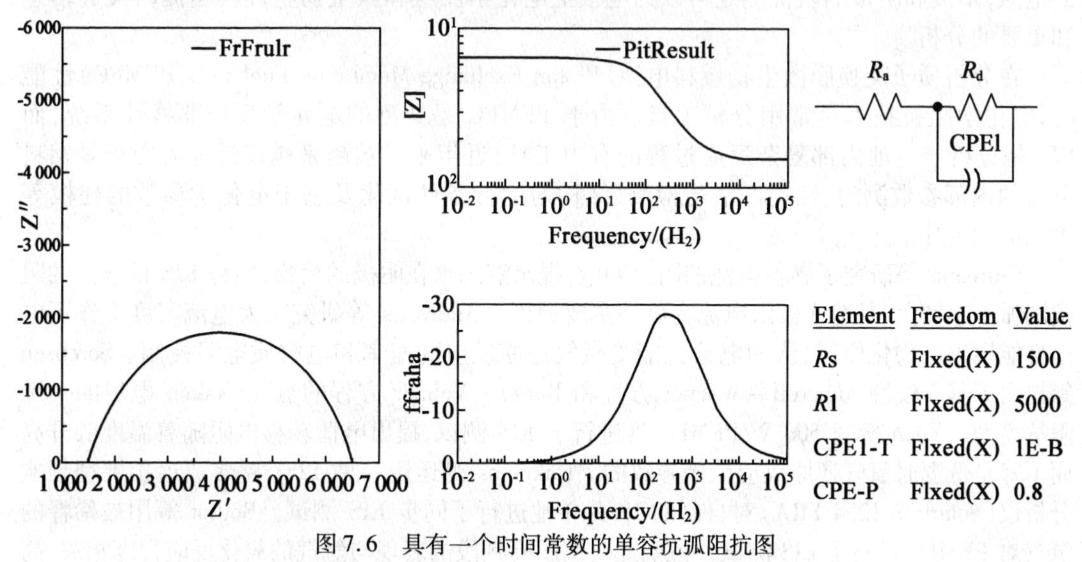

图7.6　具有一个时间常数的单容抗弧阻抗图

7.3.4　利用阻抗图谱测定关键电化学参数

在利用等效电路分析电化学系统或电极时，需要计算并分析一些关键的电化学参数，这些参数有的在阻抗图中就可以找到。通常将实验得到的阻抗数据拟合成合适的等效电路是用阻抗分析的专业软件来完成的。复平面图中常常伴有高频和低频与实轴的相交处，这两点分别代表溶液电阻 R_s 和溶液电阻与计划电阻的总和 R_s+R_p，在高频与实轴截距处的实部 Z' 与虚部 Z'' 分别为 R_s 和 0；而低频与实轴截距处则为 R_s+R_p 和 0。溶液电阻 R_s 和计划电阻 R_p 可通过分析波特图得到，即可以通过得到频率 ω 趋于 0 时的阻抗 Z 的临界值计算高频和低频与实轴相交点，之后便可以确定溶液电阻 R_s 和计划电阻值 R_p。

除此之外，电容值也可以通过计算得到。在分析复平面图时，可通过下式计算电容：

$$C=1/\omega_m R_p$$

分析波特图时，由于在 $f=0.16$ Hz 时 $\lg|Z|=-\lg C$，所以可以通过在 $\omega=1r/s(f=0.16$ Hz$)$ 处得到的阻抗值来确定电容 C。在一些特殊情况下，也就是之前我们提到过的弥散效应等特殊情况发生时，会通过添加一个衡相位元件 CPE 来表征这种效应，还可以将 CPE 转化成电容，这样就可以在非理想电容情况下得到电容，所谓非理想电容情况，也就是复平面图中半圆形和波特图中电容区不等于 -1 的情况。

其实同一组阻抗数据可以应用多种等价的方式表示，结合实验的具体条件，选择合适的表示方法能够方便地得到电路的元件参数数值，并进一步说明反应机理。特别是在有些实验条件下，一种图形不完整，这时选用其他形式的图，有利于对研究体系作出准确判断。另外，根据不同表示方法得到的参数数值可以相互验证。除了上面介绍的交流阻抗谱的表示形式外，还可以应用电容幅模和电容的实部（或虚部）对频率的对数的图等其他形式，应用不同类型的谱图进行分析比较，有时能够更准确地对研究体系作出判断和更方便地解析元件参数数值。

7.3.5　微生物燃料电池研究中电化学阻抗图谱的应用

电化学交流阻抗技术 EIS 已经被用于微生物燃料电池的研究，不仅可以测量燃料电池的电阻，阳极和阴极的阻抗测定可以为电极上电化学反应和微生物生理代谢提供关键信息和重要的分析。

在分析质子交换膜微生物燃料电池（Proton Exchange Membrane Fuel Cell，PEMFC）性能时，电化学阻抗技术是常用分析工具。由于 PEMFC 是典型的电化学反应非线性系统，而 EIS 是分析该电池内部复杂反应过程的有力工具，近年来已被越来越广泛地应用于对燃料电池的内部参数测定、性能评估与检测、结构与运行条件优化及基于电化学参数的建模等方面的研究中。

Ciureanu 等研究了燃料电池的阻抗响应，提出液态水在阴极的聚集，使得 EIS 低频谱的阻抗圆弧不断增大，是造成极限电流密度的主要原因。Andreaus 等研究了大电流密度工作下电池性能损失的物化原因，认为电池性能受氧气还原反应的速率和电解质电阻控制。Sorensen 等提出了基于线性 Maxwell - Wagner 方程和 Butler - Volmer 方程的氢气/Nafion 电极的一维阻抗模型。Yuan 等对 500 W PEMFC 堆进行了 EIS 测试，提出电荷转移电阻随着温度的升高而下降是低温时氧气还原反应较慢导致的。Hakenjos 等运用一种 1251 路多通道扩展型频响分析仪（Solartron 1254 FRA）对自制的 19 片单池进行了同步 EIS 测试。Boillot 等用被稀释的氢气对 PEMFC 进行了 EIS 测试并证明此时谱图高频段的表现与氢气的氧化反应程度相关，高频弧会随着氢气含量系数的变化而变化，等效电路拟合曲线与实测值匹配良好。在比较不同电极性能测试的实验中，有研究比较了空白的石墨片电极和附着有 Geobacter sulfurreducens 的石墨片电极的阻抗响应图谱，发现在附着有微生物的电极上，阳极极化电阻显著减小，相对的阳极电容变大，有研究人员认为，阳极极化电阻显著减小是因为电极上氧化还原过程的速率提高，而阳极电容变大是因为电极表面上出现了导电生物膜。Ouitrakul 等比较了银电极、铝电极、不锈钢电极、镍电极和碳布电极的阻抗图谱，并总结出：金属电极表面阻抗能力高，而碳布和银电极表现出较低的极化电阻 R_p。Qiao 等也对电极进行了研究，研究表明，在泡沫镍的表面镀上一层碳纳米/聚苯胺的合成材料可以降低极化电阻。

除此之外，EIS 还可以有不同的用途，比如监测电极表面生物膜的形成过程、研究实验条件对发生在 MFCs 电极表面的电化学反应的影响、分析空气阴极 MFCs 中不同的电解液 pH 值条件下，阳极和阴极的特性、测定 MFC 内电阻等。Ramasamy 等就曾测量过不同时间的阳极阻抗图谱，发现从第一天到三周后得到的图谱中显示极化电阻从 2.61 kΩ/cm² 降到 0.48 kΩ/cm²，由此得出生物膜可提高电化学反应速率。有实验研究过旋转阴极 MFC 的极化电阻，可使电阻从 28 Ω 增长到 65 Ω，说明旋转电极可提高溶解氧浓度，这样增加了对样机上微生物的生理代谢的负面影响。在对空气阴极 MFC 中不同的电解液 pH 值条件下的两极特性研究中，阳极极化电阻在电解液 pH 值为 7 的时候最低；而阴极极化电阻则随着电解液 pH 值上升而下降（图 7.7），这表明阳极微生物活性在 pH 为 7 时最佳，而阴极电化学反应速率在一定的 pH 值范围内，则随着 pH 值上升而提高。其实，对微生物燃料电池内阻的测定是 EIS 最早期的应用，微生物燃料电池的内电阻包含了阴阳两极的极化电阻、电极的欧姆电阻、阳极液欧姆电阻、阴极液欧姆电阻、膜欧姆电阻等电阻，它直接影响着微生物燃料电池的输出功率。EIS 可以对 MFC 的内阻的各项进行评价分析，还可以通过增大通过电池的电流来确定各种内阻值。Manohar 曾经利用 EIS 测量了分别在阳极液是缓冲液、乳酸盐；阳极液是缓冲液、乳酸盐和 *Shewanella oneidensis MR*－1 菌液；阳极装备不锈钢球堆积电极；阳极不装备不锈钢球堆积电极的 4 种条件下的同一个微生物燃料电池的内阻值。研究发现，在第二种条件下，也就是加入 *MR*－1 菌液的情况下，相比第一种实验条件，可大大降低电池内电阻。不锈钢球的加入由于提高了阳极面积，使得电池内电阻也大幅度降低。

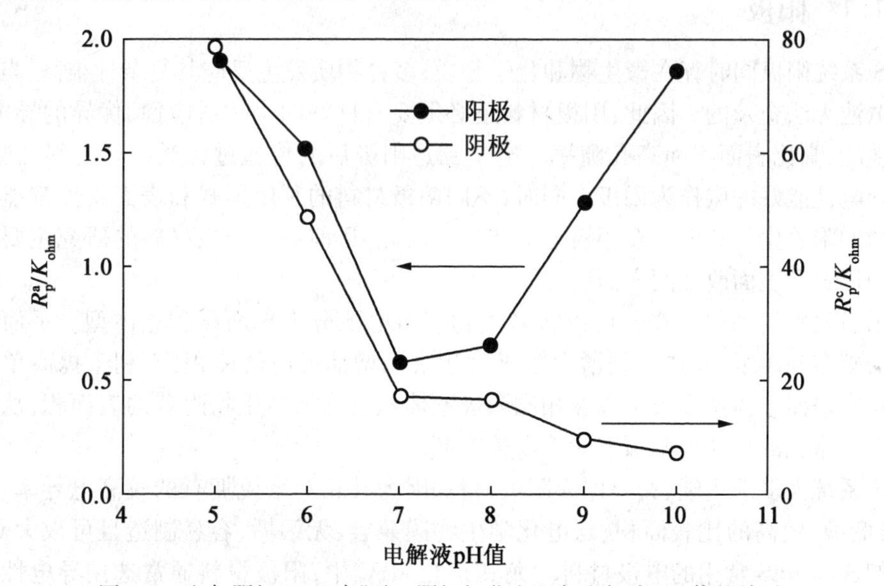

图 7.7　空气阴极 MFC 中阳极、阴极极化电阻与电解液 pH 值的关系

第8章 影响 BES 性能的技术因素

近几年,有关 BES 的实验越来越多,规模也越来越大,用于实验室规模的 BES 可产生的电流密度已经超过 10 A/m^2,除了生物产电,BES 还可应用于处理废水、废液、生物制氢、生物传感器等多种应用途径,是新型能源技术的代表。为了能够使 BES 拥有更好和更大规模的应用效果,目前研究人员正致力于这方面的研究。但是到目前为止,在体积扩大到 1 L 以上的规模上还没有一项设计能够取得令人满意的运行效果,因为这种大规模的反应仪器常常伴有漏水、电极堵塞、膜损伤和短路的问题。尤其像 MFC 这种反应系统,除了上述问题外,还会因为成本高、输出功率密度低等问题导致很难达到理想的应用效果。导致这些问题的原因有很多,我们主要从材料选择、内部设计、实验条件、实验设计及应对措施等角度入手,分析影响 BES 性能的技术因素。

8.1 材料选择的限制因素

BES 系统的复杂性,导致了其成本高、效率低的不利因素的产生,尤其是要想 BES 达到合理的有机物转化率,需要很多内部构件,比如电极和膜,这些材料会增加实验成本,为了避免这些困扰,我们需要确保所用的材料和设施造价不高且可放大的同时又能得到最大的电能和较理想的处理效果。

8.1.1 阳极

BES 系统阳极同时存在微生物和化学物质,多种物质发生反应其复杂性很高,自然是化学燃料电池无法企及的。因此,阳极材料还必须要有良好的生物适应性、优异的导电性能、抗腐蚀性能、高比表面积和高孔隙率。电子到达阳极后的传递过程受阳极材料的影响,一般多用导电性能好的碳作为阳极。同时,不同阳极材料的利用形式和表面特性都能影响产电微生物的附着生长和电子在阳极上的传递。因此,目前关于阳极材料的研究主要集中在阳极利用形式和表面改性两方面。

从阳极材料的利用形式上可以将微生物燃料电池分为平面型和立体型。平面型阳极材质多为碳布和碳纸,其缺点是增大阳极面积必须增加反应器体积,不利于提高单位体积的产电功率。而立体型阳极可以在相同阳极室体积下增加微生物附着的表面积,从而增大产电密度。常见的立体型阳极多为石墨棒、碳毡。

BES 系统大多选用碳、石墨作为阳极材料,因为其相对来说拥有的较高电导率、无腐蚀性、价格低廉、较高的比表面积、与电化学生物膜兼容、无污垢、容易制造且可放大等特点,使得它们成为 BES 常用的电极材料。尤其是在 MFC 中,阳极材料通常选用导电性能较好的石墨、碳布和碳纸等材料,其中为提高电极与微生物之间的传递效率,有些材料经过了改性。有研究表明,在阳极,采用柱型石墨电极较石墨盘片电极产生的电压高出 2 倍。石墨作为 BES 系统的电极材料虽然具有很高的优势,但与金属相比,石墨的电阻较大,导致其电导率不高,尤其是在实验设备放大的情况下,这种问题更加明显,不仅无法达到较理想的电导效率,还会带来较大的电化学损失。

已有实验证实立体型阳极在提高单位体积产电功率方面的优势。Rabaey 等利用直径为 1.5 ~5 mm 的石墨粒作为阳极,在连续运行时得到了 90 W/m^3 的最大输出功率。梁鹏等以碳毡简单填充于平面型 MFC 中,其最大产电功率密度比填充前提高约 28%,最大产电功率密度为 37.6 W/m^3,而经处理后的烧结碳毡填料型 MFC 最大产电功率密度可达 60.7 W/m^3,其产电能力远高于平面型 MFC。Logan 等将阳极制成以耐腐蚀金属为轴心由碳纤维捆成的碳刷形式,在有效增大阳极比表面积的同时可以避免膜污染带来的损坏,将其应用于空气型阴极反应器中产电密度最高可达 73 W/m^3,而以碳布为阳极的相同结构反应器最大功率密度仅为 29 W/m^3。

在阳极材料表面改性的研究中,Cheng 等利用经氨气处理过的碳布作为阳极应用于空气型阴极反应器中,不但使反应器的启动期由原来的 150 h 提前到 60 h,而且最大输出功率密度由 1 640 W/m^2 增加到 1 970 W/m^2,这是由于碳布经氨气处理后在其表面形成了含氮官能团,从而增加了碳布表面正电荷,表面正电荷的增加有利于产电微生物在阳极表面的附着,同时提高电子由微生物到电极的传递效率。Yan 等将碳纳米管和聚苯胺黏合在一起作为阳极材料,不仅增加了电极的表面积,而且降低了阳极表面的初始电势,增强了电子的转移能力。Kim 等将铁氧化物涂抹于阳极上,电池的输出功率由 8 mW/m^2 增加到 30 mW/m^2,主要原因是金属氧化物强化了金属还原菌在阳极的富集,从而提高了产电能力。

除了这些常用的阳极材料,一些具有高导电性的阳极新式材料在 MFC 系统将来的应用有很大的意义。网状玻璃碳表面积大,可提高微生物的附着量,用作阳极。网状玻璃碳是通过碳化含合成树脂和发泡剂的聚合体得到的重要材料。因其卓越的物理结构和突出的高机械抗力、多孔性、生物适应性和相对高的导电性而广为人知。但因其价格较高而无法广泛推广,如果价格再合适就可以推广。导电高聚物也是一种新式的材料。它的发展前景很可观。我们把具有良好导电性、稳定性和生相容性的聚吡咯视为最新的所有导电聚合物研究中一个最具吸引力的材料。理论和实践已经证明,提高 MFC 阳极的比表面积可以提高电池的工作效率。不久前 Niessen 等采用氟化聚苯胺作为阳极材料,氟化聚苯胺的使用,大大提高了电池的功率密度和电池效率。他们的研究解决了催化剂中毒的问题,改善了催化效果。导电高聚物的应用前景很可观,具体投入到应用中还需要进一步研究。导电高聚物和纳米材料有很好的孔隙结构,比表面积,脆度高等特点,具备了制作电极的诸多优势,在电极材料方面的发展是很有前途的。导电高聚物可用作雷达吸波材料、电磁屏蔽材料、抗静电材料等。复合材料的性能好,所以在研究中受到青睐。可以通过修饰加以改善某些性质。它们的导电性能都很好,但有关报道称,碳纳米管具有化学毒性,可能导致抑制细胞增殖和细胞死亡,可通过修饰降低对细胞的毒性,有关碳纳米管的研究还需进一步观察。有关碳材料的各种金属和金属涂层在 MFC 中的应用研究有很多,但尚不完善。在碳布的表面上附着铁的各种氧化物,可改善细菌的繁殖速率和代谢速率,不过没有提高最大功率。并且此种电极用于双室 MFC 中时,由于内阻较高,产电效果并不理想,不具有可操作性和可推广性。

8.1.2 膜

BES系统通常会利用质子交换膜来进行实验，理想的质子交换膜（PEM）应该在具有良好的质子传递功能的同时，能够很好地防止其他物质，尤其是氧气的扩散。

用于化工分离、污水处理和水质净化的膜材料都可以作为MFC的分隔材料，比如质子膜、阳离子交换膜、阴离子交换膜、双极膜、微滤膜、超滤膜、多孔滤料等。这些分隔材料的理化性质各不相同，对微生物燃料电池产电和长期稳定运行的影响也各异。

全氟质子交换膜－Nafion在BES系统中的研究中广泛应用。Nafion膜的质子传递功能优良，但对氧气的屏蔽作用不甚理想，对胺敏感，且价格昂贵。早期的MFC实验中经常用的Nation膜价格达到了1 400美元/m^2。如若使BES规模化放大仪器，那么每立方米反应器大概需要100 m^2的膜，且不说离子交换膜带来的运行上的问题，这种高成本的实验材料会给实验研究带来负担。

PEM对于维持MFC电极两端pH值的平衡、电极反应的正常进行都起到重要的作用。理想的质子交换膜应具有：①将质子高效率传递到阴极；②阻止燃料或电子受体的迁移。但通常的情况是，质子交换膜微弱的质子传递能力改变了阴阳极的pH值，从而减弱了微生物活性和电子传递能力，并且阴极质子供给的限制影响了氧气的还原反应。

质子膜和阳离子交换膜是使用最广泛的MFC分隔材料，质子膜理论上只允许质子通过，阳离子交换膜允许包括质子在内的所用阳离子通过。最早开始应用于MFC技术的质子膜是美国杜邦公司生产的Nafion膜，Nafion膜具有良好的质子扩散性能，但价格昂贵，不利于MFC技术的大规模应用，近年来人们开始用价格相对便宜的阳离子交换膜来取代质子膜。美国MI公司生产的Ultrex CMI 7000膜是使用最广泛的阳离子交换膜，与Nafion膜相比，Ul－trex CMI 7000膜价格相对比较低，且抗污染能力更强，机械强度也更大，其缺点是内阻较大。最近研究者又相继开发出Hyflon膜和Zirfon膜，并将其用在微生物燃料电池分隔材料上，研究发现，Hyflon膜的功率输出是Nafion膜的1.5～2倍，而Zirfon膜的氧传递系数（k_0）约为1.9×10^{-3} cm/s，比Nafion膜的氧传递系数（1.3×10^{-4} cm/s）略高。总体而言，阳离子交换膜具有离子交换能力较强、化学稳定性好、机械强度较大、耐腐蚀、抗生物降解的优点。阳离子膜在MFC中的作用机制如下：MFC的产电过程中，当一定量的电子在电场作用下通过外电路从阳极流入阴极时，就会有等量的阳离子从阳极经阳离子交换膜进入阴极，从而保证MFC系统中电荷的平衡。为了降低系统本身的内阻，MFC阳极基质中的金属离子浓度通常较高，一般可以达到质子浓度的10^5倍。由于阳离子交换膜对质子的非特异选择性，大量金属阳离子将取代质子扩散进入阴极，使得MFC阳极室和阴极室的pH值发生偏移，阳极pH值降低，阴极pH值升高，最终的结果是产电微生物的活性下降，输出电压和阴极电势降低，严重影响MFC的正常运行，这是阳离子交换膜作为MFC分隔材料最主要的缺陷。

除了阳离子交换膜，阴离子交换膜也可以作为MFC的分隔材料。阴离子交换膜允许带负电荷的离子（包括氢氧根离子、氯离子、硫酸根离子等）穿过，而对阳离子具有很好的阻隔作用，美国MI公司生产的Ultrex AMI 7001膜是目前使用最多的阴离子交换膜。阴离子交换膜作为分隔材料时，MFC的质子传递机制如下：在电场的作用下，每当有一定量的电子在通过外电路从阳极流入阴极时，就会有等量的负离子从阴极经阴离子交换膜进入阳极，对于整个 MFC 系统而言,电荷是守恒的。Mo 对比了阴离子交换膜和阳离子交换膜应用在单室 MFC 分隔材料上的差异,研究发现,反应器运行 70 d 以后,采用阴离子交换膜的 MFC 的功率密度仅降低了 29%,而采用阳离子交换膜的 MFC 的功率密度下降幅度高达 48%,同时,前者的阴极内阻仅增大了 67 Ω,而后者的阴极内阻增大了 123 Ω。Rozendal 考察了单室 MFC 中阴离子交换膜和阳离子交换膜对阴极 pH 值的影响,研究发现运行一段时间后,两个 MFC 的阴极 pH 值都有所升高,输出电压都有所降低,但相比阳离子膜,阴离子膜 MFC 的阴极 pH 值升高幅度和输出电压下降幅度都较小,阳离子膜和阴离子膜 MFC 的 pH 值的变化幅度分别为 6.4 和 4.4,输出电压的下降幅度分别为 0.38 V 和 0.26 V。阴离子膜的局限主要表现在阴离子膜对底物扩散的阻隔作用较弱,并且运行一段时间后膜容易发生变形。膜的形变会使得在膜与阴极之间形成空隙,从而导致膜内阻的增加。Zhang 的研究发现,阳离子膜和阴离子膜在单室空气阴极 MFC 中运行一段时间都会发生变形现象,但两种膜形变的方向不一样,阳离子膜的形变是偏向阴极的方向发生弯曲,而阴离子膜的形变是远离阴极的方向发生弯曲。

双极膜由阳离子膜和阴离子膜构成。双极膜作为 MFC 分隔材料时的离子穿透机制如下:与阳离子膜选择性地穿过阳离子、阴离子膜选择性地穿过阴离子不同,双极膜在电场的作用下中间腔体中的水发生电离,形成的阳离子和阴离子分别穿过阴离子膜和阳离子膜,进入阴极和阳极中。与阳离子膜相比,双极膜中较好地避免了质子直接进入阴极时其他阳离子和质子之间的扩散竞争,对于稳定阳极和阴极的 pH 值有一定的积极作用。目前双极膜在 MFC 中的重要应用之一是 MFC 脱盐。双极膜 MFC 还可以用作金属离子的还原。Heijne 在分别在好氧和缺氧 MFC 的阴极中实现了 Cu^{2+} 的还原,得到铜单质,MFC 系统对铜的去除效率高达 99.88%,好氧 MFC 和缺氧 MFC 的功率密度分别为 0.80 W/m^2 和 0.43 W/m^2。由于阴极室 Cu^{2+} 的还原过程需要在酸性环境中进行,而阳极室微生物分解有机物产生电子需要在中性条件,因此采用了双极膜作为分隔材料,双极膜是阴阳极 pH 值的有效分隔器,起到了维持阳极室和阴极室 pH 值稳定的作用。双极膜作为分隔材料的缺点主要表现在增加了装置的成本,使反应器结构复杂化,同时,当电流密度较大时,穿过阳离子膜的质子和穿过阴离子膜的氢氧根离子来不及扩散,会在双极膜膜面附近累积,造成膜面附近 pH 的波动和 MFC 内阻的增加。

微滤膜和超滤膜是污水生物处理系统中常见的两种过滤设备,通常被用于分离污泥或水的深度处理等方面,近年来,微滤膜和超滤膜也开始用于微生物燃料电池的分隔材料。与离子交换膜不同,微滤膜和超滤膜不仅阴阳离子能够自由穿透,而且水和其他小分子化合物也能穿透。Sun 研究了微滤膜作分隔材料时 MFC 的产电情况,研究发现,相比质子膜,采用微滤膜时 MFC 的最大功率密度增加了 2 倍,同时,相比无膜的 MFC,采用微滤膜的 MFC 的库仑效率更高。Zuo 研究发现,在超滤膜表面度上一层催化剂和导电层后,以超滤膜作为分隔材料的 MFC 获得了高达 17.7 W/m^3 的功率密度,而相同条件下以阳离子交换膜为分隔材料的 MFC 的功率密度仅为 6.6 W/m^3。微滤膜和超滤膜的缺点也与其良好的通透性有关。微滤膜和超滤膜不能很好地阻隔底物和溶解氧在室间的扩散,阴极室的溶解氧进入阳极室,造成 MFC 系统的库仑效率低下,也使阳极产电微生物的活性受到影响;阳极室的有机底物进入阴极室,导致杂菌在阴极上大量繁殖,特别是在处理复杂废水的情况下,破坏了 MFC 系统的稳定性。另外,超滤膜的内阻较大也是影响其在微生物燃料电池上应用的一个缺点。

除了以上提到的离子交换膜和微孔滤膜外，一些多孔滤料，比如多孔织布、玻璃纤维滤膜、尼龙筛网、J－Cloth 等也可以作为 MFC 的分隔材料。这些多孔滤料的孔径比微孔滤膜和离子交换膜大，对底物和溶解氧扩散的阻隔作用更弱，但质子扩散性能好，能有效地避免阳极室和阴极室 pH 值的波动，同时价格低廉，有利于 MFC 技术的推广和规模化应用。Zhang 比较了玻璃纤维滤膜、阳离子交换膜和 J－Cloth 作为分隔材料时，MFC 的产电功率、库仑效率、内阻、氧气传递系数，以及反应器长期运行的稳定性。研究发现，J－Cloth 的产电功率约为阳离子膜的 3.3 倍，厚度 1 mm 的玻璃纤维滤膜的产电功率比厚度 0.4 mm 的要高。采用玻璃纤维滤膜时 MFC 的库仑效率高达 81%，这与玻璃纤维滤膜的氧传递系数低有关。J－Cloth 作为分隔材料最大的问题是，长期运行时其表面会附着生物膜，J－Cloth 膜会被微生物降解，影响 MFC 反应器的长期稳定运行，这限制了 J－Cloth 材料在 MFC 上的应用。

质子交换膜是不可缺少的重要组件，但可否在没有质子交换膜的情况下使实验拥有很好的运行效果呢？有关在 MFC 中是否需要保留质子交换膜的问题，相关研究人员对此进行过类似的研究。Ghangrekar 等构建了一种无膜微生物燃料电池，在用于处理人工合成废水时 COD、BOD 和总凯氏氮去除率分别达到 88 %、87 % 和 50 %，同时通过缩短电极距离获得了 10.09 mW/m^2 的电流输出功率。最近的研究结果显示，对于空气阴极 MFC 来说，取消质子交换膜虽然降低了电池库仑效率，但明显提高了电池的最大输出功率。这主要是由于取消质子交换膜以后，氢离子易于进入阴极表面，降低了电池的内电阻，进而提高了电池的输出功率，但同时由于没有质子交换膜的阻拦，氧气向阳极的扩散加剧，影响到阳极室内厌氧菌的正常生长；阴极催化剂直接与污水接触，中毒加快，影响 MFC 的稳定运行。

8.1.3　阴极

早期的 BES 系统大多采用铂作为阴极材料，但由于其成本太高（3.68×10^4 美元/kg），且有时无法达到很好的应用效果，与 PEM 燃料电池和电解槽相比，铂在 BES 条件下的催化效果就不是很好。为了降低成本，提高催化活性，实验便选用了廉价的石墨作为阴极材料。

在 MFC 中，电池的功率输出与开路条件下阴阳两极电势差的平方呈正比。阳极电势基本上由微生物呼吸酶活性所确定，不同的反应系统和基质对阳极电势影响不大，通常为 －300 mV。因此为了获得最大的输出功率必须提高阴极电势。阴极电势随着阴极电解液和电极材料的选择变化很大。在阴极以含饱和氧的水作为电解液导致明显的阴极低电势。因为氧在水中的溶解性较差，而且基质传递受限，致使其在固体电极表面的还原较慢。可以通过向阴极投加铁氰化物来替代溶解氧作为更好的电子受体。实验表明，在 H 型微生物燃料电池中，使用铁氰化物型阴极比使用铂－空气型阴极产生的电流输出功率要大 1.5～1.8 倍。

阴极材料大多使用载铂碳材料，很多研究正致力于提高电极的性能。铂/石墨阴极比普通石墨电极催化效果好，极化作用小，功率密度可高达到 0.15 W/m^2，是采用普通石墨阴极的 3 倍。增加电极比表面积可以降低电流密度，从而降低电化学极化。采用穿孔铂/石墨盘片电极，电极表面微生物的覆盖率远好于采用普通铂/石墨盘片电极，使用此电极，系统从启动到达稳定状态的时间也明显缩短。这是因为穿孔电极在保障生物膜形成和菌团形成所需足够的空间的同时,使电解质在稳定状态下流动,很好地防止了含悬浮物的污水造成的堵塞。用锰生物矿化作为阴极反应剂比氧更高效,电流密度可高出 2 个数量级。此外,应用热解铁(Ⅱ)酞菁染料(FePc)和四甲基苯基卟啉钴(CoTMPP)氧化还原催化剂作为阴极材料,可完全替代 MFC 中应用的传统阴极材料。

8.2 BES 应用于污水处理时的限制因素

8.2.1 比表面积和能量效率

BES 系统是非常具有潜力的污水处理工艺技术,它主要由能产生氧化还原反应的阴、阳两极和隔膜组成。在评价 BES 系统的效能时,常用到比表面积和能量效率等评价指标,它们能够反应系统处理污水的能力和系统的产电效能。BES 在比表面积为 100 m^2/m^3 反应器容积时,电流密度为 10 A/m^2,它的处理能力可以达到 7 kg COD/(m^3 反应器容积 · d)。近年来,膜生物反应器得到了广泛的应用,膜生物反应器是将生物反应器与膜技术相结合,不仅具有生物方法环保的优点,而且膜材料可以提供较大的比表面积并作为生物降解的传质界面,大大增强了降解效果。

BESs 系统可利用来自废水中的有机物质产生能量,这虽然可以带来一定的效益,但这使 BESs 与厌氧消化产生了直接的竞争,尤其是 MFC。厌氧消化利用有机物产电的效率可达到 30% ~35%,而 MFC 的能量效率取决于库仑效率和电压效率。

库伦效率(Coulombic efficiency)是指电池放电容量与同循环过程中充电容量之比。也就是电路中总的电子数与转化有机物产生的电子数的比值,即有机物产生的电子总数的函数。一般情况下,实验中用于产电的能力不会全部用于产电,会因为产甲烷过程、生物量增长等生物过程,导致电子量和库仑效率降低,从而使能力有所损耗。如果反应器设计、温度、废水类型等因素有所改变,库伦效率也会在一定范围内受到影响。

电压效率是指输出功率与输入功率的比值,反映了有机物中有多少化学能最终转化成电能。电压效率是系统功率密度的函数。从理论上讲,电压与热力学决定的能量能级应相等。但实际上,电能是要比热力学决定的电子能级低的,这是应为 MFC 内部存在着各种各样的损失,所以电能比热力学决定的电子能级低。具有良好性能催化剂的系统,大多数情况下在功率密度最大时,电压效率达到 50%。根据设计的不同,电压效率也会受到一定的影响,与电压效率方面相关的设计反映着规模化的关键问题。

8.2.2 电导率的影响

电导率是物体传导电流的能力,可由电导率测量仪测得。溶液中的电导率受不同因素的影响,如温度、溶液掺杂程度等影响。在 BES 系统中,电压损失是影响电导率的重要因素,电压损失可由欧姆损失体现出来,当电子通过电极、导线、内部连接点以及膜、阳极和阴极时都会产生欧姆损失。我们可以根据一定的电压损失情况,来掌握实验需要控制的技术因素。依据欧姆定律,可以确定电压损失与离子传输距离的关系:

$$电压损失\ \Delta E_s = I \cdot L/\rho_s$$

式中　I——电流密度;

L——离子传递距离；

ρ_s——溶液电导。

我们可以根据一定的电压损失值和一定的电流密度值来确定最合适的离子传输距离，当然，膜和阴极都有离子的传递，但是阳极的电导率很难控制，这就导致离子传输的阻力相比其他部分最大。导致阳极传输阻力的因素有很多，主要还是取决于阳极利用的废水类型，废水的来源不同，电导率也不同，在有关 BESs 系统的实验中，发现人工模拟废水的电导率较高，约为 5 mS/cm ；生活污水的电导率较低，约为 1 mS/cm。

将 BES 系统规模化后，为了提高废水的电导率，通常会利用外加盐等的方法来实现较高的电导率，但是这样会导致成本非常高，因此，减小电极间距极为重要。在电导率较低的废水中，可以采用膜电极组建（Membrane Electrode Assemblies，MEA）来减小电极距离。MEA 是燃料电池的质子交换膜（PEMs）催化剂和电极的组合。在 MEA 中，阴极直接涂覆在膜上，离子就不需要通过电极的边界层，而是在膜表面直接反应。

8.2.3 缓冲液浓度的影响

BES 系统中的电化学活性菌氧化有机物的反应是产酸反应，且电流与从生物阳极流向溶液中的质子流相关，因此，为了防止溶液酸化，使生物阳极的电化学活性微生物能够正常生长，必须向溶液中加入质子，实验中通常在阳极和阴极加入缓冲液，以此来使其保持中性的 pH 值。

实验室中的 BES 系统通常会利用一定量的缓冲溶液来提高电极的电导率。我们都知道微生物燃料电池 MFC 处理废水是一项集除污与能源回收于一体的新型废水处理技术。有关其缓冲溶液的研究有很多，大多都集中于磷酸缓冲液的研究，有人曾使用 320 mmol/L 的高浓度磷酸盐缓冲液进行过实验。磷酸缓冲液因其调节 pH 值的效果好且能够大大提高离子电导率的作用而被广泛应用。但磷酸缓冲液的大量投加给水中增加了大量的营养元素磷，造成了水体的二次污染。考虑到后续昂贵的除磷费用，投加磷酸缓冲液的微生物燃料电池技术是不符合实际应用的。

由于磷酸缓冲液的危害严重，研究者开始考虑采用其他缓冲液来代替磷酸缓冲液。Fan 等曾经在无膜 MFC 中采用 pH 值为 9 的 0.2 mol/L 的碳酸盐缓冲液，产生的最大输出功率为 2 770 mW /m^2，高于采用 pH 值为 7 的 0.2 mol/L 的磷酸缓冲液系统，这是因为碳酸盐缓冲液的质子传递速率比磷酸盐缓冲液快。You 等采用双极室微生物燃料电池，给投加了硝化菌的阴极室不投加缓冲液，MFC 系统表现出极化内阻下降的现象。

在其他系统中，如在序批式系统中，缓冲液维持 pH 值为中性的时间很短。比如，在带有离子交换膜的 BESs 系统中，阴极室的 pH 值会持续上涨，最终会上升到 12 以上。

在使用缓冲溶液时，应考虑到实验应用成本以及污水的排放标准法则，要定量应用于实验研究。另外，如何解决规模化 BESs 系统的缓冲液的问题，是我们需要研究的重要课题。

8.2.4 是否设置膜分隔

BESs 系统中，膜是系统的重要组成部分，它可以将阴阳两极中的液体隔开，并且将氢气和氧气隔开，减少底物从阳极向阴极的转移及氧气从阴极向阳极的传递，使质子在两种气体间传递,从而提高库伦效率。但膜也存在一定的负面影响。Liu 和 Logan 等发现 MFC 中不使用膜比阴极有膜时的产能要高很多,这就表明膜对系统产能有负面的影响。

在有膜存在的情况下,虽然膜可以将两极隔开,防止氧气从阴极向阳极扩散,但膜的存在会影响质子的有效扩散、阻碍化学物质的输送和减少溶液的电导率,这些情况都会使电池的内阻升高,降低功率输出。另外,高成本也是限制膜应用于系统中的主要因素。

虽然无膜的 BESs 被越来越多地应用,但大多数 BESs 还是采用有膜结构,将阴阳两极分开。最常使用的膜为阳离子交换膜 Nafion 117,它可以为高浓度质子扩散提高稳定的传递氛围,但此膜也会带来一定的电压损失,即由于废水中的阳离子浓度比质子浓度高很多,因此,阳离子会代替质子通过膜,导致阴极消耗的质子得不到补充,阴极 pH 值上升,阳极 pH 值下降,造成严重的 pH 梯度,导致电压损失。这种情况在连续流的系统中尤为明显。

阳离子交换膜造成电压损失的现象可通过添加缓冲液,或者尝试其他膜的方法来缓解这种情况。如使用阴离子交换膜、双极膜等作为实验系统中的分隔物。有关阴离子交换膜 AEM 的研究表明,使用 AEM 得到的功率比使用 CEM 的功率要高,使用磷酸缓冲液,发现磷酸根离子可透过膜阳极室 pH 值保持稳定。这种方法有一定的效果,但由于无法控制阴极室 pH 值的升高,使得这种不够完善,还需进一步改进。使用双极膜可以使阴极室保持较低的 pH 值,使阳极维持近中性的环境,但同时也会带来一定的电压损失。

另外超滤膜也可应用于 BES 系统,减少 pH 梯度上升情况,但其应用于实验系统中的产能效果并不是很好。Kim 等曾经在两种不同类型的 MFC 中测试了三种不同的超滤膜的产电效果。实验发现超滤膜的内阻过高,功率低于 AEM 和 CEM。

在 MFC 中,氧气的扩散可降低库伦效率,膜可以防止氧气从阴极向阳极扩散。在 MECs 中,膜可防止产生的氢气从阴极扩散到阳极,避免阳极的产甲烷菌消耗氢气,同时可防止阳极生成的二氧化碳和阴极室内的氢气混合,使氢气的纯度更高。尽管膜无法阻止阴阳两极发生其他物质交换的情况,膜的作用对于 BES 系统来说还是很关键的。

8.3 放大实验设计限制因素

8.3.1 从电压、电路方面考虑

未来 BES 系统必然会向放大实验设计方面前进,放大实验设计需要考虑到多种因素的影响,首先会考虑到电压、电流的变化。

在实验室规模的 BES 系统研究中,会不难发现电极材料自身的内阻、电池构型设计等的因素会导致电压损失,且电压损失是与实验规模有一定关系的,随着实验的放大规模的增大,电压损失受电极材料内阻和平均电流密度的影响更加明显。伴随放大实验设计后,另一个最明显的参数就是电流大小的变化,电流会随着电池体积的增大或电池并联数目的增多而增大。

BES 系统放大后,还需要考虑到的是电路该如何连接,各个电池间是串联还是并联等问题。电池并联要在反应器末端液压密封,并且导电连接,才可减小电压损失。

在 BES 系统放大实验设计中,电池堆栈设计系统是可以考虑放大设计的。我们都知道,单一的电池设计电压不大,但是将这些电池作为单元设计串联在一起时会产生很高的

电压,有的 BES 反应器由一批厚度为 1 cm 的薄片组装而成,这些薄片可以并联运行,使这些薄片各自独立运行。这种设计可以给实验研究带来一些优势,比如单个电池的故障或清理不会影响其他电池的运行,且可以通过单个电池实验来预测堆栈的运行情况。当然,这种设计有一定的优势,也有一定的挑战,比如电路传输距离过长,会造成电压损失,如果放大实验设计,会增加这种情况的严重性。目前,研究者在探寻能够减小欧姆损失并且经济可行的实验设计,发现在电池间设置双极板的堆栈设计可以缩短电子传输距离,减少损失情况,但由于其反极的现象,使实验设计还需进一步改进。

8.3.2 从流体力学和力学方面考虑

从流体力学和力学方面考虑系统放大的问题,对未来 BES 系统放大可行性研究很有帮助,比如如何利用流体力学设计系统构型,使其在多重混合物中获得阴阳两极的良好分离;如何利用水动力学处理单电池故障、堵塞导致的压力降低等问题。

在考虑设计较大规模系统时,应着重注意流体的交叉流速、路径长度等问题,这些因素对实验设计非常关键,单电池系统的交叉流速通常较低,这使得液体不能充分混合导致系统产生 pH 梯度,且由于单电池系统的路径较长,导致阳极酸化、可生物降解有机物严重消耗。

除了这些,在设计 BES 系统放大实验研究中,还应考虑到系统机械强度、形态稳定性、每个电池的性能及组成等方面。单电池的组成比较简单,但在堆栈系统中,电池数量和总面积的增加,会使 BES 系统的变形度增加,所以,还需进一步改进与设计。

8.3.3 从经济可行性方面考虑

在 BES 系统研究中,可放大的且经济的系统构型设计一直是我们不断追寻的实验成果。从经济可行性方面考虑,我们需要注意的问题有很多。

石墨盘等效果明显的阳极材料是实验通常会选择的代表,但高额的费用使我们不得不去寻找更加经济实惠的实验材料,如今这种昂贵的阳极材料正在逐渐被碳刷等较便宜的材料所取代。除了昂贵的电极材料,像铂这样的性能很好但价格昂贵的金属催化剂也应该有所取代,目前已经有利用铁或钴金属催化剂来代替铂作为研究材料的研究。另外,改变电极设计,如缩短电极距离,可使系统提高功率输出。

此外,有实验表明,在系统中使用碳刷电极和管状阴极,会带来反应器造价高的问题,可通过利用相对较经济实惠的管子和具有催化活性的导电覆盖材料的方法来解决这种问题。

8.4 设计时的应对措施

有关 BES 系统规模化的讨论涉及了很多的限制因素,能够有效地解决这些限制因素带来的困扰是成功的关键。

针对一些 BES 规模化的问题,有相关的解决办法可以应对。例如,针对系统没有足够电导率和缓冲能力的问题,前者可以通过增大比表面积、利用膜电极或高电导率废水来解决问题,后者可以利用高碱度废水将阳极出水改为阴极进水来提高缓冲能力;针对反应器占地面积的问题,可以通过增大比表面积的方法解决;要使系统产电能力增强,可使系统改进装置,使其有较大的比表面积、电流收集器,还可设计双极板堆栈;材料方面,可以选用更薄、更廉价、更合适的材料,选用选择性更高的膜,为了减少经济负担,也可以设计无膜装置;针对阴极上的改进,可以选用生物阴极。

针对电极材料方面,通常实验室会选用石墨来充当电极材料,因为石墨的导电性好且廉价好用,但在实际应用中,石墨会带来巨大的欧姆损失,如果应用于大规模的单电池 BES 设计中,这种情况会更加严重。针对这方面的问题,可以通过用电流收集器辅助电极,或是采用双极板堆栈设计的方法解决。双极板堆栈设计可以使电子的传输距离减到最小,减轻对电子收集器的依赖,但由于电极逆转等问题的出现,目前双极板堆栈设计还无法完全应用到其中,需要进一步改进。

为了提高产电能力,使用电导率高、不易被腐蚀且成本较低的电流收集器是非常可行的应对措施,但由于其中的铜材料很容易被腐蚀,所以不适合用来长期使用,尽管铜拥有很强的电导率且成本费用低。我们可以使用不锈钢作为电流收集器长期使用的材料,因为不锈钢具有电阻小、廉价、不易被腐蚀等优点。

为了使系统达到更小的体积,减小占地面积,BES 系统需要拥有更大的比表面积。假设电池的厚度为 1 cm,那么比表面积就可能达到 100 m^2/m^3,这样一来,系统的效率会大大提高。另外,提高比表面积的同时,还应该注意防止电池堵塞,可以通过超滤等方法对系统做一些预处理。

BES 系统需要解决的难题有很多,我们需要不断地去探寻解决方案,对系统进行进一步有效改进,使其逐渐进入规模化生产。目前,小型放大研究已经开展,但大部分还是在实验室中。在研究工艺和概念的基本原理时,实验规模下的研究是很需要的,但它并不能替代大规模化的研究,而如今所急缺的,正是大规模的研究。

第9章 生物电化学系统的复杂反应

生物电化学系统的首要应用是有机物的阳极氧化,微生物会以有机碳作为底物来实现传递电子的能力。除了有机物氧化作用,在生物电化学系统中,存在很多的反应,根据处理废水的不同,产生的反应也不同,比如,处理电镀废水,系统的反应就会涉及各种金属离子的还原作用。根据反应系统的不同,有关阴极的还原过程还包括产氢过程以及其他还原过程等。在本章里,我们主要会针对有机物的氧化作用和硫化物的转化作用进行研究分析。

9.1 有机物氧化作用

我们知道生物电化学系统可以利用有机物使微生物产电,这些系统可以用到的有机物有很多种,废水、生活固体废物、农业废物等废物中都含有丰富的有机物,它们可以作为规模化 BES 的底物,通过微生物氧化作用来产能。另外,一些有机物,如乙酸、丙酸、丁酸、葡萄糖、木糖等,在废水和污水中非常常见,也很容易被生物降解,但有些废水中也含有一系列难生物降解的物质,这些难降解废水可以利用微生物燃料电池来处理,当其应用于实际废水时,微生物燃料电池的库仑效率通常比较低,这是因为难降解有机物很难被微生物利用而产生电流。但有研究表明,微生物燃料电池的阳极处理实际废水的 COD 去除率可以达到 90%,可以推测在系统环境中大分子有机物产生了水解现象,因此,在微生物燃料电池中一些不能被水解的大分子有机物,可先经过厌氧消化处理。

微生物燃料电池因为其可以利用废水产能的高效清洁的优点,成为一种新型的产能系统备受关注。目前有关微生物燃料电池方面研究最多的是将其应用于污水处理,这种处理技术与现有污水处理技术相比存在很大的优势,如相比厌氧消化法,微生物燃料电池处理废水的出水水质更好、不需要气体处理、不需要加热,除了这些,还可以将化学能转化为电能等。

本章将主要研究阳极微生物氧化有机物的机理,包括阳极的呼吸机制、发酵机制,重点是微生物互生关系阳极和生物膜代谢途径。

9.1.1 有机物氧化作用原理

在 BES 系统中,混菌条件下的有机底物会参与到多种生物反应过程当中,且根据电子受体的不同,分为呼吸作用和发酵作用两种反应。

阳极有机底物氧化的呼吸作用中的电子受体是非溶解性电极,其中的氧化产能机制类似氧呼吸作用机制,氧化中途会发生三羧酸(TCA)循环和膜界面电子传递链,最终会产生 CO_2、ATP 等最终产物(图 9.1)。在氧化过程中,较难降解的有机物会通过酶促反应转化为可以被阳极微生物利用的电子供体进入 TCA 循环。不同的是,有些有机物可以通过一步或两步酶促反应后进入 TCA 循环,如乙酸、丁酸等有机物可以经过一步或两步酶促反应后以丙酮酸或乙酰辅酶 A 的形式进入 TCA 循环成为电子受体,而葡萄糖则需要 10 步酶促反应的糖酵解过程形成乙酰辅酶A。在此过程当中,由于发酵细菌能够高效利用有机物,所以发酵细菌会与阳极微生物竞争碳水化合物的底物。

在TCA循环中,细菌会利用有机物生成NADH、NADPH和$FADH_2$,这是电子传递链的起点,之后,电子经过黄素蛋白、铁硫蛋白、醌和一系列细胞色素类进行传递。电子传递链产生透过膜的质子推动力,质子会传递电子。质子推动力通过跨膜ATP合成酶会促进ATP的生成,质子回到细胞质时产生电化学电势,这一过程叫作氧化磷酸化。另外,由于ATP是通过ATP合成酶合成的,该酶的量与反应中质子数量成比例,因此ATP的生成也与质子数成比例。由于细菌生长的能力受胞内ATP量的影响,所以细菌的生长由电子传递机制决定。细菌利用何种化合物作为胞外电子传递介体由阳极电势决定。

除了呼吸作用,有机物氧化反应过程中,另一个重要作用就是发酵作用。发酵作用是指微生物在没有电子受体的情况下产生ATP。具体来说,在系统内,有机底物首先被氧化,形成中间代谢产物,之后中间代谢产物再次转化,生成发酵产物,转化的同时产生能量。

在微生物燃料电池MFC系统内很容易发生发酵反应,因为MFC阳极是厌氧的环境状态,系统内的溶解性电子受体不足,尽管系统阳极可以作为胞外非溶解性的电子受体,但只有少数的细菌可以直接利用系统阳极作为电子受体,且发酵作用在与呼吸作用竞争中表现出的较高的底物转化率,使发酵作用在系统内极易发生。

系统内的发酵作用可以用葡萄糖发酵过程来分析,葡萄糖氧化需要9步酶促反应的糖酵解过程,反应过程中产生的还原副产物需要消耗糖酵解过程中产生的还原能,也就是说,在生成丙酮酸的过程中,每生成一个NADH,丙酮酸就会还原等量的NAD^+,将其还原为其他产物,如乙醇、丁酸等。

与呼吸作用相比,发酵作用由于缺少高电势的电子受体,导致产生的能量有限,在乳酸发酵过程中每利用一个葡萄糖仅能生成2个ATP。每个葡萄糖的产酸发酵过程能产生4个ATP,好氧呼吸过程可以产生38个ATP。足够的ATP发酵细菌生长和拥有更高底物转化率的保证。发酵菌比呼吸菌具有更高的底物转化率,这是因为细菌体内的糖酵解酶通过底物特定磷酸转移酶的表达过程中提高了底物向细胞内的传递速率。

系统在发酵过程中会发生产氢反应,主要是通过NADH被NADH脱氢酶或铁氧化还原蛋白酶二次氧化生成氢气。在产氢过程中,如果氢气是通过NADH脱氢酶生成的,那么发酵过程很容易随着氢气的积累而停止,因为系统内的氢气分压是有一定上限的,大约为60 Pa,从热动力学角度分析,超过这一上限会使生物反应无法进行。另外,相关研究发现,在纯培养条件下,细菌会进行其他代谢途径。比如,丙酮酸可以通过铁氧化还原途径直接产生氢气。

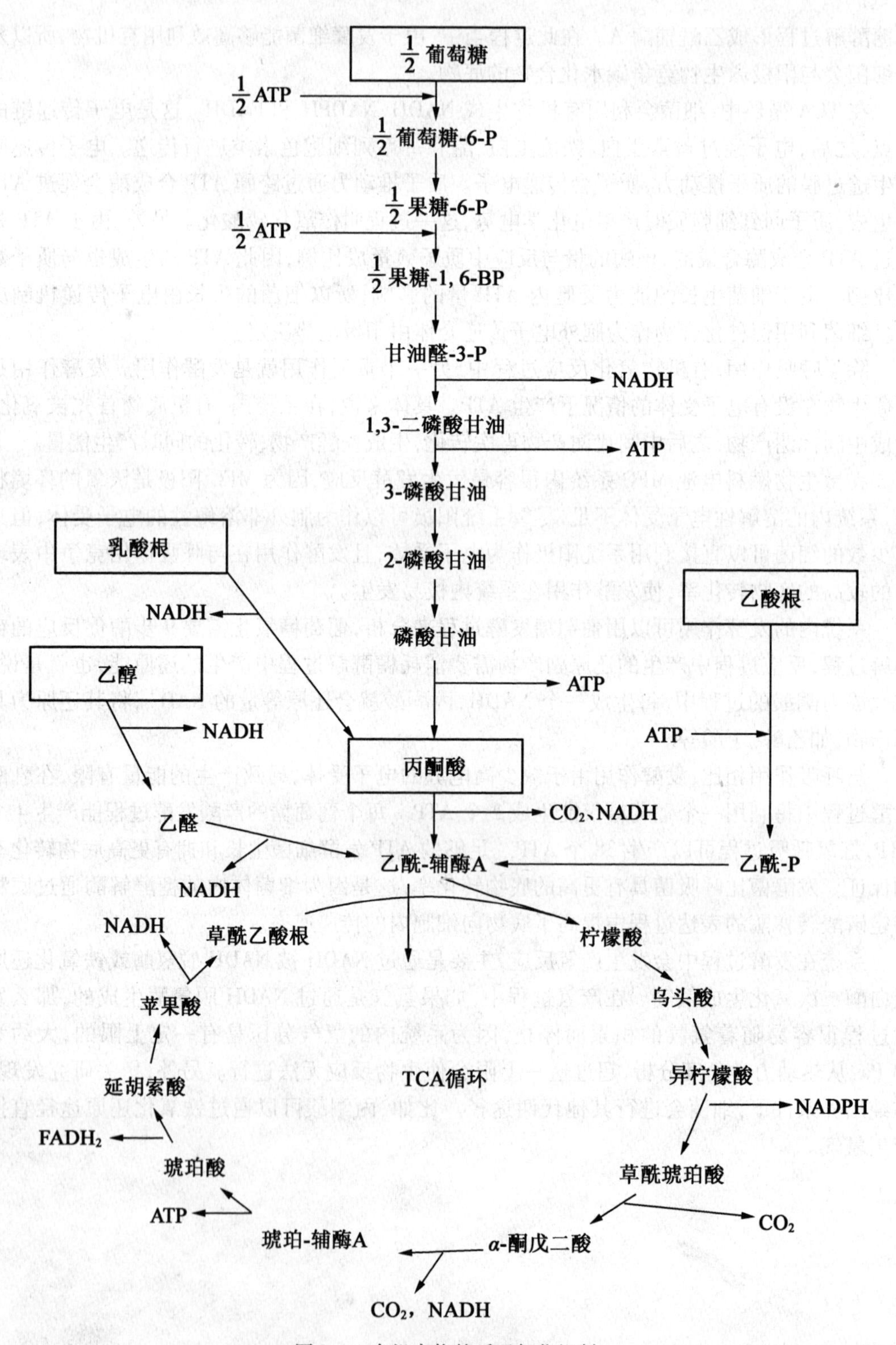

图 9.1　有机底物的呼吸氧化机制

9.1.2　生物电化学中微生物及微生物间的作用

在 BES 系统阳极存在呼吸作用和发酵作用，尤其是在混菌的条件下，两种作用的相关微生物会因为底物而发生竞争，并存在共生关系。

事实上，所有的发酵产物都可以作为阳极菌呼吸利用的底物，在利用之前，阳极混合微生物先利用碳水化合物发酵，之后再产生电能。这些被微生物用来发酵产电的化合物包括乙酸、丙酸、丁酸、甲酸、甲醇、乳酸等。微生物的发酵反应会产生挥发酸，但同时也会产生氢气，这些氢气的有效利用也是我们需要研究解决的课题，有研究发现，某些嗜阳极细菌能够利用氢气产生电流，相对的，还有某些发酵微生物可以不利用氢而通过溶解性氧化还原介体将电子直接传递到电极。其实，发酵反应对阳极过程无任何的有害的影响，因为所有碳水化合物的还原产物最终都将被传递到阳极上。由此，发酵反应可以把碳水化合物转化为较理想的阳极底物，并将这些底物用来完成生物膜的富集，这是很关键的，所以系统中的发酵反应非常重要。在反应过程中，系统会产生库仑损失，这是产甲烷菌的增多导致的。

产甲烷菌是可以通过产甲烷作用将有机底物转化为甲烷的古细菌，这种产甲烷作用是产甲烷菌特有的生物反应。微生物燃料电池阳极的产甲烷菌可以在严格的厌氧环境中，利用仅存在的乙酸或者是氢气来增长细菌数量。因此，在微生物燃料电池阳极上可以较容易分离出产甲烷菌。在电极上，产甲烷菌可以将底物转化为甲烷，数量越多消耗的底物也越多，这会使系统产生库仑损失。系统中的产甲烷菌多了，便会与嗜阳极菌竞争相同的底物，由于产甲烷菌可以在距离阳极较远的地方生存，而嗜阳极菌必须要依附电极生存的情况，使得产甲烷菌在竞争时更具有优势。这种竞争关系虽然难以控制，但幸好不存在严格的竞争关系，因为微生物燃料电池阳极菌落产生甲烷是由微生物燃料电池长期运行导致的，而不是阳极电势影响的。

例如，在最佳的负载条件下，MFC 进水的葡萄糖有 15% ~25% 被转化成甲烷。在这种条件下，嗜氢气产甲烷菌占优势，嗜乙酸产甲烷菌生长非常缓慢，只有有机负载远远超过最佳负载时，微生物燃料电池长期运行后，嗜乙酸产甲烷菌才会大量生长。

在微生物燃料电池中，产甲烷菌的产甲烷过程是不可避免地造成库伦损失的原因，这种情况非常普遍。为了抑制这种情况，系统需要将阳极定期暴露在空气当中，因为产甲烷菌是严格厌氧菌，接触到少量的氧气便会快速死亡，而嗜阳极微生物是兼性微生物，它可以接触氧气，不受其影响，另外，一些发酵细菌是耐氧的，因此短时间的有氧条件有利于发酵细菌电化学活性的提高。现今，多数研究者会采用微生物燃料电池阳极频繁曝气的方法来解决这种问题的发生，频繁曝气是考虑到避免由于系统生物膜太厚，氧气不能接触到生物膜底层，导致底层产甲烷菌滋生的情况。

9.2　硫化物转化作用

硫是重要的化学元素，含硫化合物是大量工业产品的组成部分，也是现今主要的环境污染物，在染料、医药、农药、石油化工等行业中常有含硫化物的废水排出，其中主要的污染源为硫化氢。硫化氢毒性较大，对水生生物具有较强的杀生能力，硫化氢还能够使人窒息并导致死亡，是一种非常伤害人类健康的物质，在通风条件不充分的情况下，当其集聚到一定浓度时，就会对实验操作人员产生毒害作用。除了硫化氢，一些其他的含硫化合物的废水排放到水体中后,会与水体中的铁类金属反应,使水体发臭发黑,因此国家对含硫废水有严格的排放标准。

正因为含硫废水的对环境的危害性,应该对生产、生活中的含硫废水加以处理,针对如何去除有污染或有危害的硫化物的问题,有很多种方法可以用来解决此问题,这些方法包括沉淀法、吹脱法等物理方法和生物电化学方法。

在生物电化学系统中,有关硫化物的研究主要集中于废水中硫化物的去除和硫化物对生物电化学系统性能的影响。这一章将主要对硫化物在生物电化学电池中及之外的转化进行介绍。

9.2.1　生物电化学系统中的硫

硫是一种非常常见的无味的非金属,纯的硫是黄色的晶体,又称硫黄。硫是一种重要的必不可少的元素,它是多种氨基酸的组成部分,由此是大多数蛋白质的组成部分。在自然界中它经常以硫化物或硫酸盐的形式出现。主要被用在肥料中,也广泛地被用在火药、润滑剂、杀虫剂和抗真菌剂中。

生物电化学系统中,硫化氢是主要的环境污染源,它普遍存在于天然气体、废气和废水中,具有毒性、腐蚀性,有难闻的气味。含硫化氢的污水主要来源于人造纤维废水、硫化染料废水、造纸工业废水以及煤化工废水等。硫化氢不仅对日常生活中的物体(与水中的铁作用,腐蚀物体)和人类(在水中达到一定浓度可毒害生物、人类)有危害,在废水的厌氧生物处理中,还会影响处理效果。硫化物会与细胞色素中的铁和含铁物质的结合,导致电子传递链条失活,抑制硫细菌的生化作用。当硫化物的量达到致害浓度时,会使厌氧氨氧化菌的活性下降、生长率降低、降解有机物的速率变慢、使厌氧生物处理系统恶化。

多数硫化氢是由废水中的高浓度硫酸盐在厌氧条件下转化而来的,所以废水中的硫酸盐也是需要处理和转化的废水硫化物。硫酸盐是含硫化合物中较常见的一种存在形式,多数以可溶混合物的形式存在于海洋和淡水环境中。在水溶液中,无论水溶液中有无氧化剂,硫酸盐阴离子的化学性质仍然相当稳定,能够适应所有的 pH 值范围,在水溶液中稳定存在。许多工业废水和生活污水含有高浓度的硫酸盐。抑制含有高浓度的硫酸盐的废水的污染情况可以通过改变反应器条件、硫酸盐还原菌来实现。除此以外,硫酸盐、亚硫酸盐、硫代硫酸盐、连二亚硫酸盐等都是水溶液中常见的硫的氧化态形式。

9.2.2　硫化物和硫酸盐去除技术

废水中的硫化物和硫酸盐是废水中的主要污染源之一,硫化物可导致水质恶化,并可腐蚀管道、毒害生物、抑制厌氧消化;硫酸盐化学性质相对稳定,但在厌氧条件下,硫酸盐容易经生物异化还原为硫化物,对环境造成严重影响。由于传统的含硫废水处理技术存在处理成本高、不能彻底去除硫元素的问题,因此迫切需要开发高效低耗的含硫废水处理新技术。有关它们的去除与回收利用的研究有很多,下面我们分别从硫化物和硫酸盐的去除技术进行分析研究。

9.2.2.1　硫化物的去除

硫化物存在于多种废水中,也存在于多种气体中,如天然气、沼气、尾气、合成气和来自于污水处理厂的废气。硫化物具有毒性、腐蚀性和恶臭等,必须加以去除。硫化物的去除技术有很多种,包括气提法、回收利用法、混凝沉淀法、氧化法、生物技术法、树脂法。

1. 气提法

有相关的文献曾对溶液中硫化物氧化的动力学和气态硫化物氧化的气提法进行过详细的说明。气提法是利用水蒸气在汽提塔中将废水中的硫化氢、氨气等可挥发组分进行分离的方法，目前气提法主要应用于石油炼制废水的预处理。炼油厂通常会采用气提法，即采用双塔蒸汽气提法回收硫化氢和氨气，气提出来的硫化物中，硫化氢用来生产硫黄，或者是硫化钠和硫酸等产品。气提法的去除率较高，但由于其能耗高、投资较大，只适用于处理水量大的高浓度含硫废水。

2. 回收利用法

回收利用法是利用物理化学的方法去除废水中的硫化物的。该方法先利用无机酸酸化样品，使样品中的硫化氢析出，之后利用15%～30%的液碱吸收样品，将其成为硫化钠溶液后回收利用。剩下的样品残液可利用铁屑进行处理，将其转化为硫化铁回收利用。回收利用法适用于高浓度含硫废水的处理，它是国内较早采用的去除废水中硫化物的方法。回收利用法需要注意的是，在处理过程中会产生硫化氢气体，因此实验过程中需要注意设备的密封性和耐腐蚀性。另外，回收利用法对硫化物的去除效率不高，和其他的处理方法联合使用时处理效果会明显增加。

3. 混凝沉淀法

混凝沉淀法是利用一些金属与硫化物作用生成不溶性的沉淀作用除去硫化物的方法。铁盐是最常用到的沉淀剂，除了铁盐，其他的沉淀剂还包括亚铁盐、高铁盐以及锌的化合物。混凝沉淀法的优势在于其投资小、操作简单，但该方法的实际应用不多，原因在于实验过程中生成的细小沉淀物沉淀性较差，泥水分离困难，且若硫化物较高时沉淀剂投料量比较大，处理费用较高。混凝沉淀法适用于水量小、浓度低的含硫废水处理。

4. 氧化法

氧化法利用硫化物的还原性，使其与氧化剂作用，生成硫或硫酸盐达到去除废水中的硫化物的作用的方法。氧化法主要包括空气氧化法、超临界水氧化法、湿式氧化法等。

(1)空气氧化法利用空气中的氧气来氧化废水中有机物和还原性物质达到处理含硫废水的效果，是较常用到的氧化法。

(2)超临界水氧化法是在超临界条件下氧化分解废水中污染物成分的方法，该方法的处理效率较高、氧化分解彻底，且不需要催化剂作用。

(3)湿式氧化法是在一定条件下利用有机物溶液与水中溶解氧的液相反应去除有毒有害工业污染物的方法，该方法适用于毒性大、难降解的高浓度含硫废水的处理。

5. 生物技术法

生物技术法是利用单质硫细菌还原含硫废水中污染物的方法。菌种的选择很关键，主要选择那些在细胞外形成单质硫的细菌作为含硫废水处理的菌种。含硫废水的生物处理技术主要有有氧生物氧化方法和缺氧生物处理方法。生物接触氧化法是有氧生物氧化中较常用到的方法，拥有对进水水质变化的适应能力较强、污泥生成量少、出水水质稳定等优点，该方法处理设备要求不高，且运行费用较低。缺氧生物处理方法主要利用光和废水中的硫化氢来合成硫细菌，进而进行厌氧氧化，使硫化氢转化成硫，之后将其回收利用。

6. 树脂法

树脂法是指利用树脂氧化还原废水中的硫化氢，并过滤回收元素硫的方法。该方法仅适用于水量少且废水中污染物浓度低的情况。树脂吸附法处理硫化氢气体其原理是应用离子交换与吸附理论,采用带有氨基基团的强碱凝胶型阴离子交换树脂在润湿条件下与硫化氢气体进行离子交换与吸附反应。反应后吸附了硫化氢气体的树脂再用5%的氢氧化钠溶液再生,从而达到循环使用的目的。再生反应过程中产生硫化钠产品。用此方法处理硫化氢气体具有吸收率高、反应速度快、简单实用、投资小等优点,是一种很有发展前途的处理硫化氢气体的新方法。目前国内利用树脂吸附法处理硫化氢气体未见先例,国外如日本及美国由于重视环保,对尾气排放要求更加严格,树脂吸附法处理硫化氢气体的应用已有相关的报道。我们对采用新研制具有氨基基团的强碱凝胶型阴离子交换树脂对硫化氢气体的吸收方面进行了研究,在处理硫化氢气体的同时回收硫化钠产品,取得了树脂吸附法处理硫化氢气体令人满意的实验结果。

有关采用空气阴极微生物燃料电池进行含硫化物废水处理并产电的可行性实验中,在单室微生物燃料电池中,当硫化物质量浓度为100 mg/L,葡萄糖质量浓度为812 mg/L时,其最大开路电压达897.2 mV,最大输出功率可达到340.0 mW/m^2;系统运行72 h后,含硫化物废水中的硫化物去除率为75.4%。含硫化物废水中的有机质也可以得到同步去除,COD的去除率为42.3%,同时发现阴极电阻是系统的主要限制因素,与阴极电子受体密切相关。此外,利用高电极电势的含钒废水作为阴极电子受体,代替传统使用的氧气,对微生物燃料电池处理含硫化物废水系统进行改进,可显著提高系统的产电及含硫化物废水处理性能,并可同步处理含钒废水,这在微生物燃料电池研究中属第一次报道。当阳极硫化物质量浓度为100 mg/L,葡萄糖质量浓度为812 mg/L,阴极五价钒质量浓度为500 mg/L,pH值为2时,改进系统的最大开路电压达1 093 mV,最大输出功率达572.4 mW/m^2;72 h后,硫化物,COD和五价钒的去除率分别为84.7%,54.0%,25.3%。同时研究了浓度、电导率、pH值,外电路电阻等因素对改进系统产电性能和污染物去除性能的影响。

硫化物去除的主要作用是电化学氧化(42.7%)与生物氧化(20.3%),其主要氧化产物为单质硫,可以从水体中有效去除硫元素。在对微生物燃料电池处理含硫化物废水改进系统的产电及污染物去除机理的系统研究中,发现阳极室内,阳极表面附着的微生物主要是球菌和短杆菌,其电化学活性较高,是该系统中的主要产电微生物;阴极室内,五价钒被还原为四价钒,可以通过调节pH值而沉淀,并且沉淀可以迅速被氧化为五价钒,从而处理含钒废水并回收纯度较高的五价钒。同时研究结果显示,阴极电阻已不再是改进系统的主要限制因素。

9.2.2.2　硫酸盐的去除

硫酸盐的去除与上述的硫化物去除方法差不多,也同样用到化学技术、物化技术和生物技术。其相关的去除技术主要有反渗透技术、电渗析技术和纳滤膜技术。传统的去除废水中硫酸盐的方法为应用沉淀作用使其快速形成硫酸钡或硫酸钙沉淀。

目前,首次设计开发的UASB - MFC组合工艺可有效处理含硫酸盐废水并同步产电。当进水硫酸盐质量浓度为600 mg/L,COD为2 400 mg/L,HRT为40 h时,组合工艺的最大输出功率为888.9 mW/m^2,对硫酸盐、COD的去除率分别为69.9%和81.8%。研究表明,碳硫比(C/S)和水力停留时间(HRT)是影响该组合工艺运行的关键因素。采用响应曲面法,对上述两因素进行优化,当以硫酸盐去除率最大化为目标时,最优条件是C/S为3.7,HRT为55.6 h,预测的组合工艺硫酸盐去除率最大值为71.3%;当以输出功率最大化为目标时,最优条件是C/S为2.3,HRT为54.3 h,预测的组合工艺输出功率最大值为968.4 mW/m^2;实验结果验证了预测的可靠性。

9.2.3　BES 去除水中硫化物方法

含硫废水主要来源于制革、造纸、石化、印染、制药和炼焦等行业。由于该类废水中含硫化物浓度高、涉及行业广、废水排放量大、污染负荷高、毒性大,且会腐蚀废水构筑物,因此处理含硫废水显得非常必要和紧迫。目前针对废水中硫化物的处理方法通常有气提法和生化法等。在生物电化学系统(BES)中,无机硫化物转化方面的研究越来越多。在厌氧条件下,硫酸盐还原菌以有机物作为电子供体,将硫酸盐还原为硫化物。有报道称,有机碳化合物氧化过程中,硫化物会形成一种中间产物。当硫酸盐的还原和硫化物的氧化能够在阳极同时发生时,那么,就能够实现利用微生物燃料电池(MFC)或 BES 同时去除有机物、硫酸盐和硫化物。硫酸盐还原在另外单独的反应器中也能够发生,而硫化物的氧化则要在非生物燃料电池中发生。

有关脱硫的 BES 系统的实验研究有很多。从 20 世纪 9O 年代起,MFC 技术出现了较大突破,在环境领域的研究和应用也逐步发展起来。2002 年美国马萨诸塞大学研究人员在海底沉积物 MFC 中发现,电能的产生与硫化物的氧化紧密相关。2006 年比利时根特大学报道了 MFC 把 S 氧化成单质硫或者更高价硫的研究成果,以厌氧反应器的出水作为 MFC 的进水,经处理后 S 的去除率近 100%。2007 年,浙江大学应用需盐脱硫弧菌构建的 MFC 运行性能良好。此外,Zhao 等在单室 MFC 中引入硫酸盐还原菌回收单质硫,废水中硫化物和硫代硫酸盐的去除率分别达到 91% 和 86%。研究表明,MFC 技术在含硫废水中有很大的应用前景。Rabaey 等曾利用了通过微生物和残留有机物进行脱硫的微生物燃料电池进行研究分析,并从中分离出了两种细菌,分别为 *Alcaligenes sp.* 或 *Paracoccus sp.* 。Tender 等曾对海洋沉积物转化硫化物进行过研究,预测在海洋沉积物中硫氧化细菌能够将阳极作为电子受体将硫氧化为硫酸盐。

有研究发现,单质硫还原过程在细菌作用下的介导作用。如,*Desulfuromonas* 种属中的异化硫还原菌能够在厌氧条件下将乙酸、乙醇和其他电子供体用于单质硫到硫化物的还原过程。这是因为在阳极,合适电位下的单质硫是异养型细菌理想的电子受体,形成的硫化物在阳极被氧化,由此,沉积的单质硫和硫化物将会成为碳氧化过程的中介体。

最近有关硫化物的研究发现,当阳极有电化学沉积的单质硫存在时,在乙酸氧化的过程中能够产生硫化物。系统中的微生物利用电化学沉积单质硫作为电子受体,可以在没有电化学条件限制的条件下生成硫化物。

总体来说,电化学方法处理废水中硫化物,具有其独特的优势。未来 BES 应用在处理富含硫酸盐和发酵底物的废水上的研究将会大力发展,如食品加工厂废水。另外,废水中硫化物还原时硫酸盐被去除的同时可以获得电能。因此,在海洋沉积物中,这种硫的转化和产电作用,将有助于海洋器械的发展。

9.3　化学催化阴极

在生物电化学系统中,有关系统阳极的研究有很多,且不断受到关注,因为阳极的一些反应机制以及微生物种类的研究是发展技术的关键因素,因此,研究人员大多忽略了有关系统阴极方面的研究,其实,系统的阴极反应也是生物技术发展的瓶颈。

9.3.1 生物电化学系统阴极反应

生物电化学系统的阴极反应有很多且非常复杂，针对微生物燃料电池产电系统而言，最有效且最关键的反应便是氧化还原反应（ORR）。微生物燃料电池（MFC）生物阴极种类包括好养生物阴极和厌氧生物阴极，在好养生物阴极中，空气中的氧气是生物阴极中常用的电子受体。Kontani 等曾使用碳纸做电极，并利用大肠杆菌中的 CueO 酶做阴极催化剂构建了空气扩散酶阴极，在柠檬酸缓冲溶液作用下得到的电流密度为 200 A/m^2。一些研究利用好氧微生物来促进过渡金属化合物的氧化，使氧化还原反应可逆进行，达到电池持续运行的目的。比如，一些阴极系统会加入含铁物质，铁元素通过在极板上获取电子传递给最终电子受体来帮助系统完成氧化还原过程。

生物电化学系统中的另一个重要系统便是生物电解池（MEC），当 MFC 系统的生物阴极将 ORR 替换为析氢反应（HER）时，MFC 便装换为 MEC。MEC 因其制氢转化率高，且相比电解水产氢所需能量少等优点，很可能成为未来最具潜力的产氢装置。

9.3.2 氧化还原反应（ORR）

对传统的化学燃料电池而言，阴极反应往往是限制化学燃料电池性能的重要因素，所以，在保证低成本、阴极材料长期稳定的条件下改善氧还原阴极的性能方面的研究非常重要。在生物电化学系统（MEC）中，尤其是微生物燃料电池（MFC），有关其阴极的反应大多都为氧化还原反应（ORR），且阴极氧化还原反应条件与理想条件偏差较大。

在催化性能良好的 MFC 中，ORR 的反应由氧分子在电极表面最适反应位点的初始化学吸附开始，之后吸附的氧分子得到电子并解离，最后完成电子传递。其反应式通常为

酸性条件：

$$O_2 + 4e^- + 4H^+ \longrightarrow 2H_2O$$

碱性条件：

$$O_2 + 4e^- + 2H_2O \longrightarrow 4OH^-$$

系统阴极的反应之所以与理想条件偏差较大，是因为阴极的一些实验条件会成为影响 MFC 阴极性能的热力学和动力学的限制因素，这些影响 ORR 反应的参数主要有电极材料的性质、pH 值以及电流密度。因此，MFC 的阴极需要在适宜的温度、较低的电解质浓度、中性 pH 等条件下进行实验。有实验曾在系统 pH 值为 7，并且氧分压为 0.2 bar 时，测得 ORR 的理论氧化还原电势为 0.81 V，而通常传统的电化学催化条件下的开路电势小于 0.51 V，这说明 MFCs 在实际运行过程中的电荷的流动和混合电势的产生带来了系统的电压损失。正因为 ORR 是消耗质子的反应，所以，其氧化还原电位与电解液和电极表面的 pH 值直接相关。即使是 pH 值的微小变化，也会因为阴极室碱度的增大或者是电极表面的 pH 梯度造成阴极电位更负的情况，会严重影响系统的性能。

MFC 的阴极分为好养和厌氧两种类型，好养的阴极大多为空气阴极，而厌氧的为液体阴极，两种主要构型的研究对提高系统性能非常关键。

常用的液体阴极为 H 型的双室 MFC，这种 MFC 的阴阳两极均浸没在液体电解液中，且由隔膜隔开。这种构型适用于实验研究，且可以通过 PEM 阻挡氧气扩散至阳极，减少电子损失，提高库伦效率，但由于阴极的溶解氧的不足，限制了阴极的性能。

空气阴极是典型的好养生物阴极，因系统可以直接接触氧气，所以，系统不存在氧化剂的限制，相较于液体阴极，拥有低成本的优点。有研究曾在阴极中加入藻类物质，利用其可

以提供氧气的特点持续为系统提高电子受体,降低了设备的运行成本。但在质子传递的过程中,氧气向阳极室的扩散会严重影响电池的库伦效率。

在有关阴极性能方面的研究中,阴极的催化剂选择也同样是 ORR 的研究重点。MFC 系统的阴极氧还原催化剂主要有铂、大环过渡金属、金属氧化物、游离酶等。

铂因其具有导电性好、催化能力强等特点成为化学燃料电池和微生物燃料电池常用到的氧还原催化剂,但因其成本高,易产生低电流密度,且容易在溶液作用下发生中毒反应等现象,使得铂越来越不适用于实验研究。如何降低铂阴极成本,以及寻找适用于氧化还原反应的非贵金属电催化剂来替代铂成为提高系统阴极研究方面的重要课题。Cheng 等曾对如何降低铂阴极成本的问题进行过研究,研究发现,减少阴极铂的负载量对电极性能的影响很小,减少铂的负载量虽然可以降低电极的成本,但依然不能避免铂在浑浊的含菌生物环境中易于毒化的问题有关大环过渡金属替代铂阴极的研究有很多,这些物质具有平面分子结构,4 个氮原子对称围绕在金属离子周围,形成了常见的过渡金属 N_4 大环。Jasinski 最早发现了具有这种结构的过渡金属卟啉和酞菁,发现其对氧化还原反应具有很好的电化学催化活性。后来,有研究人员将这种过渡金属应用于 MFC 相关实验研究,取得了很好的成果。但由于过渡金属的长期稳定性、易被 H_2O_2 氧化降解、氧化还原反应会产生中间产物等问题的发现,使得过渡金属在作为阴极催化剂替代铂之前还需进一步优化研究。

金属化合物因其具有较好的电催化性也成为可以替代铂的氧还原催化剂之一。有研究表明,在一定条件下,基于盐桥的双极室 MFC 中,二氧化铅比铂的催化效果更好。除了二氧化铅,含锰的化合物 MnO_x 也可以提高 ORR 活性,它能够促进 H_2O_2 还原分解,进而转变 ORR 反应机制,即从双电子反应转变成四电子反应或两个连续的双电子反应。另外,Mn(Ⅱ)的氧化反应和 Mn(Ⅳ)的还原反应可以直接催化氧化还原反应。Rhoads 等在研究 MFC 阴极时,发现 Mn(Ⅳ)被还原,随即 Mn(Ⅱ)被氧化,在反应的过程当中,有电流持续产生,将其应用于沉积物 MFCs 中时,能够产生能量来驱动小型传感器,这说明含锰化合物应用于生物阴极具有巨大的潜力。金属化合物具体应用于实际工作中,还需要进一步的研究。

除了上述有关金属的氧还原催化剂,液体酶应用于生物阴极同样具有一定的可能性。酶具有较高的选择性和较低的 ORR 过电势,很多酶可以应用于实验研究,如氧化还原酶、过氧化物酶、漆酶等。有研究曾利用漆酶作为 MFC 的阴极氧化还原催化剂,取得了较好的研究成果。但针对酶催化剂的长期稳定性的问题,使其还需进一步的研究。

9.3.3　析氢反应(HER)

由于化石燃料的有限性和污染性,人们正在不断寻找能够替代化石燃料的清洁能源作为交通所需的燃料,氢气作为新一代的清洁能源正在被人们不断地研究,析氢反应也成为迄今为止研究最多的电化学反应。其电化学反应式分别为

酸性条件:

$$2H^+ + 2e^- \longrightarrow H_2$$

碱性条件:

$$2H_2O + 2e^- \longrightarrow H_2 + 2OH^-$$

当然,析氢反应并不是上面的直接反应模式这样简单,其间会发生放电反应、化合反应和离子反应的复杂反应,并且,每一步都是限速反应。如果反应过程中的速度受到限制,系统阴极便会出现过电位现象。过电位是指一个电极反应偏离平衡时的电极电位与这个电极反应的平衡电位的差值。根据过电位产生原因的不同,通常可以把过电位分为电化学过电位、电阻过

电位和浓差过电位。电化学过电位为在一定电解池条件下，假定可以忽略不计浓差极化，要使这些电解池的电解顺利进行，就必须施加比该电池的反电动势还要大的电压，当电极上有气体产生时，这种差异就会更大，这种差异性使系统所需的额外电压即为电化学过电位。一般来说，析出金属的过电位较小，而析出气体，特别是氢、氧的过电位较大。

析氢反应过电位是各种电极过程中研究得最早也是最多的，对于大部分能够催化 HER 的电极材料来说（图 9.2），阴极过电位在很宽的电流密度范围内可以用 Tafel 方程来描述：

$$\eta = a + b \cdot \lg(i)$$

式中　η——HER 的阴极过电位；

i——电流密度；

a,b——常数，a 强烈依赖于电流交换密度 i_0，b 是 Tafel 斜率。

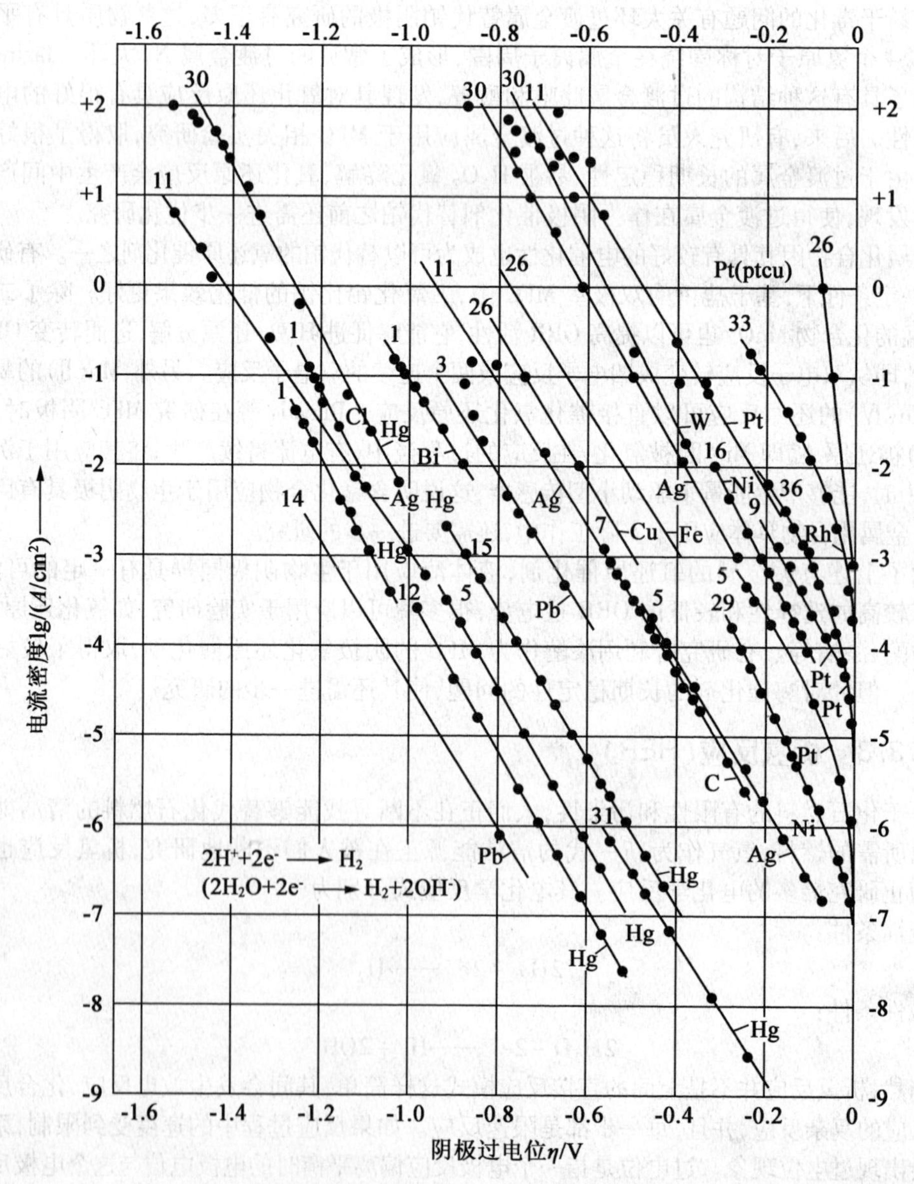

图 9.2　各种金属和电解质条件下，析氢反应（HER）的 Tafel 曲线

阴极材料的氢过电位越大，电解过程的不可逆程度也就越大，阴极上的析氢反应就越不容易发生。高性能HER电极催化剂应该具有较高的电流交换密度和较小的Tafel斜率。好的电极材料的比表面积越大，其交换电流密度就越大，但交换电流密度并不是唯一一个影响HER电催化活性的指标，影响其电催化活性的还有材料寿命和成本、开路条件下催化剂的稳定性等因素。系统可以用来产生析氢反应的催化剂种类有很多，主要有铂、镍、碳化钨和酶。

铂作为阴极催化剂的成本很高，无论是MEC还是MFC都是如此，使得其难以继续应用。即使可以通过减少铂的负载量来使MECs的成本降低，也会由于某些原因，使以铂为催化剂的MEC的阴极性能远远落后于传统电解槽的阴极性能。铂的存在还会使正常运行的MEC系统产生几百毫伏的过电位，不仅如此，金属中毒等原因也会导致MEC中的阴极性能下降。

基于铂的替换问题，位于元素周期表中，铂族上方的镍成了替换铂用于阴极催化剂的最佳良品。镍拥有很好的HER催化活性，其合金（镍钴合金）在碱性条件下非常稳定，是世界上使用最广泛的碱性电解系统电催化剂之一。提高镍的催化活性很关键，方法除了与金属或非金属合金，还可以通过增大催化部位的比表面积来提高镍的催化活性，我们可以将镍和其他金属沉积在一起，随即将其他金属溶出，从而形成了比表面积很大的多孔结构，提高了镍的催化活性。另外，研究表明，镍与不锈钢合金非常适合作为MEC的阴极材料。

碳化钨是一种低成本的HER电催化剂，可用来催化微生物的析氢反应。Harnisch等曾利用碳化钨（WC）作为MECs中的HER电催化剂的系统进行过研究，研究发现，系统阴极性能与WC的含量成正比，且受其他杂质的影响较小，此外，WC可在中性电解液中运行良好，并且不易腐蚀，适于长期运行，是很有潜力的MECs电催化剂。

有实验表明，氢化酶和固氮酶是高效的产氢催化剂，且氢化酶可以作为HER的电催化剂。酶虽然拥有一定的电催化活性，但当外部电极电势超过一定范围时，酶就会变得不稳定，所以还需进一步研究。目前正在开发基于无机催化剂位点的氢化酶和固氮酶的仿生学方法。

第3篇　双室“发电、除污”耦合工艺的微生物燃料电池的研究

第10章　微生物燃料电池简介

10.1　研究背景

随着科技的不断发展,人们的生活水平得以不断提高,而相应的代价是生态失衡、全球气候变暖、土壤污染及赤潮等一系列环境问题,海啸、地震、雪灾、干旱等“自然灾害”频频发生,大自然的警钟惊醒了人们,人们所倡导的节能环保、可持续发展、低碳经济已经不再是一些概念,而是要付诸实践的政策。其能否实现的关键在于运用先进技术的发展来转变能源利用方式,从而达到清洁生产,降低污染,保护环境的目的。因此,开发新能源、新技术迫在眉睫。

风能、水能、地热能、生物质能等都是正在大力发展的可再生能源。其中,生物质能是自然界中有生命的可以生长的各种有机物质,包括动物、植物和微生物,其本身具有一定的能量,并可以转化成不同形式的能量。它以可再生性、低污染性、广泛分布性及丰富的生物质燃料总量等优点被认为是未来可持续能源系统的组成部分。近年来,在各种生物能源中,微生物燃料电池作为一种新兴的高效的生物质能,成为人们研究的焦点,它实现了在污水处理的同时进行资源化利用。污水资源化是指将生产和生活的废弃用水经合理分类和科学处理后加以综合利用。除了可以对污水进行综合治理、直接排放和加以回用外,对其中有价值的成分可以加以回收利用。这样不仅解决了环境污染,而且能够产生额外的经济效益。

由于 MFC 是把微生物呼吸产能直接转换为电能,与现有的其他利用有机物产能的技术,如产氢、产乙醇、产甲醇等相比,MFC 具有操作上和功能上的优势。首先它将底物直接转化为电能,保证了很高的能量转化效率,避免了昂贵的预处理催化过程。其次,不同于现有的所有生物能处理, MFC 在常温甚至是低温的环境条件下都能够有效运作。第三,MFC 不需要进行废气处理,因为它所产生废气的主要组分是 CO_2。第四,在缺乏电力基础设施的偏远地区,尤其是发展中国家,MFC 具有更广泛应用的潜力,同时也扩大了满足人们对能源需求的燃料的多样性。

10.2　微生物燃料电池简介

10.2.1　发展历史

微生物燃料电池是利用电化学技术将微生物代谢能转化为电能的一种装置，是在生物燃料电池基础上，伴随微生物、电化学及材料等学科的发展而发展起来的。

世界第一个微生物燃料电池是由英国植物学家 Michael Cresse Potter 制造的，早在 1911 年，他发现细菌的培养液能够产生电流，他用铂作电极，将其放进大肠杆菌和普通酵母菌培养液中，产生了 0.33 ~0.5 V 的开路电压和 0.2 mA 的电流。随后剑桥大学的 Cohen 对微生物燃料电池做了进一步的研究，利用串联的电池组产生了超过 35 V 的电压。

20 世纪 50 年代，美国空间科学研究促进了 MFC 的发展，他们利用宇航员的生活废物和活细菌制造了一种能在外太空使用的 MFC，即间接微生物电池，先利用微生物发酵产生氢气或其他能作为燃料的物质，然后再将这些物质通入燃料电池发电，不过放电率极低。

从 60 年代后期到 70 年代，直接生物燃料电池逐渐成为研究的热点。其中以葡萄糖为燃料，氧气为氧化剂的酶燃料电池备受关注，因为它可以植入人体、作为心脏起搏器或人工心脏等人造器官电源。但锂碘电池在这方面率先取得了突破，并很快应用于医学临床，使生物燃料电池的研究受到较大冲击，出现了一段低迷状态的时期。

随后，70 到 80 年代的石油危机的出现，生物燃料电池又再次激起研究人员的兴趣。

80 年代后，因广泛使用电子传递中间体而提高了功率的输出，使其作为小功率电源使用的可行性增大，这吸引了越来越多的科研人员对微生物燃料电池进行研究和开发。Bennetto 等人通过大量的实验、研究了可作为生物催化剂的各种微有机体，以及这些微有机体与各种氧化还原介体、各种碳水化合物底物的匹配，验证了生物催化剂 - 介体 - 底物的最佳组合是 *P. vulgaris*，硫堇和葡萄糖。此后，他们改进了电子传输，研制了一个计算机控制的微生物燃料电池，即将 *P. vulgaris* 固定在石墨粘制的电极上，使用 HNQ 作为介体，周期性地加入葡萄糖到反应混合物中，在 1 000 Ω 的负载下获得了 0.4 mA 的平均电流，可持续 5 d 以上，实验证明，中介体可以同时提高电子的传递速率和反应速率。1987 年 Derek R. Lovley 等人从波拖马可河底沉积物中分离出 *Geobacter metallireducens*，这种菌可以不通过氧化还原介体氧化有机物转移电子，并以 Fe(Ⅲ)为电子受体最终使无定形三价铁氧化物还原而具有磁性。随后的研究表明，这种微生物具有电化学活性，它们能够在没有外加介体的条件下可以把电子从底物中转移到阳极板上。这种电子传递速率与柠檬酸铁做电子受体时的速率相似，库仑效率高达 98%。这一发现促进了对微生物燃料电池的研究。

10.2.2　特点

微生物燃料电池作为一种新兴的能源工艺，具有以下特点：

(1) 能量利用率高，可直接将底物的化学能转化为电能。

(2) 原料广泛，理论上任何有机物甚至可利用光合作用或直接利用污水作为微生物的底物。

(3) 操作条件温和，微生物燃料电池可以在常温常压接近中性的环境中运行。这与所有的生物发电过程不同,使得电池维护成本低、安全性强。

(4) 清洁高效,对微生物燃料电池过程产生的气体不需要对其处理,因为微生物燃料电池主要产生二氧化碳,环保无污染。

(5) 生物相溶性好,由于可利用人体血液中的葡萄糖和氧气作燃料,一旦开发成功,便能方便地为植入人体的一些人造器官提供电能。

(6) 如果采用空气阴极,则微生物燃料电池不需要能量的输入,同时还可提供能量。

(7) 广阔的应用前景,微生物燃料电池对于缺少发电设备的地方存在很大的市场潜力,并且可以扩大目前的燃料形式以满足我们的能量需求。

微生物燃料电池与现行的有机物发电和污水处理技术相比,在运行和功能方面具有以下优势:

(1) 能够直接利用生物废物和有机物产生电能,产出的能量可以直接为污水处理厂所用,或者在电力市场出售。

(2) 能量转化率高,实际总效率可达到80%,利用厌氧处理产生的沼气燃烧发电时,总的效率只有30%。

(3) 在使用了一定时间以后,利用很短的时间补充底物即可继续工作,而常规电池需要充电才能继续使用。

(4) 污泥产量低,这是由于电能的产生,微生物燃料电池中微生物的生长速率比普通的好氧处理过程相比低很多。

(5) 排出的气体一般无毒无害,可以直接排放,简化了气体处理过程。

10.2.3 基本结构

为了提高电池发电效率和功率输出,更适合废水处理、降低造价等,使电池能够更好地在实际中应用,MFC的结构一直在不断地改进。

1. 双室型 MFC

双室型MFC由两个电极室组成,一个为阳极室(厌氧室),另一个为阴极室(好氧室),分为整体式和分体式。在阳极室,物质被微生物氧化,电子被外加载体或者介体(铁氰化钾、硫堇、中性红)转移到阳极,或者直接通过微生物呼吸酶转移到阳极。阳极室与阴极室在电池内部用质子交换膜连通(整体式),或是盐桥连接(分体式),外部通过导线连接构成循环电路。在阴极室,电子通过外电路、质子通过质子交换膜或盐桥分别到达阴极化合形成水。

分体式MFC如图10.1所示,两个烧杯分别作为电池的阳极和阴极,中间用盐桥分开。Min等人考察了这种电池的发电性能,以碳纸为阳极和阴极材料,阳极在厌氧条件下富集产电微生物,用乙酸钠作为底物,阴极负载Pt作为催化剂,通过向阴极曝气提供电子受体,仅仅得到了0.02 V的电压和2.2 mW/m^2 的功率密度。由于盐桥对离子的迁移阻力过大,导致电池内阻高达 2×10^4 Ω,因此实际应用的价值不大。

整体式MFC主要有H型、立方体、升流式、平板式、微型等构型,如图10.2所示。

(1)H型MFC(图10.2 A)是当前研究中使用最多的形式,其两极室均可以曝气。Min等人用此构型的MFC对混合培养和纯菌(*Geobacter metallireducens*)培养方式为基础进行电池性能测试,得到了40 mW/m^2 的功率输出,电池内阻在1 300 Ω左右。由于膜和阴极传质作用的限制,这种电池内阻较大,经常用在实验室水平的基础研究中。

图 10.1　分体式微生物燃料电池

(2)立方体 MFC(图 10.2 B)是 Kim 根据单室立方体空气阴极 MFC 反应器改进的,该反应器不需要将膜粘接到阴极上,质子交换膜位于中间,可用于研究不同膜对反应器内阻的影响。得到阳离子交换膜(AEM)产生的最大功率密度为 610 mW/m^2,相应的库仑效率为 72%;Nafion 膜产生的功率密度为 514 mW/m^2。Kim 等发现,当 Nafion 膜不与阴极相邻放置时,膜因较高的传导能力对内阻并不产生影响。

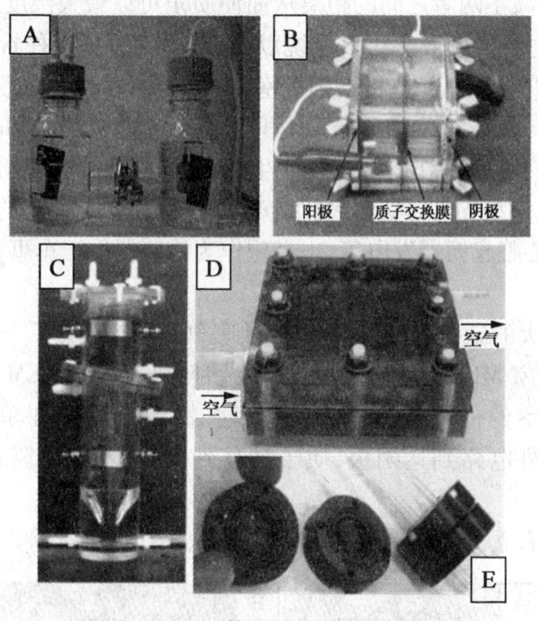

图 10.2　整体式微生物燃料电池

(3)升流式 MFC(图 1.2 C)是将 UASB 反应器改造得来的,结合 UASB 与 MFC 的优点发展形成了 UMFC。该反应器由 2 个圆筒形有机玻璃管连接而成。上端为阴极室,下端为阳极室,均用 RVC 颗粒填充,阴极使用铁氰化钾缓冲溶液和充氧水作为电子受体,两室由安装角度为水平 15°的 PEM 隔开,阴极和阳极都采用网状玻璃碳电极。该反应器由 He 设计,他用蔗糖溶液为底物,得到的最大功率密度为 170 mW/m^2,库仑效率为 0.7% ~8.1%,溶解性 COD 的去除率高达 90% 以上,电池内阻为 84 Ω,这限制了功率的产生,并且很可能也导致了库仑效率很低。这种电池的新颖之处在于将 MFC 和废水处理中的经典厌氧反应器 UASB 巧妙地结合在了一起;另外,He 等人对电池整体性能的评价和分析深入透彻,手段先进,结果可信,具有很好的借鉴和参考价值。

(4)平板式 MFC(图 10.2 D)设计理念来源于氢燃料电池,包含两个用旋钮拧紧在一起的聚碳酸酯绝缘板,板上布设了蛇形导流廊道,两板用一个橡胶垫密封,阳极材料为碳纸,阴极使用碳布,表面负载 Pt 作为催化剂,通过连续通入空气作为电子受体。PEM 与阴极黏合后置于阳极上,有机底物在阳极内连续推流式前进。Min 和 Logan 用该系统处理生活污水可产生的功率密度为 63 mW/m^2,COD 去除率为 58%,使用乙酸钠、淀粉、丁酸钠、葡萄糖和糖苷为底物时,得到的最大功率密度分别为 286 mW/m^2, 242 mW/m^2, 220 mW/m^2, 212 mW/m^2 和 150 mW/m^2。这种电池的特别之处是首次将氢燃料电池的构型和设计理念引入 MFC 中,将阴阳极和质子交换膜压在一起,并将其平放,可以使菌由于重力作用富集于阳极上,而且阴阳极间只有质子交换膜,可以减少内电阻,从而增大输出功率,并且能够连续发电和处理有机废水。

(5)微型 MFC(图 10.2 E)采用折叠的三维电极,可以增大电极表面积,阳极和阴极的体积仅为 1.2 cm^3,电极之间的距离为 0.175 mm。Ringeisen 等人用 *Shewanella oneidensis* DSP10 接种,铁氰化钾作为阴极电子受体,中间用 PEM 隔开。该电池能够产生的最大功率密度为 3 000 mW/m^2,是同类 *S. oneidensis* 纯菌 MFC 功率密度的 1 960 倍。由于系统的阴阳极室几乎贴在一起可以减小两者之间的距离从而使质子可以最大限度地通过 PEM,比传统的两室 MFC 具有更高的电子传递效率。该系统以乳酸盐为底物,接种希瓦氏菌 DSP10,阴极室加铁氰化物溶液,采用 RVC 和 GF 电极在阳极室不加外源中介体时可分别输出最大功率密度为 24 mW/m^2 和 10 mW/m^2。该装置由于其体积小而产电量高,而 Biffinger 等人在该系统研究地基础上将 Pt - C 涂于 GF 表面作电极可以产生的电能达 150 W/m^3,而纯粹用 GF 电极产生的电量只有 12 W/m^3。微型 MFC 具有装置小、产电量比其他 MFC 高的优点,可用于小型甚至微型的设备中,如人体心脏起搏器发电等,也有望作为传感器用于军事、国土安全及医学领域。

2. 单室型 MFC

两室 MFC 存在最大的缺点就是阴极室必须曝气,所以发展了一种更简单有效的 MFC 以替代两室 MFC,即单室 MFC,其省去了阴极室,将阴极直接与 PEM 黏合后(或没有 PEM)面向空气,并作为阳极室的一壁,而且不需要曝气,物质(燃料)在单室阳极处被微生物氧化,电子由阳极传递到外电路到达阴极,质子转移到阴极,阴极暴露在空气中,氧气作为直接的电子受体。

单室型 MFC 主要有立方体、管状、瓶状等构型,如图 10.3 所示。

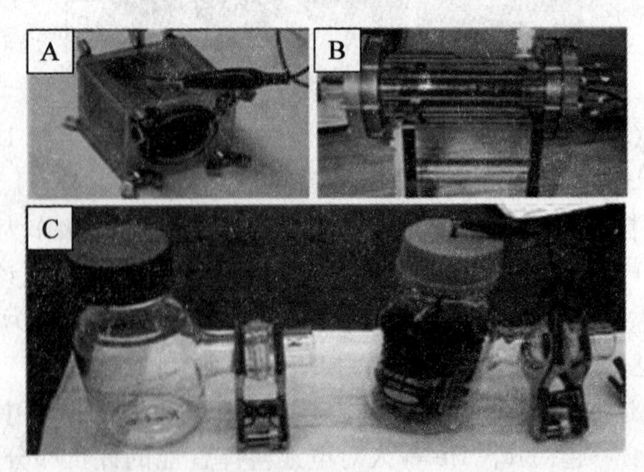

图 10.3 单室型微生物燃料电池

(1)立方体 MFC(图 10.3A)是 Liu 和 Logan 设计的一种全新的 MFC,叫作单池空气阴极无膜 MFC。该 MFC 的最大特点是在阴极省去了质子交换膜,这是首次报道的不需要使用质子交换膜的 MFC,其直接使用空气作为电子受体,空气中 21% 的氧气分压是氧气向阴极内部扩散的主要推动力。研究发现省去了 PEM 后电池的功率输出从 262 mW/m^2 提高到 494 mW/m^2,电池内阻大大降低。此系统的最大优点是功率高,内阻小,设计简单,可操作性强,基础和运行费用低,不用向阴极内定期更换阴极电解液。而主要存在的问题是需用 Pt 作催化剂从而增加了基础造价;在无膜存在阴极的催化剂易中毒;系统很难实现放大;氧气分子会透过阴极进入阳极,影响阳极厌氧微生物的活性,使电极上的微生物种群发生变化。总之,作为 MFC 家族中新兴的一员,空气阴极 MFC 以它独特的设计和良好的性能正在引起人们的关注,越来越多的研究开始集中在电池的适应性和性能的改进上。

(2)管状 MFC(图 10.3B)的原形实际上是化工反应中经常使用的套管式反应装置。电池主体分为外置管和内置管,分别作为 MFC 的阳极室和阴极室。碳布和膜采用热压成为一体作为电池的阴极,插入聚丙烯管中,8 根石墨棒阳极安放在同轴的阴极周围。Liu 等使用该反应器首次证明电能的产生与污水处理可同时进行。此反应器可以去除 80% 的 COD,产生的最大功率为 26 mW/m^2,库仑效率 $<12\%$。

(3)瓶状 MFC(图 10.3C)实质上是 H 型双室反应器的一半,用于纯培养与混合培养实验。用碳刷作此反应器的阳极,葡萄糖为底物,得到的最大功率密度为 1 430 mW/m^2,库仑效率为 23%;使用平板石墨电极产生的最大功率密度为 600 mW/m^2;以普通石墨纤维为电极时得到功率密度为 1 200 mW/m^2;而用 *Shewanella oneidensis* MR－1 和乳酸盐,碳刷电极的反应器产生的功率密度为 770 mW/m^2。

3. 串联型 MFC

从现有研究看出单个燃料电池产生的电量非常小,所以有些研究人员已经尝试用多个独立的燃料电池串联起来可以提高产电量。Aelterman 等人将 6 个完全相同的 MFC 通过串联或并联的方式组合在一起(图 10.4),与阴极由插入到粒状石墨的石墨棒组成,使用葡萄糖连续发电,发现两种连接方式的最大功率密度相同,均为258 mW/m^3,串联的开路电压为 4.16 V,内阻为 49.1 Ω;并联的短路电流为 425 mA,内阻为 1.3 Ω;串联运行时库仑效率只有 12%,而并联运行提高到 78%。

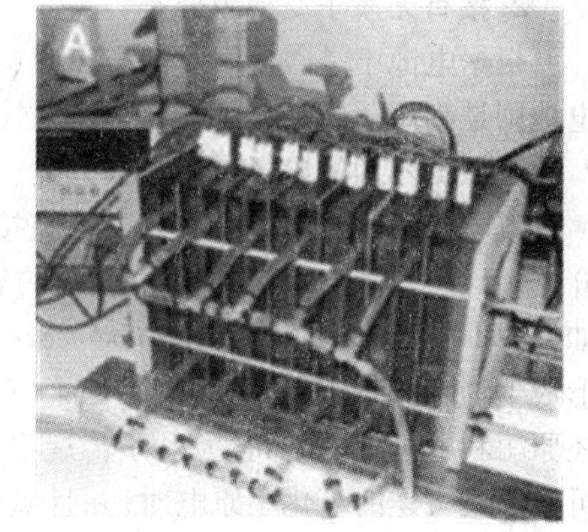

图 10.4　串联型微生物燃料电池

4. MFC 结构的优化

从 MFC 的运行效果可以看出,要使其产生出更多的电能,可通过优化反应器的结构来实现:

(1)尽量简化 MFC 的结构。使用 SCMFC,既可以扩大反应器容积,增大其输出功率,又可以不向阴极室曝气,可以节省大量的动力能源。

(2)确定合适的阴阳极表面积、两极间距离以及 PEM 的面积。文献报道,阴极表面积从 2 215 cm^2 增加到 6 715 cm^2 时。产电量增加 24%,若减少到 518 cm^2 时,产电量降低 56%。阴阳极表面积均为 2 215 cm^2 时,随着 PEM 面积改变,电能密度也发生变化。

(3)阴阳极材料的选择。对于不同底物,不同的电极材料产生的电量是不一样的。Park 等人研究中用 Mn^{4+} – 石墨阳极和 Fe^{3+} – 石墨阴极结合在废水污泥微生物中产电量最高,电流为 14 mA,最大功率密度达 78 715 mW/m^2。

(4) PEM 的功过。PEM 在微生物燃料电池中也是一个重要的组成部分,可以根据需要选用不同的材料,但一般其价格昂贵,会增大内电阻,而且当大规模应用时,由于悬浮固体或溶解性污染物的存在会产生臭味。所以适当的时候可以省去 PEM。

(5)介体 MFC 向无介体 MFC 发展。从已有的研究来看,20 世纪 80 年代,介体 MFC 研究开始活跃,主要中介体有铁氰化钾、硫堇、中性红等,但大多数介体都很贵而且有毒,所以应用中介体的 MFC 没有商业化。90 年代后,研究发现,微生物不通过介体也可以传递电子,研究热点开始转向无介体 MFC。

(6)高效产电菌的筛选与培育。能够用于产电的细菌有希瓦氏菌、地细菌、脱硫菌、大肠杆菌、梭状芽孢杆菌等。但要使 MFC 得到广泛的应用,必须筛选出能利用多种电子供体的细菌。具有多种呼吸类型的希瓦氏菌新种 S12 菌就符合要求。

10.2.4　分类

1. 按反应器外形分类

从反应器外形上可分为两类:一类是双极室 MFC,另一种是单室 MFC。双室 MFC 构造简单,易于改变运行条件(如极板间距、膜材料、阴阳极板材料等)。单室 MFC 则更接近于化学燃料电池,阴极不需要曝气,阴阳极板之间可以不加 PEM,但库仑效率一般都很低。

2. 按有无质子交换膜分类

根据电池中是否使用质子交换膜(PEM)又可分为有膜型和无膜型两类。无膜型燃料电池则是利用阴极材料具有部分防空气渗透的作用而省略了质子交换膜。

3. 根据不同的电子传递方式分类

按电子传递方式不同可以分为直接 MFC(无介体 MFC)和需要媒介体的间接 MFC(有介体 MFC)。对于无介体 MFC,细菌的氧化还原酶固定在细胞表面,起着电子传递的作用。如 *Geobacter sulfurreducens* 和 *Rhodoferax ferrireducens* 就是这种细菌,它们都可以在电极表面形成生物膜。对于有介体 MFC,如果应用可溶性介体,介体分子载着电子往返于细菌氧化还原酶和电极表面之间,为电子传递提供方便的通道。介体是典型的氧化还原分子,它们可以形成可逆的氧化还原电对,并且氧化形式和还原形式非常稳定,对生物无毒无害不易降解。尽管外源加入的介体可以大幅度提高电子传递效率,但它们存在造价高无法应用于实际,在长时间的运行过程中会被生物降解等问题。因此,着眼于 MFC 的应用可行性,无介体 MFC 才是研究的中心。

4. 按微生物分类

按微生物分类,则分为纯菌 MFC 和混菌 MFC。

近期国外学者报道了 MFC 中的一些种类的细菌,这些细菌能够直接向阳极传递电子,其中金属还原菌占主要部分。金属还原细菌一般存在于沉积物中,这些菌可以利用不可溶的 Fe(Ⅲ)、Mn(Ⅳ)等作为电子受体。研究表明,细胞膜外特殊的细胞色素使 *Shewanella putrefaciens* 具有电化学活性。*Rhodoferax* 是从缺氧的沉积物中分离出的一种能够以葡萄糖为单一碳源,有效传递电子到石墨阳极的细菌。值得关注的是,这种菌是报道的第一种能够完全降解葡萄糖为 CO_2 的产电菌,同时产电效率达到90%。尽管一般这些细菌表现出高的电子传递效率,但它们对底物的专一性很强(一般为醋酸盐和乳酸盐),生长速率缓慢,并且与混合菌群相比能量转移效率低。此外,长期运行纯微生物培养的 MFC 会有很高的引入其他杂菌的风险。

与纯菌种 MFC 相比,混合菌群 MFC 有如下优点:抗冲击能力强,更高的底物降解率,更低的底物专一性和更高的能量输出效率。通常电化学活性的混合菌群是从沉积物(海底和湖泊沉积物)或污水处理厂的活性污泥驯化出来的。通过分子分析,研究中已经发现了 *Geobacteraceae*, *Desulfuromonas*, *Alcaligenes faecalis*, *Pseudomonas aeruginosa*, *Proteobacteria*, *Clostridia*, *Bacteroides* 和 *Aeromonas* 等具有电化学活性的细菌。另外,有研究表明,在具有电化学活性的细菌家族中存在固氮菌(*Azoarcus* 和 *Azospirillum*)。

10.2.5 影响电池性能的因素

微生物燃料电池产电性能的优劣主要是由生化过程和电化学过程共同决定的。

(1) 底物转化速率。底物转化速率是评价 MFC 性能的技术参数之一,其取决于微生物的细胞量,营养物质的量,物质的传递速率,微生物的活性,有机负荷,质子交换膜的质子交换速率以及微生物燃料电池的电压。此外,电化学过程也对底物转化速率有重要影响。首先,需要保证微生物生长的最适条件,使之在最短时间积累足够生物量。其次,培养基的充分混合也很关键,可以保证微生物与营养物的充分接触,产物的及时输出。

(2) MFC 内阻。这一参数主要取决于电极间电解液的阻力及 PEM 的阻力。缩短电极间的距离、增加离子浓度,均可以降低内阻,优化 MFC 的性能。

(3) 电池外电阻。电池的负载较高时,电流较低且较稳定,内耗较小,外电阻成为主要的电子传递限速步骤;电阻较低时,电流变化是先达到一峰值后降低,持续在某一固定值,内耗较大,因电子消耗的量小于传递的量。但是低电阻时,库伦产率较高。

(4) 电解质 pH 值。电解质的 pH 值的选取十分关键,既要保证微生物生长处在最佳状态,又要保证质子的高效透过膜。pH 对微生物的生理代谢起着重要的作用,pH 太小或太大都将影响微生物的生命活动,进而影响其产电情况。pH 值过高,质子倾向于在还原态,不利于电子的产生和传递。另外,电解质对质子交换膜不能有腐蚀作用,电解质也是形成电池内阻的一部分,因此应尽可能提高电解质的导电性。

(5) 阳极的超电势。电极上有电流通过时所表现的电极电势与可逆电极电势之间偏差的大小即为超电势。一般阳极的超电势的影响因素主要有电极的表面积,电极的电化学特性,电极电势,电子的传递机理及其动力学规律以及微生物燃料电池的电流大小。

(6) 阴极的超电势。和阳极上一样,在阴极上同样存在电位的损失。为了避免这个损失,一些研究人员采用投加六氰高铁酸盐溶液的办法。为了正常运行,微生物燃料电池的阴极应该为一个敞开的电极。

(7) 阳极室氧的去除。质子交换膜对氧气都有一定的透过性,而对于阳极室里厌氧菌来说,氧的存在对其代谢是极为不利的,可以提高氧化还原电势,终止厌氧菌的代谢,严重影响电池的性能。

(8) 阴极室氧的供应。微生物燃料电池的阴极室较多采用开放式的,利用空气中的氧为氧化剂。有研究发现,仅靠正常大气压下的溶解氧是不够的,可采用空气饱和电解质,或向电解质中不断通入空气。

除了以上的因素外,电极材料和表面积、质子交换膜的性质、曝气速率、连续运行时的进流速率及温度等都能影响电能输出。

10.3 研究现状及应用前景

10.3.1 电极

电极由无腐蚀性的导体材料组成,MFC 的阳极材料通常选用导电性能较好的石墨、碳布和碳纸等材料,其中为提高电极与微生物之间的传递效率,有些材料经过了改性。阴极材料大多使用载铂碳材料,也有使用掺 Fe^{3+} 的石墨和沉积了氧化锰的多孔石墨作为阴极材料的报道。有研究表明,在阳极,采用柱型石墨电极较石墨盘片电极产生的电压高出 2 倍。在阴极采用石墨盘片和石墨毡时,容积功率大致相同,而采用柱型石墨电极时,开始阶段和前两种的容积功率相近,但随后容积功率发生明显下降。

使用氟化聚苯胺涂覆铂电极,发现聚(2-氟苯胺)和聚(2,3,5,6-四氟苯胺)的性能超过其母本化合物苯胺,提高了铂催化氧化微生物厌氧代谢产氢的活性。而在保护铂不受代谢副产物毒害方面性能更好。聚(2,3,5,6-四氟苯胺)对微生物和化学降解更稳定,因此最有可能被应用于污水、污泥等微生物大量存在的复杂环境中。有研究将微生物氧化剂修饰的石墨阳极和普通石墨电极进行了对比评估,石墨改性包括通过吸附蒽醌-1,6-磺酸或1,4-萘醌,石墨陶瓷复合(含 Mn^{2+},Ni^{2+}),石墨改性掺杂粘贴(含 Fe_3O_4 或 Fe_3O_4 和 Ni^{2+})。结果发现这些阳极比普通石墨阳极动力学活性高 1.5~2.2 倍。

10.3.2 质子交换膜

质子交换膜对于维持微生物燃料电池电极两端 pH 值的平衡、电极反应的正常进行都起到重要的作用。但是,通常的情况是,质子交换膜微弱的质子传递能力改变了阴阳极的 pH 值,从而减弱了微生物活性和电子传递能力,并且阴极质子供给的限制影响了氧气的还原反应。质子交换膜的好坏和性质的革新直接关系到微生物燃料电池的工作效率、产电能力等。另外,目前所用的质子交换膜成本过高,不利于实现工业化。

理想的质子交换膜(Proton Exchange Membrane,PEM)应该在具有良好的质子传递功能的同时,能够很好地防止其他物质(如有机质和氧气)的扩散。DuPont 公司研发的全氟质子交换膜-Nafion 在 MFC 反应器的研究中应用广泛。Nafion 膜的质子传递功能优良,但对氧气的屏蔽作用不甚理想,对胺敏感,且价格昂贵。在传统的燃料电池中,质子交换膜是不可缺少的重要组件,但在 MFC 中是否需要保留质子交换膜则是研究人员关注的课题。最近的研究结果显示,对于空气阴极 MFC 来说,取消质子交换膜虽然降低了电池库仑效率,但明显提高了电池的最大输出功率。这主要是由于取消质子交换膜以后,氢离子易于进入阴极表面,降低了电池的内电阻,进而提高了电池的输出功率;但同时由于没有质子交换膜的阻拦,氧气向阳极的扩散加剧,影响到阳极室内厌氧菌的正常生长;阴极催化剂直接与污水接触,中毒加快,影响 MFC 的稳定运行。

10.3.3　微生物

微生物作为构成 MFC 的关键,一直备受关注。以往相关研究主要集中在对电化学活性菌的分离和鉴定上。已见报道的典型种属列于表 10.1。

表 10.1　已鉴定的微生物燃料电池内代表性菌属

代谢类型	微生物	终端细菌电子载体	加入氧化还原载体
氧化型代谢	铁还原红育菌 (*Rhodoferax ferrireducens*)	未知	—
	硫还原地杆菌 (*Ceobacter sulfurreducens*)	89kDa c－细胞色素	—
	嗜水气单胞菌 (*Aeromonas hydrophila*)	c－细胞色素	—
	大肠埃希氏菌 (*Escherichia coli*)	氢化酶	中性红
	腐败希瓦氏菌 (*Shewanella putrefaceiens*)	苯醌	—
	铜绿假单胞菌 (*Pseudomortas aernginosa*)	绿脓菌素,吩嗪,梭基酰胺	—
	溶解欧文氏菌 (*Erwinia dissolvens*)	未知	Fe(Ⅲ)CyDTA
	脱硫脱硫弧菌 (*Desulfovibrio desulfwicans*)	S^{2-}	—
发酵型代谢	丁酸梭菌 (*Clostridium butyricrtm*)	绿脓菌素	—
	尿肠球菌 (*Enterococcus faecium*)	细胞色素	未知

理论上各种微生物均可能用于 MFC,但由于细胞壁肽键或类聚糖等不良导体的阻碍,大多数微生物产生的电子不能够传出体外,不具有直接的电化学活性。然而,许多微生物通过添加某些可溶性氧化还原介体作为电子传递中间体,可以将电子由胞内传递至阳极表面,较为典型的介体有甲基紫精、中性红、硫堇及可溶性醌等。但由于介体大多有毒、易流失且价格较高,很大程度上阻碍了其工业化应用。

另发现一些微生物能以产生的如 H_2、H_2S 等可氧化代谢产物(初级代谢产物)作为氧化还原介体,如大肠杆菌(*Escherichia coli*)和 *Desulfobulbaceae* 菌科细菌等;*Desulfovibrio desulfurcans* 可利用其代谢生成的硫化物作为介体。但初级代谢产物传递电子的能力有限,产电效率不高。某些微生物如 *Pseudomonas aeruginosa* 自身能够生成易还原的氧化还原介体物质(次级代谢产物),影响电子传递,并且这些介体会因控制其生成的基因失活或钝化而减少,容易随底物的更换而流失,导致此类 MFC 性能的降低。

近些年,研究者发现了多种可以不需介体就可将代谢产生的电子通过细胞膜直接传递到电极表面的微生物(产电微生物)。此类微生物以位于细胞膜上的细胞色素或自身分泌的醌类作为电子载体将电子由胞内传递至电极上。直接采用来自天然厌氧环境的混合菌接种电池,可以使具有产电活性的微生物在阳极得到富集,从而筛选出优势微生物菌属。目前发现的这类微生物有腐败希瓦氏菌(*Shewanella putrefaciens*)、丁酸梭菌(*Lostridiumbutyricu*)、铁还原红螺菌(*Rhodoferaxferrireducens*)、地杆菌(*Geobacteraceae*)和嗜水气单胞菌(*Aeromonas hydrophila*)等。无介体 MFC 避免了介质带来的一系列问题,成为近期 MFC 的研发重点。

值得注意的是,分子生物学手段已被广泛应用于 MFC 中微生物的研究。为了使相关研究信息得到充分利用,建立信息库是必要的。已有学者开展了相关工作,从一个使用乙酸介质操作 3 周的 MFCs 微生物的 DNA 构建了细菌人工染色体(140 kb)文库。16S rRNA 分析表明,MFC 中的优势微生物种属大多数情况为革兰氏阴性菌。构建细菌文库是研究微生物活性的有力工具,它提供了电化学微生物机体电子转移途径的信息。

10.3.4 底物

MFC 的最初研究中广泛应用单一小分子量的底物,如葡萄糖、果糖、丙酸盐、丙酮酸盐、乳酸盐、苹果酸盐、琥珀酸盐、甘油等。随着研究的开展,出现了大分子底物的报道,如利用半胱氨酸、蛋白胨和牛肉膏、淀粉和类纤维素等。这些结果表明,复杂的化合物也能够在 MFC 中被利用产电。

一些学者对底物的降解和产能动力学进行了研究。如利用单室 MFC 由乙酸盐和丁酸盐产电,乙酸盐(800 mg/L)产能(506 mW/m^2,或 12.7 mW/L)比丁酸盐(1 000 mg/L)高近 66%(305 mW/m^2,或 7.6 mW/L)。

近年来,一些研究者开始采用实际污水进行实验,取得理想效果。如应用 MFC 由养猪废水获取电能,最大功率密度达到 $P_{max}=261\ mW/m^2$(200 Ω),比用同样系统处理生活污水产能高出 79%。应用单室 MFC 处理含蛋白质污水,1 100 m/L 牛血清蛋白获得 $P_{max}=(354\pm10)\ mW/m^2$,库仑效率(Coulombic Efficiency, C_E) = 20.6%。在双室 MFC 中谷类废水稀释到 595 mg/L 进行实验,达到 $P_{max}=81\pm7\ mW/m^2$,最终 COD < 30 mg/L,去除率达到 95%。使用单室 MFC 和预发酵废水,最大功率密度可达到 $P_{max}=(371\pm10)\ mW/m^2$。各种底物的实验数据积累,为 MFC 在污水处理领域应用提供了充分的依据。

10.3.5 应用前景

微生物燃料电池的应用前景主要是在环境保护方面。

(1) 生物修复。利用环境中微生物氧化有机物产生电能,既可以去除有机废物,又可以获得能量。

(2) 废水处理并获得电能。微生物燃料电池不仅可以净化水质,还可以发电。虽然目前该产品还在不断改进,尚未投入商业化生产,但是它具有广阔的发展前景。

(3) 生物传感器。MFC 可实现有机污染物的在线监控。例如乳酸传感器、BOD 传感器。因为电流或电量产出和电子供体的量间有一定关系,所以它可用作底物含量的测定。利用 MFC 测定有机废水 BOD 的主要优点主要体现在耗时短,良好的稳定性、可重现性和精确性,受环境温度的影响很小和不需要其他的生化试剂等几个方面。

虽然伴随着人类的发展,生物能量的内涵在不断地革新,且愈加发挥着重大作用,但是它的利用和研究却仍然处于起步阶段。如何充分将生物质燃料的诸多优势为人类所用，如何提高热机燃烧、生物转化等的效率，如何使生物质燃料满足现代轻便、高效、长寿命的需要，仍需几代人的不懈努力。

10.4　课题研究的内容及意义

10.4.1　课题研究的内容

目前关于MFC的研究更多地倾向于产能方面，即发电效果，却忽略了微生物产能的过程中所带来的净化效果。本节主要研究将生活污水和电镀废水组成的双室微生物燃料电池，考察其发电的同时处理废水的可行性。

(1) 采用石墨和碳纸为阳极材料进行对比，研究不同电极的产电效率，从启动运行，到电能输出的分析。

(2) 将模拟电镀废水作为微生物燃料电池的阴极，主要研究了硝酸银、硝酸铜和硝酸锌的发电性能，以及对重金属废水和有机废水去除效果的评价。

10.4.2　课题研究的目的及意义

微生物燃料电池作为一种清洁、高效而且性能稳定的电源技术，由于功率密度低，材料造价昂贵，反应器形式的不确定，有关MFC的研究目前主要停留在实验室的规模和水平上，很难实现商业化应用。但MFC在作为污水处理技术以及将无用资源转变为可生产能量的有用资源方面均提供了新的发展方向，并且MFC将污水中可降解有机物的化学能转化为电能，实现了污水处理的可持续发展。因此，对其进行深入扩展的基础研究是极其有必要的。本节在借鉴前辈研究成果的基础上，以及兼顾发电和同步废水处理的双重目标，通过用活性污泥作为功能微生物源，生活污水中有机物作为底物，将电镀废水作为阴极液，构造出微生物燃料电池，进行电池运行参数的控制，电池阳极材料的效能以及不同阴极液对电池性能的影响等方面的研究分析，并考察了两种废水处理的效果，以期确立“生活污水－电镀废水”双处理耦合工艺的可行性，以及为此工艺的微生物燃料电池的建立与运行的研究提供基础数据，为研究环境友好型燃料电池提供新的思路。

第 11 章　实验材料与分析方法

11.1　MFC 的反应机理

11.1.1　MFC 的产电过程

（1）在阳极池，阳极液中的底物在微生物作用下直接生成质子、电子和代谢产物，并通过其呼吸链将此过程中产生的电子传输到细胞膜上，然后电子再进一步从细胞膜转移到电池的阳极上。随着微生物性质的不同，电子载体可能是外源的染料分子、与呼吸链有关的 NADH 和色素分子，也可能是微生物代谢产生的还原性物质。

（2）阳极上的电子经由外电路到达电池的阴极，质子则在电池内部从阳极区通过阳离子交换膜扩散到阴极区。

（3）在阴极表面，处于氧化态的物质（氧化剂）与阳极传递过来的质子和电子结合发生还原反应。

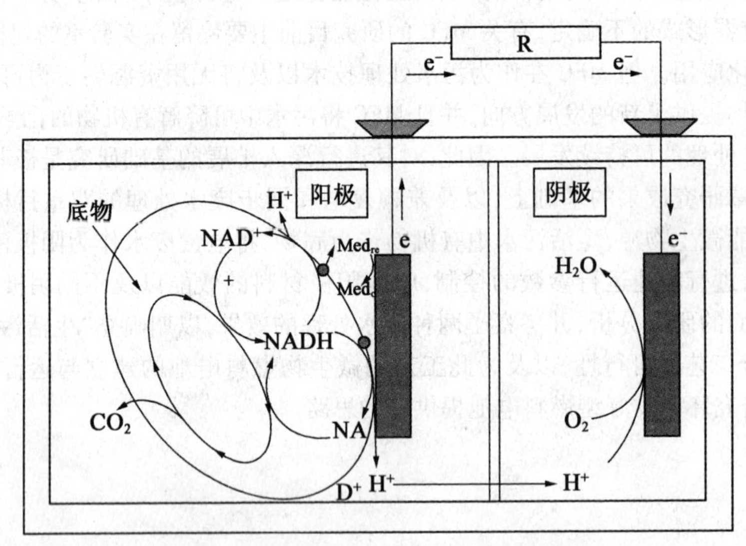

图 11.1　生物燃料电池工作原理示意图

电子供体和电子受体的电势差越大，微生物获得的能量越多，通常来讲，它的生长越快，以最为普遍简单的葡萄糖降解氧化来说，1 mol 葡萄糖降解氧化至二氧化碳，可以释放 24 mol电子，反应式如下

阳极反应：

$$C_6H_{12}O_6 + 6H_2O \longrightarrow 6CO_2 + 24H^+ + 24e^- \tag{11.1}$$

阴极反应：

$$C_6H_{12}O_6 + 6O_2 \longrightarrow 6CO_2 + H_2O \tag{11.2}$$

总反应式:

$$C_6H_{12}O_6 + 6O_2 \longrightarrow 6CO_2 + H_2O \tag{11.3}$$

理论上有这么多电子被传递出去,转化为电能。其能量传输的多少取决于生物的代谢效率;电子传递到电极上的效率。即对MFC研究的关键在于要使得微生物产生电子并实现电子的定向迁移。

11.1.2　MFC中微生物的生物氧化

对于微生物燃料电池来说,生物氧化占据了核心地位,它是电池启动的来源。生物氧化的实质是脱氢、失电子或与氧结合,消耗氧生成 CO_2 和 H_2O,其与有机物质体外燃烧在化学本质上是相同的,遵循氧化还原反应的一般规律,所耗的氧量、最终产物和释放的能量均相同。

生物氧化的特点是:

(1) 在细胞内,温和的环境(通常指在常温、常压、近中性pH及有水环境)中进行。

(2) 有酶、辅酶、电子传递体参与,能量逐步释放。一部分以热能形式散发,一部分以化学能形式储存。

(3) 生物氧化生成的 H_2O 是代谢物脱下的氢与氧结合产生,H_2O 也直接参与生物氧化反应;CO_2 由有机酸脱羧产生。

(4) 生物氧化的速度由细胞自动调控。

生物氧化分为三个阶段:第一阶段,代谢物上的氢原子被脱氢酶激活脱落,在第二、三阶段中,经过一系列的传递体,最后与激活的氧结合生成水,并产生ATP,此过程与细胞呼吸有关,所以将此传递链称为呼吸链(Respiratory chain)或电子传递链(Electron transfer chain)。呼吸链上电子传递载体的排列是有一定顺序和方向的,电子传递的方向是从氧化还原电势较负的化合物流向氧化还原电势较正的化合物,直到氧。氧是氧化还原电势最高的受体,最后氧被还原成水。

在MFC工作过程中,首先是通过微生物氧化有机物,然后把氧化过程中产生的电子通过电子传递链传递到微生物燃料电池电极上产生电流,同时微生物在电子传递过程中获得能量支持生长,这一过程被认为是一种新的微生物呼吸方式,即以电极为唯一电子受体的呼吸产能过程。细胞色素c(*Cytochrome c*)可以自由往返于胞内和细胞膜表面,当菌体与电极接触时它们就可以作为电子中介体向电极转移电子。电子从电子供体到 *Cytochrome c* 传递过程中产生的能量用于细胞的生长和代谢,而电子从 *Cytochrome c* 到 O_2 传递产生的能量可以转化为MFC的电能。此外,阳极所允许的最低电位决定电子传递是否能够发生(电子在很低的阳极电位下不能进行传递)。

11.2　实验装置

在综合衡量国内外现有各种类型的MFC构型,结合厌氧和好氧生物法废水处理工艺的特点,以及该电池系统应用到实际废水处理过程中的初期投资和运行成本后,本课题所研究的微生物燃料电池采用了传统的双室构型。双室微生物燃料电池的优点在于操作比较方便,阴阳两室可以通入独立的电解液,同时它的适用性也比其他构造的微生物燃料电池系统好,便于大范围地推广。

电池的阳极室和阴极室均为有机玻璃制成的圆柱形,单个极室的内径为 100 mm,高为 100 mm,有效容积均为 600 mL。两个极室用一个有机玻璃的圆形管(内径为 80 mm)连接,中间用质子交换膜(PEM)隔开。阳极室为密封厌氧,上端设有取样口,且用磁力加热搅拌器对阳极室内的混合液进行连续搅拌,以保证营养物质和厌氧污泥中的微生物充分混合。阳极和阴极分别置于两极室中,两极间用铜导线连接,并接入负载电阻。实验装置如图11.2 所示。

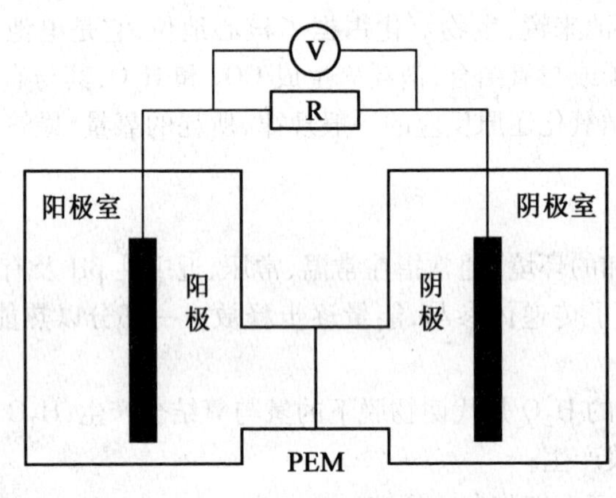

图 11.2　实验装置示意图

11.3　实验配备

11.3.1　实验材料

实验所使用的材料:

(1) 东丽 90 型/60 型的碳纸、石墨杆。

(2) 可调式 1 kΩ 电阻,导线若干。

(3) 一次性塑料注射器:20 mL。

(4) 环氧树脂绝缘胶。

(5) N_2 瓶。

(6) 质子交换膜(Nafion 117,杜邦)。

以 Nafion117 膜作为膜电极的基础材料,为获得一致的高纯度的 Nafion 膜来用作起始材料,膜必须通过标准过程来清洁。

①Nafion 膜在 80 ℃的 3% 过氧化氢中浸泡 1 h,以氧化有机杂质。

②80 ℃时,去离子水冲洗膜。

③将膜放入 80 ℃的 1 mol/L 硫酸溶液中浸泡 1 h,除去金属离子杂质。

④再以 80 ℃去离子水冲洗膜 1 h,以去除过量酸。

⑤处理完成的 Nafion 膜存放在去离子水中,作膜电极前,该膜应当在空气中风干。

11.3.2　实验试剂

实验所需的试剂见表 11.1。

表 11.1　实验试剂

药品名称	纯度	生产厂家
碳酸氢钠	分析纯	国药集团化学试剂有限公司
磷酸二氢钠	分析纯	国药集团化学试剂有限公司
磷酸氢二钠	分析纯	国药集团化学试剂有限公司
磷酸氢二钾	分析纯	国药集团化学试剂有限公司
磷酸二氢钾	分析纯	国药集团化学试剂有限公司
氯化铵	分析纯	国药集团化学试剂有限公司
氯化钙	分析纯	国药集团化学试剂有限公司
氯化铁	分析纯	国药集团化学试剂有限公司
钼酸钠	分析纯	国药集团化学试剂有限公司
硫酸铵	分析纯	国药集团化学试剂有限公司
硫酸镁	分析纯	国药集团化学试剂有限公司
硫酸锰	分析纯	国药集团化学试剂有限公司
硫酸	分析纯	国药集团化学试剂有限公司
硝酸	分析纯	国药集团化学试剂有限公司
过氧化氢	分析纯	国药集团化学试剂有限公司
邻苯二甲酸氢钾	优级纯	国药集团化学试剂有限公司
重铬酸钾	分析纯	国药集团化学试剂有限公司
高锰酸钾	分析纯	国药集团化学试剂有限公司
硫酸银	分析纯	国药集团化学试剂有限公司
硝酸银	分析纯	国药集团化学试剂有限公司
硝酸铜	分析纯	国药集团化学试剂有限公司
硝酸锌	分析纯	国药集团化学试剂有限公司
蔗糖	—	玉棠糖厂

11.3.3　实验仪器

实验所用仪器和检测设备见表 11.2。

表 11.2　实验仪器

仪器	型号	生产厂家
电热恒温鼓风干燥箱	DHG－9075A	上海一恒科技有限公司
电热恒温水浴锅	HWS26	上海一恒科技有限公司
温度控制仪	XMTD－2202	余姚市全电仪表有限公司
磁力加热搅拌器	79－1	浙江丹瑞仪器厂
离心机	TDL80－2B	飞鸽仪器厂
电子天平	AL104	METTLER TOLEDO
pH 计	HS－3C	智光仪器仪表有限公司
COD 消解仪	COD－571－1	上海雷磁仪器厂

续表 11.2

仪器	型号	生产厂家
COD 测定仪	COD－57	上海雷磁仪器厂
万用表	17B	美国 FLUKE
原子吸收分光光度仪	Q1－AA320	北京中西化玻仪器有限公司
可变电阻	WXD3－12S	—

11.4　MFC 的接种与启动

实验用接种污泥来源于生活污水排放沟的底泥。将其过滤、沉淀、淘洗后，在厌氧条件下保存，向内投加自配的营养液进行培养驯化，以恢复污泥的活性并富集菌种。驯养 20 d 后作为接种污泥投加到 MFC 阳极池中，接种量为 100 mL，pH 值调至 7 左右。实验前，将溶液曝氮气 5 min，去除溶液中的溶解氧，在整个实验过程中阳极室保持在厌氧状态，实验温度控制在(27 ±2)℃。

其中，营养液的主要成分见表 11.3。

表 11.3　营养液试剂名称及浓度

试剂	浓度/(g · L^{-1})	试剂	浓度(g · L^{-1})
$NaHCO_3$	3.130	$CaCl_2$	0.015
NH_4Cl	0.310	$FeCl_3 \cdot 6H_2O$	0.001
$NaH_2PO_4 \cdot H_2O$	0.750	$MnSO_4 \cdot H_2O$	0.020
$Na_2HPO_4 \cdot 12H_2O$	4.220	$NaMoO_4 \cdot 2H_2O$	0.001
$(NH_4)_2SO_4$	0.560	$K_2HPO_4 \cdot 3H_2O$	3.000
$MgSO_4$	0.097 7	蔗糖	2.000

MFC 的启动实际上是微生物在电极表面形成生物膜的过程，也是转移电子的微生物和其他种群微生物的竞争过程。反应器以间歇方式运行。当监测的输出电压低于 50 mV 时，停止搅拌，待混合液中污泥沉降完全后，弃去上清液，重新添加新的营养物质，并记为一个周期。当连续两个周期最大输出电压稳定在同一数值时，反应器启动完成。

11.5　MFC 参数测定方法及性能评价

11.5.1　MFC 参数测定方法

1. 电压和电流

电压和电流可以用数显万用表测定。实际上电压测定的是 MFC 外电路电阻两端的电势差，它可间接反映电池能量输出效果。

2. COD

COD 的测定采用重铬酸钾 COD 法。COD 采用的比色法测定原理：在强酸性溶液中，加入一定量的重铬酸钾专用消解液作氧化剂。在专用氧化剂存在的条件下，在 100 ℃恒温加热消化 20 min，重铬酸钾被水中还原性物质（主要为有机物）还原为三价铬。在波长 600 nm 处测定吸光度，吸光度的大小与三价铬的量成直线关系，而三价铬的量又换算成消耗氧的质量浓度，所以吸光度与 COD 呈线性关系。

3. pH 和氧化还原电位（ORP）

用 pH 计直接测定 MFC 阳极溶液的 pH 值和氧化还原电位，可间接考查 MFC 中质子和电子的分布情况。pH 值测量的原理是：以玻璃电极为指示电极，以 Ag/AgCl 等为参比电极合在一起组成 pH 复合电极。pH 复合电极电动势随氢离子变化而发生偏移来测定水样的 pH 值。

4. 金属离子浓度

金属离子浓度采用火焰原子吸收光度法测定。原理为：将水样或消解处理好的试样直接吸入火焰，火焰中形成的原子蒸气对光源发射的特征电磁辐射产生吸收。将测得的样品吸光度和标准溶液的吸光度进行比较，确定样品中被测元素的含量。

表 11.4　金属离子吸收谱线及适用浓度

元素	特征吸收谱线/nm	适用浓度范围/（$mg \cdot L^{-1}$）
银	328.1	0.03～3.0
铜	324.7	0.05～1.0
锌	213.8	0.05～1.0

11.5.2　MFC 的性能评价

1. 电压

MFC 的电压参数包括开路电压和工作电压。开路电压是外电路没有电流流过时电极之间的电位差，一般开路电压小于电池电动势。工作电压是指在 MFC 外电路接上用电器后，即有电流通过外电路时用电器两端的电势差，又称放电电压。当电流流过电池内部时，必须克服电池内阻，这样内阻也分担了一部分电压，所以在电池系统中，工作电压总是低于开路电压。

2. 电池内阻

电池内阻是所有燃料电池的重要评价指标。微生物燃料电池的内阻由欧姆内阻（R_{Ω}）动和电极在电化学反应时所表现的极化内阻（R_f）两部分组成。在 MFC 中，欧姆内阻受电极材料和电解质导电性，隔膜材料电阻，部件之间的接触电阻的影响；极化电阻是指电化学反应时由于极化引起的电阻，包括电化学极化内阻和浓差极化内阻。欧姆内阻和极化内阻之和为电池的内阻（R_i）。而在实际实验中通常将极化曲线在欧姆极化区的数据拟合得到的等效电阻称为电池的表观内阻或电池的内阻，因为各阶段中，欧姆极化区的电池输出功率最大。

目前在 MFC 研究中，对内阻的测定普遍采用 3 种方法：①电流中断法；②交流阻抗法；③极化曲线法。

这 3 种方法可分为 2 类：①暂态法，包括电流中断法和交流阻抗法，交流阻抗法广泛用于氢氧燃料电池的测定，而微生物燃料电池中通常用电流中断法测定欧姆内阻。②稳态法，通过稳态放电得到极化曲线，因为在极化曲线各个阶段中，欧姆极化区的电池输出功率最大，所以将极化曲线在欧姆极化区的数据拟合得到的等效电阻称为电池的表观内阻或电池的内阻。

3. 功率和功率密度

电池的功率是在一定的放电方法下，单位时间内电池输出的能量，是表示电池做功的快慢的物理量，和反应体系的动力学特性有关，如微生物生长和代谢动力学、阳极电化学反应动力学、离子迁移动力学及阴极氧化还原反应动力学等。功率由下式计算：

$$P = IE_{cell} \tag{11.4}$$

一般通过测量固定外电阻（R_{ext}）两端的电压，根据欧姆定律（$I = E_{cell}/R_{ext}$）计算电流，由此得到的功率计算公式如下：

$$P(R) = RI^2 = R[\varepsilon/(R+r)]^2 \tag{11.5}$$

功率密度是指电池单位面积或单位体积的输出功率。MFC 的生化反应发生在阳极，所以输出功率一般常采用阳极表面积标准化方法。以阳极表面积为参数的功率密度（P_A，W/m^2），计算公式为

$$P_A = \frac{UI}{A} = \frac{U^2}{RA} \tag{11.6}$$

式中 U——电压，V；

I——电流，A；

R——负载电阻，Ω；

A——阳极面积，m^2；

P_A——面积功率密度，W/m^2。

而有些 MFC 中，限制总功率的主要因素是阴极反应或阳极的构造很难用表面积来量化（例如石墨颗粒电极）。为了与化学燃料电池比较，从反应器的尺寸和费用考虑，功率也可以用体积标准化的方法，体积功率计算公式为

$$P_V = \frac{UI}{V} = \frac{U^2}{RV} \tag{11.7}$$

式中 V——反应液的总体积，m^3；

P_V——体积功率密度，W/m^3。

一般来说，面积功率密度和体积功率密度在数值上相互矛盾，如果以研究电极材料的性能和动力学为目标，应该使用面积功率密度，如果以有机废水处理和发电作为目标，应该使用体积功率密度。

对于一个闭合的电路来说，如果电源的电动势为 ε，内阻为 r，外阻为 R，那么在 R 上的功率为

$$P(R) = RI^2 = R\left[\frac{\varepsilon}{R+r}\right]^2 \tag{11.8}$$

对两边取一阶导数，得到

$$\frac{dP(R)}{dR} = \frac{(r+R)^2 - 2(r+R)}{(R+r)^4}\varepsilon^2 = \frac{r-R}{(R+r)^3}\varepsilon^2 \tag{11.9}$$

在驻点(即 $R=r$)处,功率达到最大为

$$p_{\max}=\frac{\varepsilon^2}{4r} \tag{11.10}$$

也就是当外接电阻与电池内阻相等时,输出功率最大,同时可以利用这一关系,调节不同的外阻,记录电压,计算相应的功率,对应最大功率的电阻即为最接近内阻的值,从而估算出内阻的大致范围。

4. 电流和电流密度

电流是单位时间内在单位导体横截面积上通过的电量,是电子转移速率的宏观表征和度量。电流亦是指电荷的定向移动,在 MFC 中电子由阳极通过外电路用电器到达阴极,而电流方向则正好相反。电流的值(I)等于工作电压(U)与外电阻(R)的比值。

电流密度的物理意义是单位电极面积或体积上通过的电流,和电极的电化学反应速率有关。MFC 的电流密度一般按阳极面积进行计算,即面积电流密度

$$j_A=\frac{I}{A}=\frac{V_{\text{cell}}}{R_{\text{ext}}A} \tag{11.11}$$

或者按照阳极体积进行计算,即体积电流密度

$$j_V=\frac{I}{V_A}=\frac{V_{\text{cell}}}{R_{\text{ext}}V_A} \tag{11.12}$$

式中 j_A——面积电流密度,A/m^2;

j_V——体积电流密度,A/m^3;

V_{cell}——电池电压,V;

A——阳极面积,m^2;

V_A——阳极体积,m^3;

R_{ext}——外电阻,Ω。

5. 极化曲线和功率曲线

电流流过电极时,电极电势会偏离平衡电势,这种现象称为极化。电极电势与电流密度之间的关系曲线称为极化曲线,是分析和描述燃料电池最有力的工具,因为电流密度是电极反应速度的一种表达,所以极化曲线直观地显示了电极反应速度与电极电势的关系。可以利用稳压器由阳极、阴极或者 MFC 的总电压记录得到。也可以利用可调变阻箱设定不同的外电路负载得到,从短路开始上调(降低)负载,当准稳态条件确定后,测量负载两端的电压及通过的电流,利用欧姆定律计算得到。

极化曲线一般可分为三个区:①活化极化区,在该区内活化损失占优势,从零电流时的开路电压开始,初始电压急剧下降;②欧姆极化区,在该区内欧姆损失占优势,电压下降缓慢且随电流线性下降;③浓差极化区,该区内浓度损失(质量转移影响)占优势,在较大电流处电压快速下降。

在 MFC 中,经常会遇到直线极化曲线(即欧姆区主导)。从直线极化曲线中,很容易获得 MFC 的内阻值(R_{int}),即等于曲线的极化斜率。

功率曲线是用来描述当前电流(电流密度)体系中功率(或功率密度)参数的曲线,可从极化曲线中计算得出。由于在没有电流即开路的情况下没有功率的输出,因此从此点开始输出功率随电流的增加而逐渐上升到最大输出功率点。超过这个点输出功率由于欧姆损

失的增加而持续下降直到达到电极过电势点,这个点上没有功率的输出(短路状态)。在很多 MFC 中欧姆电阻决定了体系得最大功率输出点,部分是由于底物溶液的低离子传导率,但主要是由于未对燃料电池的设计进行优化。增加欧姆电阻所得到的线性功率曲线是 MFC 的典型现象。同时增加反应器的欧姆内阻也会带来最大输出功率的降低。当反应器内阻较高时,通常能得到左右对称的功率密度曲线,此时传质的影响近于可以忽略,MFC 受欧姆阻抗的限制。在这种情况下,最大功率输出点通常在反应器内阻与外部负载相等的情况下获得。

6. COD 去除率

在废水处理领域,废水处理效率是衡量一种废水处理工艺或技术的一项最重要的指标。MFC 应用于废水处理,因此其对废水的处理效果同样是衡量电池性能的重要参数。化学需氧量(COD)是指水样中能被化学氧化剂氧化的物质,在一定的条件下进行化学氧化所消耗的氧量,可用 COD 去除率作为衡量 MFC 污水处理效率的一个指标,其公式为

$$E_R = \frac{COD_{in} - COD_{out}}{COD_{in}} \times 100\% \tag{11.13}$$

式中 COD_{in}——反应开始时反应池内溶液的 COD,g/L;

COD_{out}——反应终止时反应池内溶液的 COD,g/L。

7. 库仑效率

MFC 阳极中微生物种群的多样性直接导致了有机物转化途径的多样性,其中只有一部分有机物通过产电微生物的代谢转化成为电流,其他对电流没有贡献的部分被看作是底物损失。库仑效率(Coulombic Efficiency,C_E)指的是实际产生的电量与理论上底物完全转化产生的电量的比值。在 MFC 的研究中,用其来衡量阳极的电子回收效率,实际上反映的是有机物转化为电量的部分占总电量的百分比。

$$C_E = \frac{Q_{EX}}{Q_{TH}} \times 100\% \tag{11.14}$$

式中 Q_{EX}——实际电量,C;

Q_{TH}——理论电量,C。

对于间歇流 MFC,设总工作时间为 t,将外电路电流在时间区间 0 ~ t 上进行积分就可以得到实际电量,即

$$Q_{EX} = \int_0^t I dt = \sum_{i=0}^{t} I_i \Delta t_i \tag{11.15}$$

式中 I——电流,A;

t——工作时间,s;

Δt_i——离散后的电流采样时间间隔,s;

I_i——在时间间隔 Δt_i 内的平均电流值,A。

在有机废水处理中,有机物浓度是通过化学需氧量(COD)进行计算的。因此,MFC 中的有机物也按照 COD 来计算。根据 Faraday 定律,有

$$Q_{TH} = \frac{(COD_{in} - COD_{out})V_A}{M_{O_2}} bF \tag{11.16}$$

式中 COD_{in}——初始化学需氧量,mg/L;

COD_{out}——反应后的化学需氧量,mg/L;

V_A——MFC 阳极总体积,m^3;

M_{O_2}——以氧为标准的有机物摩尔质量,32 g/mol;

b——以氧为标准的氧化 1 mol 有机物转移的电子数,4 mol e^-/mol;

F——Faraday 常数,96 485 C/mol。

将公式(11.15)和(11.16)代入公式(11.14)中,整理得到间歇流 MFC 库仑效率的一般计算公式

$$C_E(\%) = \frac{M_{O_2}\sum_{i=0}^{t} I_i \Delta t_i}{bFV_A(COD_{in} - COD_{out})}$$

11.6　本章小结

本章介绍了 MFC 的反应机理、实验配备和参数测定方法。从产电过程和微生物的生物氧化分析了 MFC 的反应机理。实验配备主要包括实验所需要的材料、试剂以及实验装置和实验仪器。实验中的参数测定方法主要对电压、COD、pH 值和金属离子浓度的测定进行了说明,并且对描述微生物燃料电池性能的一些参数进行了解释,包括电压、电流、功率等及其相关物理量的计算,同时简要介绍了污泥接种和运行情况。

第12章 不同阳极对铜盐阴极MFC的影响

本章采用不同的电极材料分别作为MFC的阳极，以铜离子溶液为MFC的阴极液，测试MFC是否可产电且能正常运行，同时废水能否得到处理；并比较哪种电极材料作为重金属电子受体MFC的阳极产电效果最好。

12.1 引 言

在MFC中，影响电子传递速率的因素主要有：①微生物对底物的氧化；②电子从微生物到电极的传递；③外电路的负载电阻；④向阴极提供质子的过程；⑤氧气的供给和阴极的反应。提高MFC的电能输出是目前研究的重点，因为阳极肩负着微生物附着并传递电子的作用，是决定MFC产电能力的重要因素，也是研究微生物产电机理与电子传递机理的重要辅助工具，因此对MFC阳极的研究具有十分重要的意义。作为MFC的阳极电极材料必须具备良好的导电性、化学稳定性和生物适应性，它是微生物代谢链中的最终电子受体，其主要作用是选择和富集产电微生物并传导电子。菌种与阳极之间的电子传递有两方面的功效：一方面，阳极靠收集微生物代谢的电子产生电流；另一方面，电子必须传递到阳极，才能完成一个完整的微生物呼吸过程，如果代谢产生的电子不能够顺利地传递到阳极，菌种的生长将被抑制。在传递途径不变的情况下，电极表面越大，传导电子就会越畅通、便利。在转移电子微生物量增加的情况下，电子的转移速率会增强，从而降低了阳极的电位，增大了电池的电压输出。所以在理论上，增大阳电极的表面积应该能提高MFC的输出。

一些具有抗腐蚀性和易于附着的金属可以用作阳极材料，例如不锈钢网。但是要避免使用铜导线，因为在电池放电过程中，金属铜会在溶液中溶解，对微生物产生很大的毒性作用。碳基电极因廉价易得、比表面积较大、生物相容性好等优点，被认为是较理想的阳极材料，在一般的研究中使用较多，比如密实的碳棒、碳板、碳颗粒、碳毡、碳布、碳纸、碳纤维、泡沫碳和玻璃碳等。通常最简单的方法是使用碳板或者碳棒作为阳极，因为这样的材料比较便宜、处理过程比较简单，具有固定的表面积，从而为计算功率密度提供了方便。如为了增加生物量从而提高功率密度可以采取增加电极的比表面积，大致有两种方法，一是采用比表面积较大的材料或可以任意制造不同孔径的材料，如碳毡，但是使用碳毡时要注意，其中有一部分面积不生长微生物，属于无效面积。二是可以使用更加密实的网状玻碳电极（RVC）或者采用堆积的碳颗粒等。在使用时要注意，必须保证颗粒之间有足够大的孔隙以防止生物堵塞。为了解决这一问题，Logan等人将碳纤维电刷引入MFC来作为微生物附着的电极载体，这样既提高了阳极的面积，又可以有效防止生物堵塞。

为了使阳极具有更好的工作性能，许多研究者还利用一些物理或者化学方法对阳极进行了预处理。Zhang报道了在石墨中加入聚四氟乙烯（PTFE）作为MFC的阳极，PTFE的含量会影响MFC的电流产生，研究表明，质量分数为30%的PTFE可以获得最大功率。PTFE会引起石墨电极的多孔结构，低含量的PTFE使得亲水性的细菌容易附着在电极表面。随着PTFE含量的提高，电极的导电性降低，亲水性提高，孔道内部也会形成细菌的生物膜，增加了电子传递阻力。因此适量的 PTFE 才能使得 PTFE 产生大电流。Park 等人尝试将 Mn(Ⅳ)和 Fe(Ⅲ)与中性红燃料联合使用来作为电子中介体加速电子传导。此外,含 Pt 金属或者其他类金属离子的电催化材料也可以用在阳极中辅助催化氧化微生物初级代谢产生的 H_2,进而增大电流输出。虽然 Pt 已被证实具有良好的电催化性能,但是因其造价昂贵很难广泛应用。Rosenbaum 等人发现,可以使用人工合成的碳化钨(WC)作为 Pt 的替代材料完成阳极微生物初级代谢产物的催化,性能和 Pt 相当。Cheng 将用氨气预处理过的碳布作为 MFC 的阳极,证明预处理过的碳布产生的功率要远大于未预处理过的功率,并且 MFC 的启动时间缩短了 50%。这主要是由于碳布经氨气处理过后,比表面积增加,从而有利于产生电子和质子以及微生物的吸附。另外,Qiao 等人使用经过处理的碳纳米管作为 MFC 的阳极材料,获得了更高的电流和功率输出。Kargi 等用铜和铜 - 金导线来代替石墨电极作为 MFC 的阳极,随着阳极表面积的增大,产生的电流和功率也随之增大。

12.2　实验内容

本实验主要确定以重金属离子为 MFC 的阴极电子受体的可行性,并考察了两种不同的电极材料对此微生物燃料电池产电性能的影响。一种是应用较广泛、成本较低、机械强度较好的石墨;另一种是体积小、重量轻、孔隙率较高、比表面积较大的碳纸,其中碳纸选取了两种型号,日本东丽公司的 60 型碳纸(厚度为 0.19 mm)和日本东丽公司的 90 型碳纸(厚度为 0.28 mm)与石墨电极进行同时比较。

实验共分为三组,除阳极电极不同外,其他条件均相同。阳极分别采用石墨杆(有效面积为 50.2 cm^2),薄碳纸(有效面积为 64.1 cm^2),厚碳纸(有效面积为 67.2 cm^2)。阴极电极均为东丽 60 型薄碳纸。阴极液为自配的模拟电镀废水,为了便于分析,只采用单一的金属离子作为阴极溶液,三组实验的阴极均为浓度为 1 000 mg/L 的硝酸铜($Cu(NO_3)_2$)溶液。外电路接入 300 Ω 的负载电阻。

12.3　以重金属离子为 MFC 电子受体的理论探讨

由于重金属废水具有氧化性,而有机废水具有还原性,这使得以废治废的实现性得到了理论保证。众所周知,有机废水中的有机物是极难降解的,而有机物废水中的微生物本身就具有催化有机物氧化分解的功能,所以它成为此处理技术的重要因素。微生物附着在阳极电极上,氧化分解污染物,产生的电子经导线到达阴极,还原阴极的氧化性重金属,使氧化性重金属析出在阴极的石墨电极上。此过程不需要能源消耗,还能产生电能,具有生物电池的特性。

重金属废水和有机废水组合处理技术是利用重金属废水和有机废水的氧化还原电位不同而组织构建的 MFC 处理系统。由于两种废水的电极电势的差异而在两极间产生电势差,这是此技术得以实现的根本条件。

要有电能的输出必须有功率的输出,所以仅有电压是不够的,还要有电流的输出。若仅用重金属离子和有机物溶液来构建 MFC,产生的仅是电压,而无电流产生。因为此时仅是存在不同的电极电势,而整个装置并未构成通路,这就是在阳极必须设置微生物群落的原因。这表明微生物的种类和状态是此 MFC 形成电流的一个重要控制因素,也是此 MFC 能够产能的一个重要纽带。微生物产生电子的速率从很大程度上决定了此时电流的大小。

产电的效率由平均功率决定,平均功率又由平均电流和平均电压决定,而平均电流和平均电压又基本由两极物质的浓度和微生物的产电速率决定。两极物质浓度由生活污水和重金属废水本身的特性决定,是不容易更改的。所以提高此 MFC 的电能输出必须从提高电流的角度出发。提高电流有两种途径:减小 MFC 的内阻,提高微生物的产电效率。

本技术的内在原理与微生物燃料电池相同,都是以有机物作为电池的阳极,利用微生物降解有机物。不同点在于阴极物质的选取上,一般的微生物燃料电池的阴极上发生还原反应的是氧气,而本技术在阴极发生还原反应的物质为重金属离子。气体在溶液中的传质效率因条件不同而产生较大差异,所以氧气的传质速率成为制约普通微生物燃料电池的一个重要因素。而本技术中的各物质都可在溶液中溶解,传质比普通微生物燃料电池容易。

12.4　结果与讨论

12.4.1　MFC 启动与运行

MFC 启动实际上是微生物在电极表面形成生物膜的过程,也是转移电子的微生物和其他种群微生物的竞争过程。本实验考察不同的阳极材料对 MFC 启动及运行的影响。

MFC 连接好后,测量其电压值,在电压值小于 50 mV 时,更换阳极接种污泥混合液,三种电极材料的启动与运行电压如图 12.1 所示。从图中可见,石墨电极的启动较慢,110 h 完成启动。而薄碳纸电极和厚碳纸启动速度较快,约 75 h 就完成了启动,比石墨电极的启动速度快了约 35 h。电压的升高是电极对转移电子微生物选择的结果。启动初期完成后,MFC 进入运行阶段,会进一步培养驯化产电微生物,增加生物膜量和微生物的活性,提高电池的产电性能。石墨电极在稳定运行时的输出电压较低,大约在 75 mV,而薄碳纸电极的稳定运行电压是石墨电极的 2 倍,而厚碳纸电极在反应器连接好后就具备了一个较高的初始电压(51 mV),且很快就达到了最大电压 178.3 mV,约是石墨电极的 2.4 倍。这说明,碳纸电极不论是在启动和运行效率上都优于石墨电极,而厚碳纸的产电性能比薄碳纸还要好。

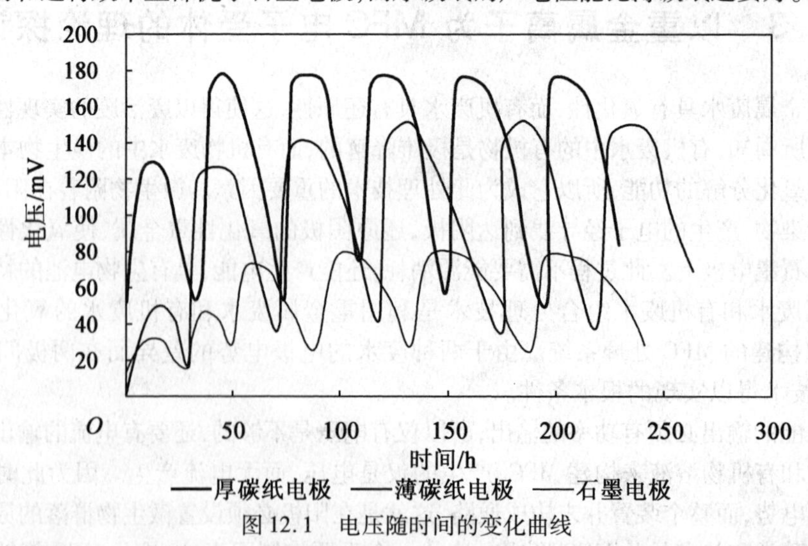

图 12.1　电压随时间的变化曲线

12.4.2　功率密度分析

前面的实验结果表明，在 3 种阳极中，厚碳纸材料 MFC 启动最快，运行中获得了最大电压。为确认各材料作为 MFC 阳极的性能，进一步分析其功率曲线，在开路状态时，电路中没有电流，因此功率密度为零，随着电流密度的增大，功率密度开始上升，当电流达到一定的数值时，功率密度达到峰值。随着电流密度的继续增大功率密度开始下降。

图 12.2 为 MFC 用 3 种不同的材料做阳极时电压和功率与电流密度之间的关系。在开路状态下无电流产生，功率为零，接着减小 MFC 的外电阻，电子传递速率会增加，电流变大，电压变小，输出功率随电流密度的升高增大到最大功率点，由于欧姆损失及电极过电势的增加而引起功率下降，直到不产生功率为止（短路状态）。以石墨作为阳极时，最大功率密度为 4.9 mW/m^2，而薄碳纸和厚碳纸作为阳极时的最大功率密度分别为 13.2 mW/m^2 和 16.3 mW/m^2，产生的电动势分别为 470.3 mV 和 522.2 mV，这个值比 Logan 用碳纸作为升流式 MFC 的电极所得到的功率密度 67 mW/m^2 要低很多，但与黄霞等用双室空气阴极 MFC 以乙酸钠为底物，所得的厚碳纸（26.6 mW/m^2）的功率密度大于薄碳纸（25.5 mW/m^2）的变化趋势相同。

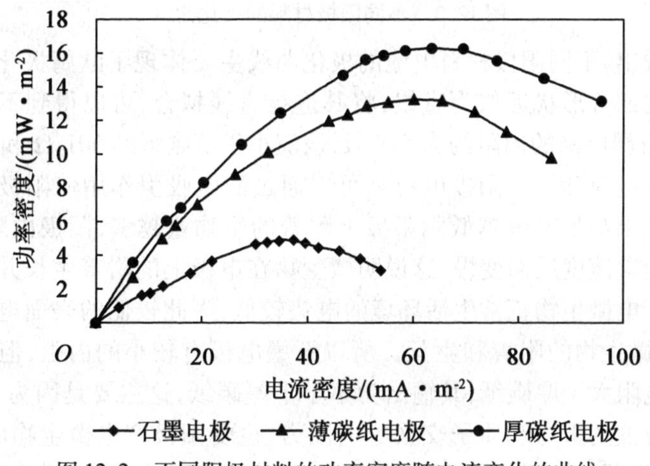

图 12.2　不同阳极材料的功率密度随电流变化的曲线

这是因为厚碳纸的有效孔体积比薄碳纸大，与微生物接触的实际面积大于薄碳纸以及石墨。但是有研究表明，厚碳纸电极的有效表面积为薄碳纸电极的 5 倍，理论上后者附着生物量应该为前者的 5 倍，实际上，后者产生的电量仅是略高于前者，说明增加多孔电极厚度可提供更大的表面积，能使更多的微生物富集在电极表面和内部，但增大的表面积并不能被微生物完全利用，电极外表面更适于微生物的附着，这可能是其内部存在较大的传质阻力造成的。

12.4.3　不同阳极材料对 MFC 内阻的影响

从实验结果可以看出，电极材料对微生物的产电性能有着显著的影响，而这种影响主要集中在电池系统内阻的大小上。为了考察电极材料对微生物燃料电池内阻的影响，分别对 3 种材料做了极化曲线分析。研究表明，当外阻在较低范围内变动时，电流较高，阳极的电子产生速度和传递效率是主要限流因素，传递引起的电化学极化主要发生在阳极。当外阻在较高范围内变动时，阴极氧化还原反应的交换电流小于阳极的交换电流，活化极化主要发生在阴极。由欧姆定律可知，当外路电阻与电池系统内阻相等时，该电池的输出功率最大。通过逐渐增加外路电阻的大小，可以得到该电池系统的极化曲线，不同电极材料下系统的极化曲线如图 12.3 所示。

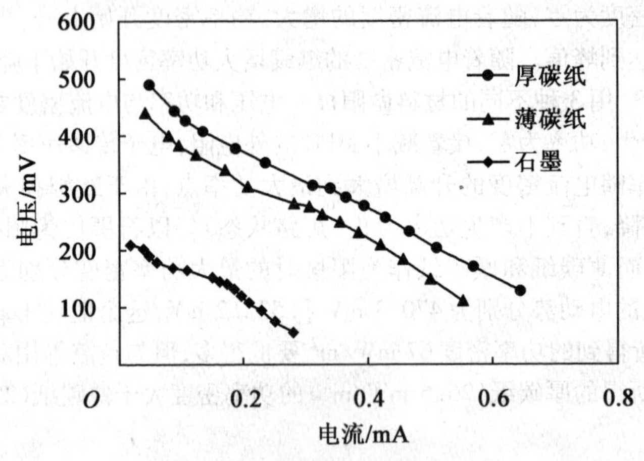

图 12.3　不同阳极材料的极化曲线

由图中可以看出，不同阳极材料电池的极化曲线主要体现了欧姆极化区这部分。欧姆极化区的极化曲线部分形状近似为直线，将其进行直线拟合，可以得到不同阳极材料电池的表观内阻 R_i。石墨电极的内阻约为 548 Ω，该值小于薄碳纸的 601 Ω 和厚碳纸的 582 Ω。微生物通常带有负电荷，因此，阳极电位高可以通过静电吸引作用使阳极表面附着更多的微生物。而实验结果却是电位越低则阳极上附着的生物量越多，阳极内阻越小；当表面电位高时微生物的附着速度反而变慢，这说明微生物在电极上的附着生长并非主要依靠静电吸引作用。由于产电微生物正常生活环境的电势较低，因此较低的表面电位更接近其生长环境，有利于产电微生物的附着和生长。所以石墨电极有较小的内阻，但其输出电压也最小。而薄碳纸的电阻大于厚碳纸，其输出功率小于厚碳纸，这主要是因为 MFC 内阻既依赖于电极之间的电解液的阻力和质子交换膜的阻力，也受阳极产电微生物的数量影响，而生物量又取决于阳极实际用于附着微生物的面积，厚碳纸孔隙多，适于微生物生长，即有效面积大于薄碳纸，可以得到较高的电能。

12.4.4　不同阳极材料对有机物的降解效果

化学需氧量 COD 是表示废水中有机物完全被氧化所需的氧量，是水体受污染程度的重要指标之一。在厌氧条件下，碳水化合物作为底物被产电菌利用，转化为细胞物质、电子、二氧化碳、大量挥发性脂肪酸和醇，COD 含量随之降低。

采用不同电极的 MFC 对阳极 COD 的去除如图 12.4 所示，在 MFC 的启动与运行阶段，利用间歇方式对 MFC 进行换水，每次更换时测其进水的 COD 和出水的 COD，利用公式(11.13)，得出 COD 的去除效率。石墨电极 MFC 在启动阶段的 COD 去除率较低，当进入稳定运行期时，COD 去除率有明显提高，由 20% 升到 35%，但总的去除率还是很低。薄碳纸电极 COD 去除率约是石墨电极的 2 倍，最大去除率为 54%，并且去除率比较稳定，变化幅度不大。

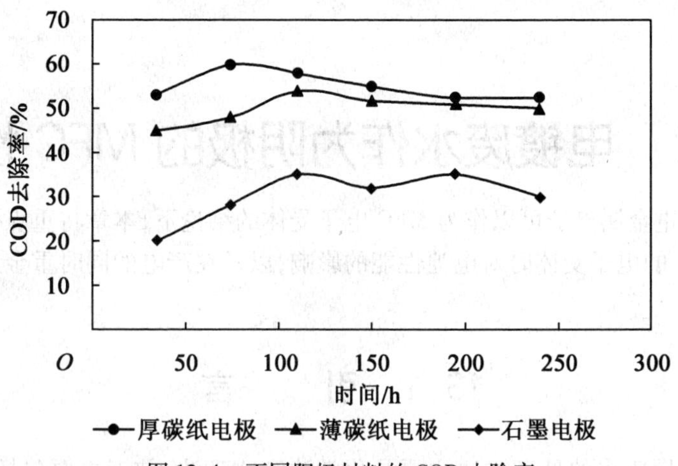

图 12.4　不同阳极材料的 COD 去除率

厚碳纸电极在启动阶段 COD 去除率就较高，最大去除率为 60%，但在运行稳定期，去除率稍有下降，但总的去除率仍是 3 种电极中最高的。Mirella Di Lorenzo 用石墨为电极 COD 去除率达到了 89%，可能是因为其采用了单室 MFC，由此可见，本实验中以重金属铜离子作为阴极电子受体的微生物燃料电池能在产生电能的同时能去除废水中的 COD，对废水有一定的处理效果，但要提高其去除率，还要对电池的构型和电极等进行优化。

12.5　本章小结

本章以铜离子为阴极电子受体的双室微生物燃料电池为研究对象，通过 3 种电极，石墨、薄碳纸和厚碳纸为阳极电极，考察了此种 MFC 的电池性能，并对比了 3 种阳极对电池运行的影响。结果表明，以铜离子为阴极液，采用 3 种电极的 MFC 可以长时间稳定运行，石墨、薄碳纸和厚碳纸 3 种电极分别获得了 75 mV、140 mV 和 171 mV 的最大电压，开路电压为 220.0 mV、470.3 mV 和 522.2 mV，以及最大的功率密度分别为 4.9 mW/m^2、13.2 mW/m^2 和 16.3 mW/m^2。在废水处理方面，厚碳纸电极 COD 的去除率最高，为 60%。综上所述，重金属铜离子可以作为 MFC 阴极的电子受体，MFC 可以较快地启动，且稳定地运行，而东丽 90 型的厚碳纸较适合作为此种 MFC 的阳极材料，不仅可以产电，还能处理有机废水。

第 13 章　电镀废水作为阴极的 MFC 性能研究

在上一章的重金属离子可以作为 MFC 电子受体的结论下，本章将重点研究不同的重金属离子作为 MFC 的电子受体时对电池性能的影响，以及在产电的同时重金属离子的去除情况。

13.1　引　　言

传统的重金属废水的处理方法主要是化学法和物理法，前者主要包括中和沉淀法、生化法、氧化还原法等，后者主要包括离子交换法、吸附法等。这些方法或是程序比较烦琐，或是成本比较高。若将重金属废水作为微生物燃料电池的阴极液，阴极的产物为重金属，可以将其回收再利用，并且没有二次污染。

MFC 阴极的主要作用是接受来自阳极释放的电子和质子，相当于氧化还原反应中电子受体的作用，其作为阴极室反应的主要参与者，在很大程度上决定了电池的电动势和内阻。从电池热力学反应的角度来看，电池的总电位等于阴极电位和阳极电位的差，所以具有高氧化还原电位的电子受体能够提高电池的热力学平衡电位。另外，电子受体的运行费用不能过高，更重要的是不能产生任何对环境有二次污染的物质。理论上，所有的氧化剂都可以用作 MFC 的阴极电子受体，因此可以考虑通过使用具有高氧化还原电位而且不产生二次污染的物质对 MFC 的功率密度进行强化。

13.2　实 验 内 容

本实验以自配的模拟电镀废水为 MFC 的阴极液作为考察对象，阴阳极均采用日本东丽 60 型薄碳纸作为电极，共分三组进行对比研究，分别选用硝酸银、硝酸铜、硝酸锌为阴极电子受体，起始浓度均为 1 000 mg/L，其余条件均相同。实验考察 3 组电池的性能，并研究了 MFC 对重金属废水的处理效果。

13.3　不同阴极电子受体的电池性能研究

13.3.1　输出电压

为了便于确定电镀废水作为 MFC 阴极的可行性及其对电池性能的影响，采用单一的重金属离子溶液进行对比分析，实验以银离子、铜离子、锌离子作为电子受体，其输出电压随时间的变化如图 13.1 所示。

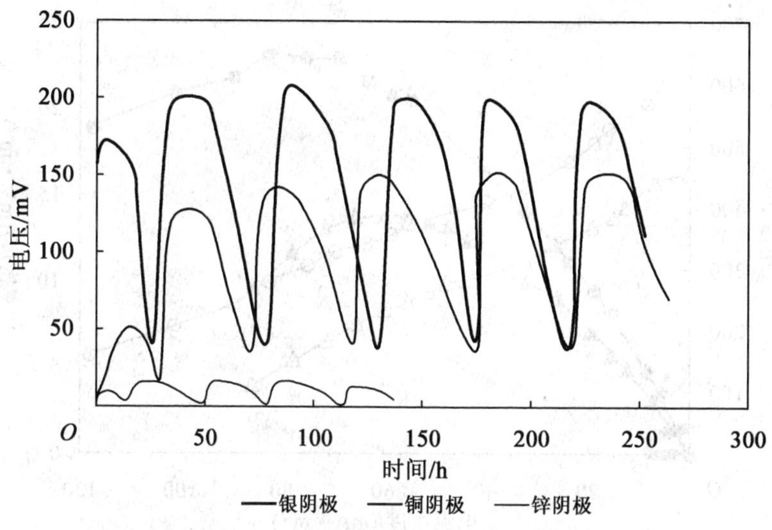

图 13.1　不同阴极电子受体的电压输出情况

由于采用双室型 MFC,3 种不同阴极电子受体的运行均非常稳定。由图 13.1 可知,以锌离子为 MFC 阴极液时,电池的电压输出曲线一直很低,最大输出电压只达到 16 mV,电池的运行周期短,且稳定运行的持续时间也很短,不足 140 h。在相同的操作条件下,银离子作为 MFC 的阴极液时,启动很快完成,表现出较高的输出电压,达到稳定期的输出电压约为 198 mV,约为锌离子的 12 倍,此时的外电阻为 300 Ω。铜离子作 MFC 的阴极液的启动时间最长,达到稳定期可长期稳定地运行,所获得的最大电压为 149 mV。可以认为不同电子受体能达到不同的输出电压,这基于它们不同的氧化还原电位,因此电池电压(例如 OCV)事实上取决于选取的电子受体的种类。

13.3.2　功率密度

MFC 的电压和电极极化行为以及功率输出和电路中的电流密切相关,当电压稳定之后,改变外阻负荷,作出不同条件下的极化曲线和功率曲线,进而考察电池电压对电流变化的响应能够获得与 MFC 极化相关的信息,同时也能够得到 MFC 的最大功率数值。

如图 13.2 所示,通过比较发现,锌离子阴极 MFC 的最大功率密度最小,在电流密度 j 为 5.2 mA/m^2 时为 1.9×10^{-6} mW/m^2。阴极为铜离子时,最大功率密度大幅上升,在电流密度 j 为 60 mA/m^2 时为 13.9 mW/m^2。银离子阴极 MFC 的最大功率密度最大,为 23.1 mW/m^2,和铜离子阴极相比提高了 40%,相应的电流密度为 82.7 mA/m^2,开路电压为 610.8 mV,是铜离子的 1.3 倍,是锌离子的 12 倍。这是因为银离子与铜离子和锌离子相比具有较高的氧化还原电位,容易得电子,电子和质子的传递速度快,从而降低了氧气在阴极和 H^+ 反应的超电势,提高了反应效率,增大了电池的输出电压,相应的功率密度就高。因此,以银离子作为阴极电子受体要优于铜离子和锌离子。

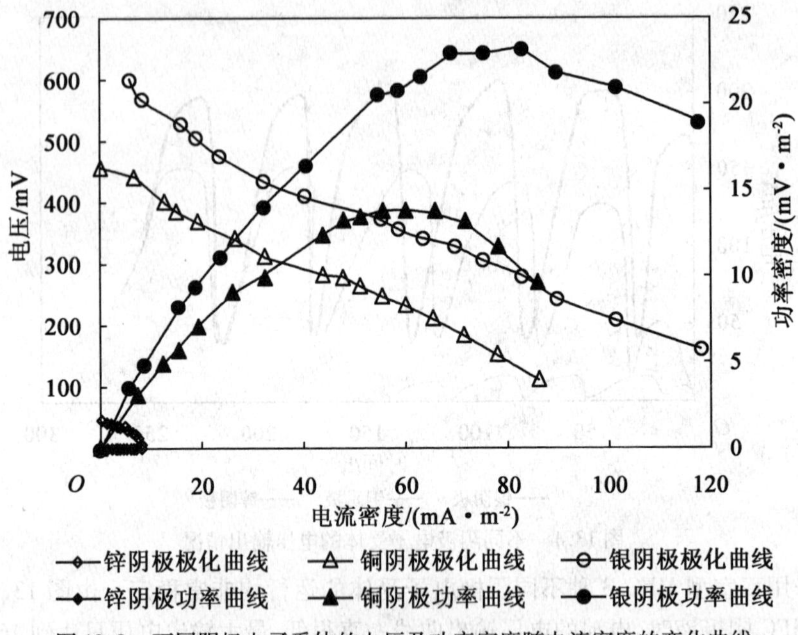

图 13.2　不同阴极电子受体的电压及功率密度随电流密度的变化曲线

13.3.3　内阻分析

由欧姆定律可知，体系的内阻与最佳外电阻相等，由此得到不同阴极液 MFC 的内阻与其产电关系。

由图 13.3 可知，随着电阻的增大，输出功率先快速增大，然后缓慢降低，当锌、铜、银的最高功率密度分别为 1.9×10^{-6} mW/m²、13.9 mW/m² 和 23.1 mW/m² 时，3 种体系相应的内阻分别为 900 Ω、600 Ω 和 500 Ω。系统产电量越高，其内阻越低，银离子阴极 MFC 最高产电功率密度是铜离子阴极 MFC 的 1.6 倍，而系统内阻仅下降 100 Ω 左右，说明所构建 MFC 的内阻存在下限值。降低系统内阻和提高产电功率是相互统一的，系统内阻是影响产电功率的主要因素，优化运行条件可以有效地降低系统内阻。

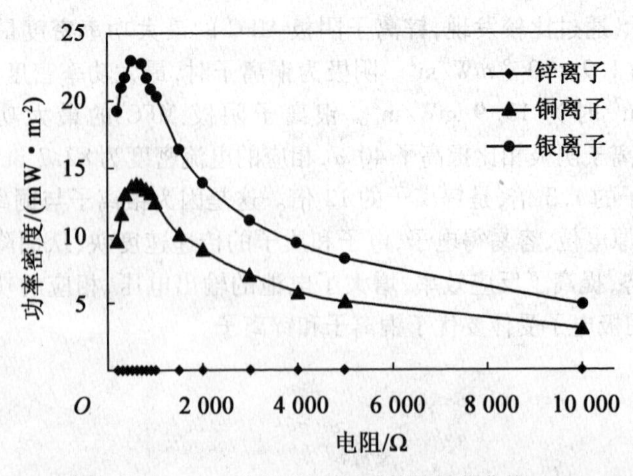

图 13.3　不同阴极电子受体的极化曲线

13.4　MFC 对废水的处理效果

13.4.1　阳极有机废水 COD 去除率比较

从反应器的阳极室取样测定上清液的 COD,如图 13.4 所示。

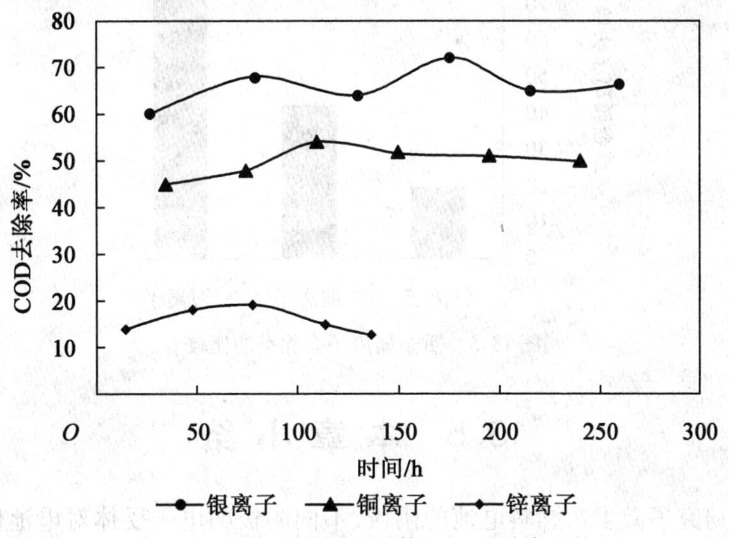

图 13.4　不同阴极电子受体 COD 去除率比较

从图中可以看出,锌离子阴极液 MFC 的 COD 去除率最低,最大去除率仅为 19.2%。铜离子阴极液 MFC 的 COD 去除率一直在处于较稳定的状态,最大去除率为 54%。而银离子阴极液 MFC 有最大的 COD 去除率,为 72%,约是锌离子阴极的 3.6 倍,铜离子的 1.4 倍,这是因为接通电路的 MFC 体系中,阳极上的微生物在分解有机物时将产生的电子传递到电极上,再通过与阳极相连的导线和电阻传递到阴极。在此过程中,阳极的电子不断被消耗,而微生物需要继续分解有机物、产生电子以维持代谢平衡,银离子具有很强的氧化性,更易得电子,致使银离子的 COD 去除率较高。

13.4.2　阴极重金属废水处理效果

前面已经证实,重金属离子可以作为微生物燃料电池的阴极电子受体,且系统能产生电能并长时间稳定运行,同时能处理有机废水中的有机物,实验对阴极重金属离子浓度进行了检测,得出重金属的去除率,以此考察 MFC 对电镀废水的处理效果,及实际应用的价值。

实验采用 3 种重金属离子作为参比对象,分别为锌离子、铜离子和银离子,起始浓度均为 1 000 mg/L,在运行结束后测其金属离子去除率。如图 13.5 所示,银离子有最大的去除率,为 72%,约是铜离子(42%)的 2 倍,锌离子(19.8%)的 4 倍。导致此结果的主要原因是银离子具有较高的氧化还原电位,如果氧化还原电位过低将导致 MFC 的电池电动势过低,限制了 MFC 功率的提高。而重金属的去除率,一部分因为金属离子的氧化性不同,还有一部分原因可能是质子由阳极传递到阴极,阴极自配的金属溶液中含硝酸根,所以阴极中有稀硝酸的成分,铜可与稀硝酸反应,一小部分金属铜又被氧化为铜离子,而金属银不与稀硝酸反应,导致铜的去除率比银的低。总之,微生物燃料电池不能对所有重金属离子的去除达到较理想的效果,但是在理论上,对所有氧化还原电位较高的重金属离子都有去除效果。

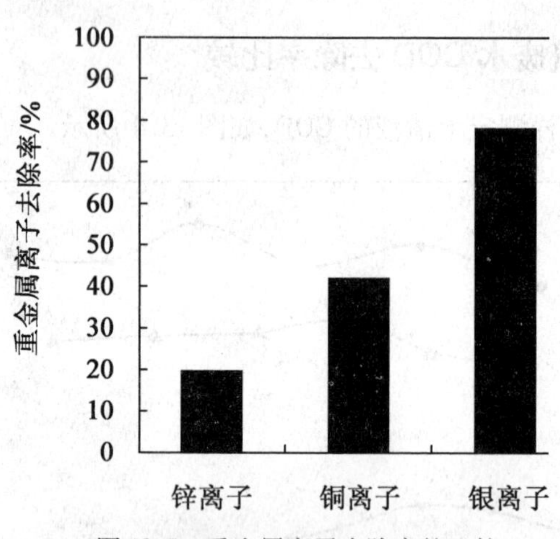

图 13.5　重金属离子去除率的比较

13.5　本 章 小 结

本章重点研究了微生物燃料电池的阴极,不同阴极的电子受体对电池性能的影响不同。锌离子阴极液 MFC 的最大输出功率为 16 mV,铜离子和银离子阴极液 MFC 的最大输出电压分别为 149 mV 和 198 mV,相应的锌离子电流密度为 5.2 mA/m^2 时输出功率密度为 1.9×10^6 mW/m^2;阴极为铜离子时,最大功率密度大幅上升,在电流密度为 60 mA/m^2 时输出功率密度为 13.9 mW/m^2;银离子阴极 MFC 的最大功率密度为 23.1 mW/m^2,相应的电流密度为82.7 mA/m^2。另外,3 种体系相应的内阻分别为 900 Ω、600 Ω 和 500 Ω,系统产电量越高,其内阻越低。因氧化性不同,银离子的氧化性优于铜离子,而铜离子的氧化性优于锌离子,所以银离子去除率也最大,这也是银离子输出功率最大的原因。

实验结果表明,银离子作为阴极液 MFC 具有较好的电池性能,而铜离子的运行条件还有待于进一步优化,锌离子不太适合用此方法处理。

第14章　银离子为电子受体 MFC 的构建与运行

14.1　实 验 内 容

本实验以自配的不同浓度的银离子溶液作为 MFC 的阴极液进行电池性能的考察，阴阳极均采用日本东丽90型厚碳纸作为电极，共分三组进行对比研究，三组 MFC 的阴极液的硝酸银浓度分别为500 mg/L、1 000 mg/L、2 000 mg/L，其余条件均相同。实验考察了不同起始浓度的银溶液对电池性能的影响，并研究了 MFC 对废水的处理效果。

14.2　结果与讨论

14.2.1　不同银初始浓度对功率密度的影响

由图14.1可以看出，银的初始浓度对开路电压（OCV）的影响并不大，初始浓度为从500 m/L升到1 000 mg/L，OCV增加了43 mV；初始浓度为从1 000 mg/L升到2 000 m/L，OCV增加了54 mV。从500 m/L到2 000 m/L，初始浓度增加了3倍，OCV仅增长了10.81%，开路电压随着银的初始浓度的增大增加得并不明显。

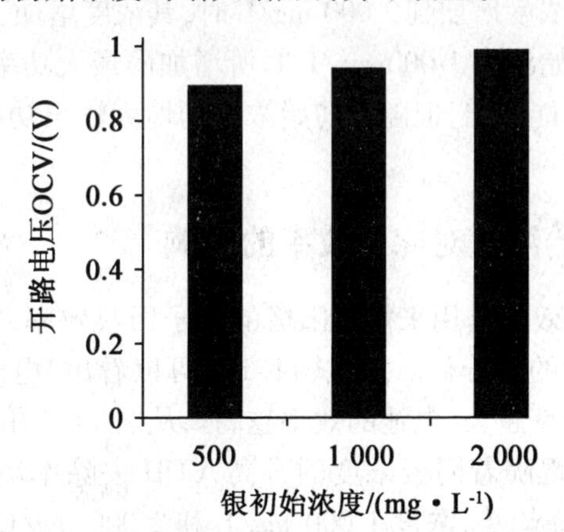

图14.1　不同银初始浓度对开路电压的影响

当电压稳定之后，将外电阻逐渐从100 Ω调到15 000 Ω，作出不同初始浓度下的极化曲线和功率曲线。如图14.2所示不同浓度的极化曲线可以看出，银初始浓度从500 mg/L增加到1 000 mg/L时，内电阻变化较大，降低了近100 Ω，而浓度为1 000 mg/L和2 000 mg/L的内电阻相差不足50 Ω。

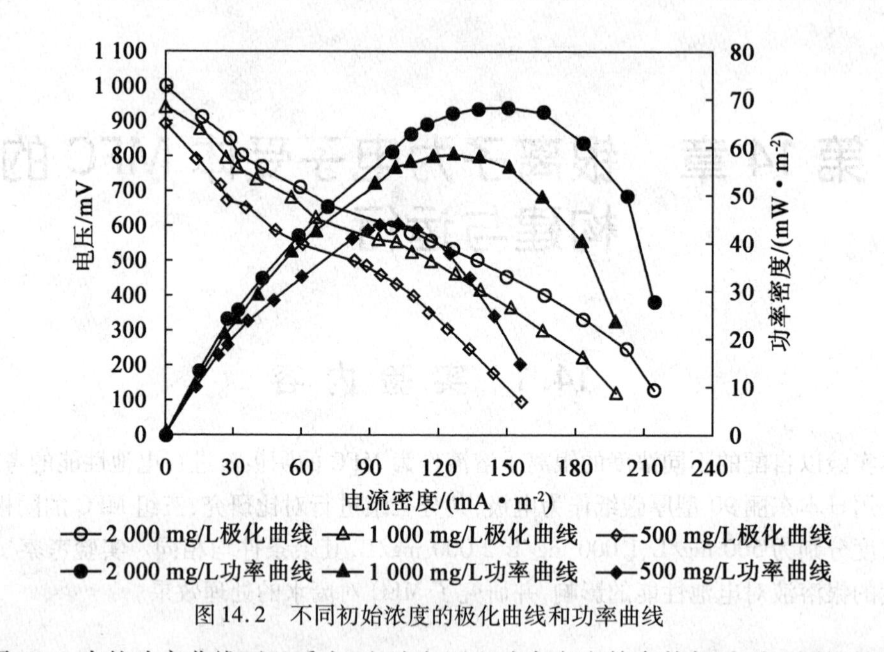

图 14.2　不同初始浓度的极化曲线和功率曲线

由图 14.2 中的功率曲线可以看出,电池电压和功率密度等参数都受到不同初始浓度的银阴极液的影响,随着初始浓度的增大,所获得的最大功率密度也在增大,初始浓度为 500 mg/L 时,P_{max} = 43.9 mW/m^2;初始浓度为 1 000 mg/L 时,P_{max} = 58.6 mW/m^2;当初始浓度为 2 000 mg/L 时,P_{max} = 68.2 mW/m^2,此时电流密度为 149.9 mA/m^2,外电阻为 500 Ω。这可能是因为随着阴极液浓度增大,溶液离子强度增高,增强了溶液的导电性,优化了电子转移速率,提高了阴极中质子的利用率,有利于电流输出,使得产能效率升高,这是提高产能量的有效的途径。但是,从本实验中显示的结果来看,并不是初始浓度越高功率增加得就越多,当银初始浓度从 500 mg/L 增加到 1 000 mg/L 时,其浓度增加了 1 倍,最大功率密度增加了 33.5%;当银初始浓度增加到 2 000 mg/L 时,其浓度增加了 3 倍,但最大功率密度仅增加了 55.3%,还不到初始浓度 1 000 mg/L 时所增加的最大功率密度的 2 倍。所以,初始浓度增大能提高电池的电能输出,但随着初始浓度的增大输出功率的增加量反而越来越少。

14.2.2　不同银初始浓度对库仑效率的影响

在 MFC 的研究中,库仑效率是用来衡量阳极的电子回收效率,实际上反映的是有机物转化为电量的部分占总电量的百分比。从式(11.17)可以看出,电子的回收和有机物的去除是相互关联的。电子回收率越大,电池的效率越高。从图 14.3 中可以看出电子回收率和 COD 去除率的变化趋势,发现随着阴极浓度的升高,COD 去除率增加了,但增加得并不明显,而库仑效率总体呈现下降趋势,浓度 1 000 mg/L 和 2 000 mg/L 的库仑效率变化不大。当浓度从 500 mg/L 增加到 1 000 mg/L 时,库仑收率下降了近 10%。库仑效率随 COD 去除率升高而降低,说明这段时间内消耗的底物用于产电的部分所占百分比降低了。总体来看,库仑效率并不高,电子回收效果不是很理想,在浓度增大时,电子回收率反而下降了,因此,在今后的研究中应该继续考察能获得最大库仑效率的浓度,并对反应器及阴阳极进行优化,提高系统的电子回收率。

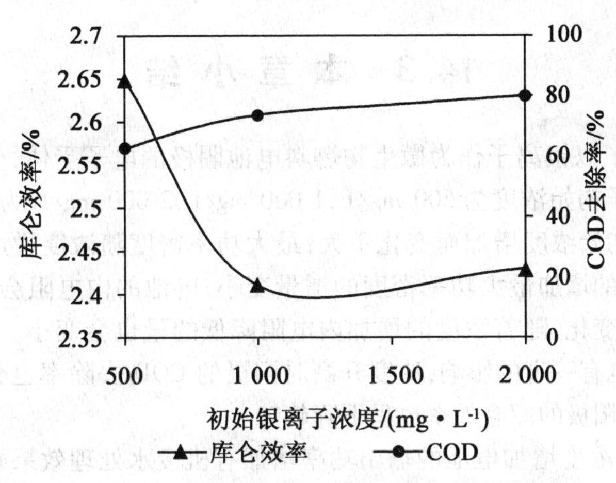

图 14.3　不同银离子初始浓度对库仑效率的影响

14.2.3　不同银初始浓度对废水处理效果的影响

从反应器的阳极室取样测定上清液的 COD；反应持续 12 d 后，测定阴极液中的银离子浓度(表 14.1)。

表 14.1　不同银初始浓度对废水处理的效果

银初始浓度/(mg·L^{-1})	288 h 后银浓度/(mg·L^{-1})	银的去除率/%	COD 平均去除率/%
500	291.7	71.4	62.8
1 000	606.8	64.8	73.3
2 000	1 366.1	46.4	79.7

在不同的银离子初始浓度条件下(500 mg/L,1 000 mg/L,2 000 mg/L)，银离子的降解速率会随着初始浓度的增加而减小。当初始浓度为 500 mg/L，银离子在连续反应 288 h 后，降解了 71.4% 的银，而初始浓度为 2 000 mg/L，银离子只降解了 46.4%。阴极液初始浓度高，离子强度大，会加速体系的反应，使得电池的产能较高，伴随着反应的进行，更多的阴极反应物(银离子)和阳极的底物(蔗糖)被消耗，导致从反应物和底物中获得的反应动力降低，虽然高的初始浓度会有较高的电能输出，但银离子的降解速率下降了。不过可以确信的是如果有足够多的反应时间和持续从阳极有电子供应，这些剩余的银离子可能被完全去除。因为在这个体系的生物反应过程中，能产生足够的电子，供应给阴极使阴极中银离子得到降解。

MFC 阳极的废水处理效果可以用平均 COD 去除率来衡量。从表 14.1 可以看出，阳极的废水处理效果刚好与阴极的相反，银离子的初始浓度越高，阳极的平均 COD 去除率越大。当初始浓度为 500 mg/L，平均 COD 去除率为 62.8%，而初始浓度为 2 000 mg/L 时，平均 COD 去除率达到了 79.7%，略低于 Yujie Feng 用空气阴极 MFC 的 COD 去除率(89.1%)。阳极室中底物(蔗糖)在反应早期阶段，促进附着在阳极的微生物的生物活性，并且进一步加速了底物的降解，虽然高浓度阴极银溶液降解速率较低，但体系的离子强度高，产能高，致使阳极的底物降解效果较好。

14.3　本章小结

本章重点研究了以银离子作为微生物燃料电池阴极的电子受体，变化其浓度，考察电池的性能。以银离子初始浓度为500 mg/L，1 000 mg/L，2 000 mg/L 为研究对象。MFC 的开路电压随银离子初始浓度增加而变化不大；最大功率密度随浓度增加而增大，但并不成线性变化，随着浓度的增加最大功率密度的增量变小；电池的内电阻会随着浓度的增加而减小，但也不成线性变化，随着浓度的增加内电阻降低的量也会变小。不同银的初始浓度对废水处理效果的也有一定的影响，浓度升高时阳极的 COD 去除率也会提高，但阴极的银离子去除率会下降，阳极的库仑效率也呈下降趋势。

实验结果表明，浓度增加电池的输出功率增加有机废水处理效果好，但重金属废水的处理速率下降，电子回收率变小，所以增加浓度会提高电池产能，但能量转化率不会随之增加。

第四篇　基于生化法互作的微生物燃料电池同步处理两种废水技术

第15章　绪　　论

15.1　课题背景

从古至今,工业历史过程中,人类文明的每一次重大进步都与能源有着莫大的关系。能源的开发和利用极大地推进了世界经济和人类社会的发展。正因为如此,能源已经成为人类社会赖以生存和发展的物质基础。当前,不管是发展中国家还是发达国家在工业化阶段都需要大量的能源资源,所以能源消费的增加是经济社会发展的必然。在过去的几百年里,发达国家已经完成工业化的发展,消耗了大量的自然资源,特别是能源资源(煤、石油等),虽然发展中国家的能源消耗少,但从世界各地区的能源资源和能源的消费中心,运输成本和劳力密集,更多的消耗的能源资源的来源,尤其是快速发展的世界经济,世界人口的快速增加和人们生活水平的不断提高,人类的需求也不断增长,世界能源需求不断扩大,从而导致能源资源和环境的污染增加的竞争日趋激烈。

生活和工业废水中含有丰富的电池阳极室中厌氧微生物所需的原料来源——有机物葡萄糖,在处理废水和回收金属单质的同时可以直接获得电能,因此 MFC 的研究已经成为治理和消除环境污染,开发新能源的一种有效的途径。目前,虽然该技术仍处于实验室阶段,需要不断提高性能,但考虑到其广阔光明的应用前景,在当今能源危机和环境问题日益严重的形势下完全有理由相信其无疑是一项非常有发展前景的技术项目。

MFC 是一种新型高能、清洁的生物反应器,以微生物为催化剂分解氧化有机物和无机物的同时可形成电流。研究人员发现,某些厌氧 MFC 阳极室本身作为一个低电位作为中介物质的微生物电子传输,本身可能产生一些厌氧微生物的电子介体的转移,以促进将电子转移到电极表面,像 Shew anella put refaciens,Pseudomonas aeruginosa。

15.2　MFC 的原理

MFC 的工作基本原理(图 15.1)：

(1)在阳极室模拟有机废水中,阳极液中的底物有机物(葡萄糖)在厌氧产电微生物分解作用下直接生成 H^+、电子和二氧化碳,电子从细胞膜转移到电池的阳极碳纸电极上。

(2)阳极碳纸电极上的电子经由外电路导线及电阻到达电池的阴极碳纸电极上,这样形成一个完整电路。在电池内部,质子则从阳极室通过质子交换膜(Proton Exchange Membrane,PEM)扩散到阴极室,保持整个系统的平衡。

(3)在阴极室模拟电镀废水溶液中,外电阻传过来的电子传到阴极碳纸表面,处于氧化态的金属离子与质子膜传过来质子和电子结合发生还原反应生成金属单质。

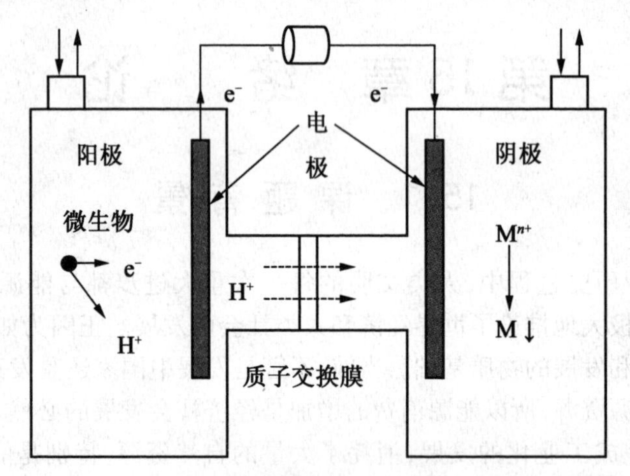

图 15.1　双室 MFC 结构工作原理示意图

15.3　MFC 的分类

MFC 有很多种分类方法,下面简单介绍 3 种分类方法。按电池的电子转移方式的不同、组装结构、质子交换膜及微生物特点可以有以下分类方式。

15.3.1　结构分类

根据 MFC 的组装和结构可以将 MFC 分为双室 MFC、单室 MFC 和“三合一”型 MFC。

15.3.1.1　双室 MFC

目前实验室常用的多为简单的双室 MFC,和普通的电池一样,典型的双室 MFC 一般分为阳极、质子交换膜和阴极 3 部分,阳极室内是充满电解质溶液(本实验中的有机废水)作为微生物分解的电子供体,阴极室内也是电解质溶液(本实验中的电镀废水)作为电子受体,质子膜在中间隔开。阳极室内碳纸电极有提供营养载体厌氧微生物的附着和生长的作用,并且起到电阻传导电子的作用,作为阳极材料必须有良好的导电性,其材料的表面粗糙(表面积足够大),不能腐蚀等。当前阳极室内较常用的电极材料为碳制品,如各种碳材料以及不锈钢网等。对阴极电极材料提出的要求和阳极类似。

人们根据双室 MFC 的结果及原理特征设计出各种不同形式的 MFC 反应器。双室型 MFC 又分为矩形 MFC、圆筒型 MFC、上流式 MFC 等。

1. 矩形 MFC

因为阴极室和阳极室都呈矩形而得名,把这种 MFC 称之为矩形 MFC 的反应器,也是实验室常见的一种。双瓶型 MFC 与矩形反应器在构造上很相似,就是把矩形改成了瓶型阴阳室。H 型 MFC 是典型的双室 MFC,双瓶型 MFC 的阴、阳极室(两室可以是任何性质的玻璃容器)由玻璃圆柱形连接而成,中间由质子交换膜隔开。

2. 圆筒型 MFC

圆筒型 MFC 可以看作方形 MFC 的变形。圆筒型 MFC 是由圆筒形紧紧包围阳极的隔膜和外层阴极室构成。这种 MFC 的结果设计极大地缩小了两极间距、增大了质子交换膜面积,因此内阻也大大减小。

整个电池呈圆柱状,阴极呈圆柱形在外,包裹了阳极。阳极室位于该装置的中央,在气缸周围包围的质子膜,分离的阳极室和阳极室,紧紧包住阳极填料,充满填料。阳极室中间插入一根碳棒作为阳极电极,盖和底座的两端密封,以确保产电微生物在厌氧条件。留在阳极室中的水分配在底部,以确保水均匀地流入阳极室。在中间是阳极室,阴极室由质子膜和石墨套筒围在周围,石墨套筒作为集电极。阴极室中填有与阳极室相同的填料,并插有饱和甘汞电极用于测量阴极电压及电流。

3. 上流式 MFC

上流式 MFC 由上流式厌氧污泥床(Up－flow Anaerobic Sludge Bed,UASB)反应器改造得来,结合 UASB 与 MFC 的优点发展形成。上流式 MFC 结构简单、体积负荷高,可以使培养液与微生物充分混合,更适合与污水处理工艺耦联。Jang 等人在同一个圆柱体内,阴阳极为用玻璃丝和玻璃珠分开的填充碳毡。

实际上,上流式 MFC 相对于传统的 MFC 来说,更适合废水处理的实际应用,因为进水量大且处理效果好,但是其结果比较复杂。上流式 MFC 的优点有4点:

(1)电池阳极以活性炭颗粒作为填充物可以增大生物膜的附着面积,更大地提高了反应的生物量。活性炭价格较其他填充物便宜,所以从成本看造价比较低。

(2)阳极和阴极之间用筛网分隔,阴极裹在阳极周围,距离减小,做到了结构合理,阳电池内阻降到最低。

(3)反应的过电位低,这是由于电池阴极面积大。

(4)在运行过程中,采用连续升流式操作,进水量大,处理废水效果好。

15.3.1.2　单室 MFC

由于双室 MFC 结构烦琐,造价高,占地面积大等缺点,使其很难在实际应用中放大。因此 Liu 等根据双室 MFC 的结果原理发展了一种更简单有效的单室 MFC(图15.2)。最简单的单室 MFC 反应器由一个密闭的玻璃瓶构成,内部装有一个碳纸电极,玻璃瓶的中心是由多孔塑料管支撑的碳/铂空气阴极。简单单室 MFC 其实就是双室 MFC 的一半,在双室 MFC 的基础上去掉了阴极室,这样节省了占地面积和造价成本。单室 MFC 的阴极和质子交换膜直接压在一起。采用空气中的氧气作为阴极电子受体,这样比金属电子量还大,省去了曝气和阴极液这两个环节。

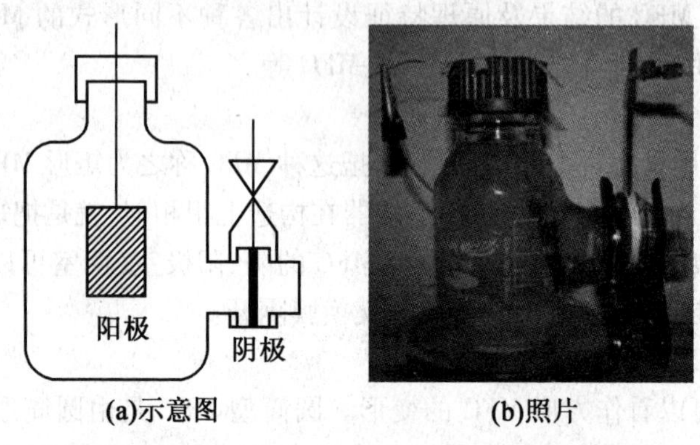

(a)示意图　　(b)照片

图 15.2　单室瓶型空气阴极 MFC 的示意图和照片

单室 MFC 的优点是使用空气中的氧气作为电子受体。单室 MFC 阳极和阴极距离减小一半,其内阻也随之减小,因此提高了阴极传质速率,直接利用空气中的氧气,从而降低了制作电池成本。单室 MFC 结构设计简单,可以通过增加阴极空气流动量增加电能输出,质子膜阴极一侧没有污染,这也降低了膜污染可回收再利用。单室 MFC 的优点也造成了它的缺陷,由于电池本身内阻小,两极距离小致使氧气容易透过质子交换膜传递到阳极电极上,进而影响产电厌氧微生物的生长。

15.3.1.3　"三合一"型 MFC

最近清华大学研究了一种新型的 MFC,称之为"三合一"型 MFC(图 15.3),为了在一定程度上提高 MFC 的输出电压和输出功率并且减小电池内阻,它是将阳极、质子交换膜和阴极紧紧压缩在一起。大量实验结果表明,"三合一"型 MFC 的内阻最少只有 20 Ω 左右,这在国内外都很少见,最大电压可达1 000 mV,最大输出功率密度可以达到 300 mW/m^2。但是其结果复杂,实验室中没有广泛使用。

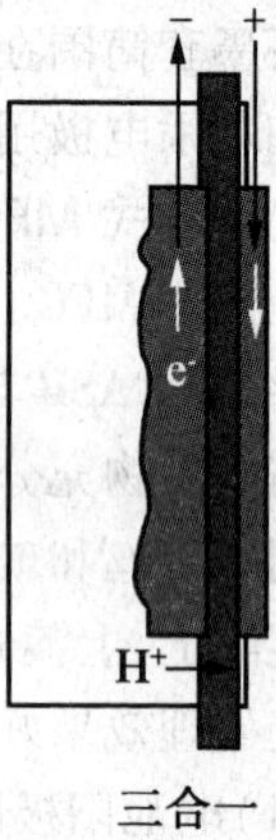

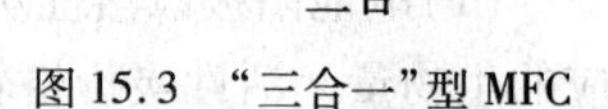

图 15.3　"三合一"型 MFC

15.3.2　阴极是否具有生物活性分类

MFC 根据阴极是否具有生物活性可分为非生物阴极型 MFC 和生物阴极型 MFC 两大类。

1. 非生物阴极型 MFC

非生物阴极型 MFC 的原理是利用化学催化剂完成电子向最终电子受体的传递。在大多数实验室中,研究者最多的是用价格昂贵的 Pt 作为催化剂,其废水处理效果和产电性能很理想,但是贵金属 Pt 作为催化剂的最大缺点就是价格昂贵,不适用于大多数实验室,而且浪费资源,因此该方法有待完善。为了降低电池成本提高阴极反应速率,基于 Pt 的不足有研究者研究了一些比 Pt 价格便宜很多的铁和钴过渡金属元素,也能够做阴极催化剂。例如有研究者把三价铁的化合物(如铁氰化钾)加入碳/石墨阴极中,这是由于铁的化合物性能稳定,不与其他化合物进行反应,这样大大提高了 MFC 的电压输出性能,且最大功率可提高至 259 W/m^3。

2. 生物阴极型 MFC

在实际中,生物阴极 MFC(Biocathode Microbial Fuel Cell,BCMFC)是利用生物做催化剂完成电子的传递过程,其具有可应用性、可持续性以及稳定性等优点。生物阴极 MFC 阳极室内,以好氧微生物作为催化剂完成氧的反应过程;而在阴极室中阴极电子受体用氧气。电池中反应的微生物可以取自污水处理厂的好养污泥,具有成本低、方便简洁以及没有二次污染等优点。MFC 阴极室中以氧气为电子受体而阳极对电子供体影响的较少,其主要影响电能输出性能,而在阴极溶液中主要关注金属电镀废水为电子受体的 MFC 则侧重于金属单质回收,硝酸盐为电子受体的 MFC 更侧重于废水中氮的去除效果。

生物阴极 MFC,能够提高 MFC 在实际应用中的连续性和稳定性,生物阴极 MFC 的阴极室,氧阴极的电子受体,可以容易地获得这些微生物的好氧污泥,其优点是成本低,简单,方便,不污染。而阳极的电子供体的 MFC 的阴极室与氧作为电子受体的功率输出性能,涉及不同的电子受体的阴极液,生物阴极型 MFC 的类型,例如金属电镀废水 MFC 金属回收单质,以硝酸盐作为电子受体的 MFC 更侧重于去除废水中的氮。

研究者研究了生物阴极型 MFC 克服了非生物阴极 MFC 稳定性差、成本高、易造成二次污染的缺点。为了取代过渡金属元素做催化剂,研究者通过大量实验,终于找到了具有特定功能的酶,作为微生物体内的催化剂,这样在价格方面有不少优势。生物型阴极的优点主要有:建造成本大大降低,微生物做催化剂;运行稳定性好,没有二次污染,生物阴极避免出现催化剂污染;减少水中二次污染,微生物的代谢作用去除了水中的多种污染物,例如生物反硝化作用和消化作用去除水中的氮污染等。

15.3.3　阳极室内电子转移方式分类

电池按 MFC 阳极室内电子转移方式的不同可分为间接 MFC 和直接 MFC。

1. 间接 MFC

通过 MFC 在阳极室内利用生物方法将有机化合物分解产生燃料,然后该有机燃料在厌氧微生物表面发生反应氧化还原反应,这种电池称为间接 MFC。

近些年来,对使用氧化还原介体构建间接 MFC 电池进行了大量的研究。间接 MFC 使用的是有机化合物的分解中产生的 MFC 的燃料,通过在阳极室中的生物分解方法,然后产生的燃料与微生物发生厌氧氧化还原反应。电子传递过程中添加介体催化剂,例如过渡金属和贵金属等,质子穿过中间的质子交换膜进入阴极室,通过外电阻把自由电子传输到阳极室,来平衡两室间的电子,结构如图 15.4 所示。

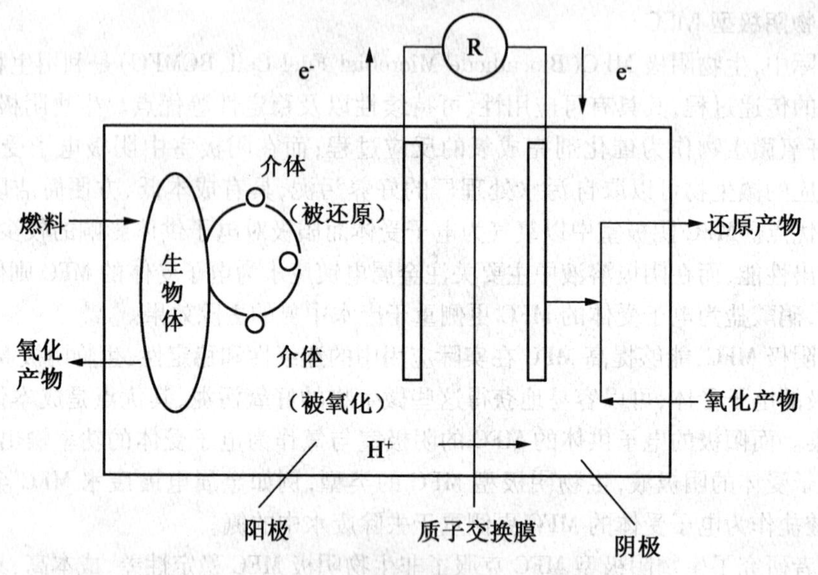

图 15.4　间接生物燃料电池工作原理

对于阳极室内特定的厌氧产电微生物而言，它们自身可以产生氧化还原中间介体，但是数量有限，效率较低，而且时间很长等，为了提高电池性能填补这些缺点以促进电子向电极表面的传递，一般需要人为地添加一些合适的电子介体（磺酸盐、中性红和硫堇等），这样能大大提高电池效率。在间接 MFC 中，阳极室中有机电子供体并不在碳纸电极表面直接发生反应，而是在有机废水电解液中反应并释放出电子，释放出的电子则由氧化还原介体运载传递到碳纸电极表面上，通过外电路导线及电阻传到阴极碳纸电极，在阴极液内进行氧化还原反应实现电子的转移。

2. 直接 MFC

直接 MFC 就是燃料直接在电极上氧化，电子直接由有机化合物燃料转移到电极（也称为无介体 MFC）。直接 MFC 相比间接 MFC 而言，原理相对简单，更适用于实际应用，而且方便。

15.4　阳极产电微生物

15.4.1　产电微生物的定义

产电微生物分解有机化合物产生的二氧化碳、水和电子通过电子传递链传递到电极上，电子由导线从阳极电极传到阴极电极，从而产生电流（表 15.1）的一种微生物称之为产电微生物（又称为电活性微生物或电极呼吸微生物），同时自身在电子传递过程中获得能量支持菌类的生长。

表 15.1　MFC 在产电过程中不同类型微生物的比较

微生物种类	库伦效率/%	是否独立存活	是否需要外源性介体	是否用于开放环境
发酵微生物	<10	否	否	是
包含外源性介体的微生物	<10	否	是	否
Shewanella 属	<33	是	否	否
产电微生物	>90	是	否	是

15.4.2　产电微生物的类别

自然条件中分离的产电微生物多为有氧呼吸和发酵等代谢方式的兼性厌氧菌,多数为铁还原菌(Fe(Ⅲ)为最终电子受体)。表 15.2 列出了主要产电微生物发展的历程。

表 15.2　产电微生物的发展历程

年份	微生物种类	评　论
1999	*Shewanella putrefaciens IR* - 1	通过异化金属还原细菌证明了产电微生物存在
2001	*Clostridium butyricum EG*3	首次证明革兰氏阳性细菌在 MFC 中产电
2002	*Desulfuromonas acetoxidans*	在沉积物型 MFC 分离的产电微生物
	Geobacter metallireducens	在恒定极化系统中产生电能
2003	*Geobacter sulfurreducens*	在没有恒定极化条件下产生电能
	Rhodoferax ferrireducens	利用葡萄糖作为电子受体
	A3(*Aeromonas hydrophila*)	*Deltaproteobacteria*
2004	*Pseudomonas aeruginosa*	利用微生物产生的中介体绿脓菌素产生电能
	Desulfobulbus propionicus	*Deltaproteobacteria*
2005	*Geopsychrobacter electrodiphilus*38	耐寒性微生物
	Geothrix fermentans	能产生一种还没有确认的电子中介体
2006	*Shewanella oneidensis DsP*10	在小型 MFC(1.2 mL)产生能量密度达 2 W/m^2
	S. oneidensis MR - 1	各种各样的突变体产生
	Escherichia coli	在长时间运行之后发现产生电能
2007	*Rhodopseudomonas palustris DX* - 1	产生高的能量密度(2.72 W/m^2)
	Ochrobactrum anthropi YZ - 1	一个机会致病菌(*Alphaproteobacteria*)
	Desulfovibrio desulfuricans 56	乳酸作为电子受体的同时能还原硫酸盐
	Acidiphilium sp. 3.2*Sup*5	极化系统下在低 pH 和有氧存在的条件下产电
	*Klebsiella pneumoniae L*17	首次这种属在没有中介体的情况下产生电流
	Thermincola sp. *strain JR*	*Phylum Firmicutes*
	Pichia anomala	酵母膏作为电子受体(*kingdom Fungi*)

15.5　阴极氧化剂

在 MFC 的阴极氧化剂主要有采用了溶氧、高锰酸钾、铁氰化物、二氧化锰等作为电子供体。

15.5.1　溶氧阴极 MFC

早期研究的两室 MFC 同普通电池一样,其主要结构包括质子厌氧微生物阳极室、交换膜和阴极室三大部分,这种电池称为溶氧 MFC。He 以溶氧作为阴极电子受体建立的 MFC,最大输出功率能够达到 48 mW/m²。

许多实验研究都采用结构简单的溶氧 MFC,电池以溶氧作为阴极电子受体,有机糖蜜废水为阳极电子供体,操作简单。其阴极半反应为

$$O_2 + 2e^- + 2H^+ = H_2O_2, H_2O_2 = \frac{1}{2}O_2 + H_2O$$

能斯特方程为

$$E^+ = E_0 + RT/2F\ln[P_{O_2}\alpha_{[H^+]}{}^2](25\ ℃, E_0 + 1.229\ V)$$

式中 E^+——阴极电极电势,V;

E_0——25 ℃时氧的电极电势,V;

P_{O_2}——氧气的分压,Pa;

$\alpha_{[H^+]}$——质子氢的活度值。

15.5.2 高锰酸钾溶液两室 MFC

高锰酸钾/二氧化锰电对阴极半反应为

$$MnO_4^- + 4H^+ + 3e^- = MnO_2(s) + 2H_2O$$

其阴极电势为

$$E^+ = E_0 + RT/(3F\ln[\alpha_{MnO_4^-}]\cdot[\alpha_{4H^+}])(25\ ℃, E_0 + 1.532\ V)$$

15.5.3 金属阴极 MFC(固体阴极)

金属阴极 MFC 以电子受体为金属而得名,其形式主要有两种:一种是通过调节阴极溶液 pH 值变化,使金属铁溶解于阴极电解质溶液中析出金属单质;另一种是由二氧化锰制成的固体阴极,作为催化剂。二氧化锰得到电子后转变成为碱式氧化锰,使 Mn^{2+} 进入溶液之后,再在好氧的锰氧化菌作用下将氧气与 Mn^{2+} 反应氧化成二氧化锰。

在外电子介体存在的作用下,Hayre 以玻碳纤维为电极材料构成的双室 MFC,阴极使用锰氧化菌制成固体,最大输出功率可能达到 127 mW/m²,而且能连续稳定产电。

15.5.4 铁氰化钾电解质溶液 MFC

由于铁氰化钾溶液的 MFC 的优点具有低超电势和不易极化,其开路循环电压和阴极工作电压基本相同,大大降低其内阻,所以 MFC 的阴极电子受体用铁氰化钾溶液有着广泛应用。其阴极半反应和能斯特方程为

阴极半反应为

$$Fe(CN)_6^{3-} + e^- = Fe(CN)_6^{4-}$$

能斯特方程为

$$E^+(Fe^{2+}/Fe^{3+}) = E_0 + RT/F\ln[\alpha_{Fe^{3+}}/\alpha_{Fe^{2+}}](25\ ℃, E_0 + 0.770\ V)$$

Fe^{3+}/Fe^{2+} 活度比是阴极电位 E^+ 主要的影响因素。专家 He 研究表明,上流式 MFC 以蔗糖废水作为阳极微生物分解的电子供体,阴极以铁氰化钾溶液作为阴极电子受体,内阻大约为 84 Ω,最大输出功率为 180 mW/m²。Oh 阳极以有机化合物蔗糖废水为底物,阴极以铁氰化钾溶液作为电子受体建立双室 MFC,电流较大,电压输出稳定,电池输出功率相比溶

氧缓冲溶液作为电子受体时可高出80%。Rabaey阳极以醋酸钠溶液作为阳极微生物分解底物，阴极以铁氰化钾溶液作为阴极电解质溶液建立MFC，最大输出功率达到90 W/m^3，电压输出稳定。以葡萄糖作为阳极微生物分解底物，电镀废水作为阴极电子受体建立双室MFC，其最大输出功率只有66 W/m^3。

15.6　课题研究的内容及意义

15.6.1　课题研究的内容

目前研究MFC大多数忽略了阴极电子受体废水的处理，而只注重于研究电池结构和阳极有机废水的处理。为了弥补以上缺点，本章则着重研究阴极电子受体（电镀废水）的废水处理效果，电压输出情况及金属回收效果。

（1）研究MFC的阳极电子供体，实际糖蜜废水和模拟废水在产电方面和废水处理效果的比较。

（2）MFC采用模拟糖蜜废水作为阳极电子供体，产电微生物做催化剂，模拟硝酸银废水作为阴极电子受体，研究了电池的电压输出情况，电镀废水中金属离子回收的情况，对重金属废水和有机废水去除效果的评价。

（3）模拟糖蜜废水作为阳极电子供体，模拟硝酸铜废水作为阴极，研究了MFC的发电性能，对重金属废水和有机废水去除效果的评价，电镀废水中金属离子回收的情况。

15.6.2　课题研究的意义

双室MFC作为一种清洁、高效而且性能稳定的新型废水处理技术和产电装置，有着巨大的发展空间。但是双室MFC如果大型化，其造价高，处理废水效果不是很理想，而且输出电压并不高，所以近阶段还难以用于实际当中，只能停留在实验室的水平上。在实验室中，MFC已经实现了稳定产电，处理有机废水和电镀废水等难处理废水，有些实验还实现金属单质的回收利用。因此，在兼顾发电、废水处理和金属回收的三重目标基础上，本研究通过模拟有机糖蜜废水作为电子供体，用活性污泥中的厌氧产电微生物作为催化剂，模拟电镀废水作为阴极电子受体，简单地建立了双室MFC。通过对电池运行参数的控制来研究不同阴极液对电池性能的影响等方面，确立了“有机废水－电镀废水”双处理生化法互作工艺，为研究清洁高效型新工艺提供新的思路。

第16章　实验材料与方法

16.1　实 验 装 置

本实验采用经典双室 MFC(图 16.1),这种MFC也是当前研究中使用最多的形式。双室 MFC 反应器由阳极室、质子交换膜 Nafion117 膜和阴极室三大部分构成。电池的阳极室为有机玻璃制成的圆柱体,阴极室和阳极室一样,呈对称型,两个极室的内径都为 100 mm,高为 100 mm,壁厚5 mm,有效容积均为 600 mL。阳极和阴极电极均由碳纸 - 60 制成,阳极电极经测量有效面积为64.22 cm^2,两极间用铜导线和外电阻连接,外电阻为 800 Ω。两个极室中间用有机玻璃管连接,其内径为 80 mm,有机玻璃管夹着质子交换膜用螺丝拧紧。产电微生物需要厌氧环境,所以阳极室为密封厌氧。为糖蜜废水样品,阳极上端设有取样口,但是要密封好。阴极上端也设有取样口,可与空气接触。

图 16.1　双室 MFC 结构示意图

16.2　实 验 配 备

16.2.1　实验材料

实验所使用的材料:

(1)导线四条,两个可调式的 1 kΩ 外电阻。

(2)一张东丽 60 型的薄碳纸。

为了防止电极上微生物完全碳化,不影响到后续实验,我们使用一种阳极预处理方法:450 度灼烧 30 min,能够提高 MFC 的功率。这样预处理一下既能杀掉微生物,又能对阳极进行预处理。

(3)杜邦质子交换膜 Nafion117 一张,根据中间玻璃管的面积,剪成对应的圆形。以 Nafion117 膜作为膜电极的基础材料,实验中需要高纯度的 Nafion 膜,所以膜必须通过标准过程来清洁获得。

①为了氧化有机杂质,在 80 ℃的 3% 过氧化氢中 Nafion 膜浸泡 1 h。

②为了去除过氧化氢,在 80 ℃的去离子水冲洗 1 h。

③为了除去金属离子杂质,在 80 ℃的硫酸溶液(1 mol/L)中膜浸泡 1 h。

④为了去除过量酸,用 80 ℃去离子水冲洗膜 1 h。

⑤为了不受任何污染,处理完成的 Nafion 膜存放在去离子水中密封保存。在使用质子膜前,该膜应当在空气中风干。

(4)环氧树脂绝缘胶,一次性筷子。

16.2.2　实验试剂

实验所需的试剂见表 16.1。

表 16.1　实验试剂

药品名称	纯度	生产厂家
碳酸氢钠	分析纯	国药集团化学试剂有限公司
磷酸二氢钠	分析纯	国药集团化学试剂有限公司
磷酸氢二钠	分析纯	国药集团化学试剂有限公司
磷酸氢二钾	分析纯	国药集团化学试剂有限公司
磷酸二氢钾	分析纯	国药集团化学试剂有限公司
氯化铵	分析纯	国药集团化学试剂有限公司
氯化钙	分析纯	国药集团化学试剂有限公司
氯化铁	分析纯	国药集团化学试剂有限公司
钼酸钠	分析纯	国药集团化学试剂有限公司
硫酸铵	分析纯	国药集团化学试剂有限公司
硫酸镁	分析纯	国药集团化学试剂有限公司
硫酸锰	分析纯	国药集团化学试剂有限公司
硫酸	分析纯	国药集团化学试剂有限公司
硝酸	分析纯	国药集团化学试剂有限公司
过氧化氢	分析纯	国药集团化学试剂有限公司
邻苯二甲酸氢钾	优级纯	国药集团化学试剂有限公司
重铬酸钾	分析纯	国药集团化学试剂有限公司
高锰酸钾	分析纯	国药集团化学试剂有限公司
硫酸银	分析纯	国药集团化学试剂有限公司
硝酸银	分析纯	国药集团化学试剂有限公司
硝酸铜	分析纯	国药集团化学试剂有限公司
硝酸锌	分析纯	国药集团化学试剂有限公司
红糖	—	玉棠糖厂

16.2.3　实验仪器

实验所用仪器和检测设备见表 16.2。

表 16.2　实验仪器

仪器	型号	生产厂家
电热恒温鼓风干燥箱	DHG－9075A	上海一恒科技有限公司
电热恒温水浴锅	HWS26	上海一恒科技有限公司
温度控制仪	XMTD－2202	余姚市全电仪表有限公司

续表 16.2

仪器	型号	生产厂家
磁力加热搅拌器	79 – 1	浙江丹瑞仪器厂
离心机	TDL80 – 2B	飞鸽仪器厂
电子天平	AL104	METTLER TOLEDO
pH 计	HS – 3C	智光仪器仪表有限公司
COD 消解仪	COD – 571 – 1	上海雷磁仪器厂
COD 测定仪	COD – 57	上海雷磁仪器厂
万用表	17B	美国 FLUKE
原子吸收分光光度仪	Q1 – AA320	北京中西化玻仪器有限公司
可变电阻	WXD3 – 12S	—

16.2.4　MFC 的接种与启动

接种污泥采用哈尔滨第二污水处理厂污水处理厂的二次沉淀池，取回后将其过滤、沉淀、淘洗后备用。为了保证最终电子受体电极处于厌氧状态，实验前一个月在厌氧条件下保存，防止电子直接参与氧气的化学还原生成水。污泥中投加模拟糖蜜废水是由红糖配制（由 3.13 g/L $NaHCO_3$，0.31 g/L NH_4Cl，6.338 g/L $NaH_2PO_4 \cdot H_2O$，6.8556 g/L $Na_2HPO_4 \cdot 12H_2O$，0.13 g/L KCl，0.2 g/L $MgSO_4 \cdot 7H_2O$，0.015 g/L $CaCl_2$，0.02 g/L $MnSO_4 \cdot 7H_2O$），pH 值为 6.63，COD 值约为 7 720 mg/L。为了简化实验，本研究中阴极的电镀废水都是自配的模拟电镀废水。

微生物在电极表面形成生物膜的过程就是 MFC 的氧化还原反应过程，这就是微生物生长过程。当万用表测得输出电压低于 50 mV 时，用针管抽出阳极污泥上的清液，重新添加新的糖蜜废水，即为一周期。反应器以间歇方式运行，一个周期换一次水。

16.3　MFC 参数测定方法及性能评价

16.3.1　电压

电压用万用表直接测得。电压的国际单位是伏特（V）。

16.3.2　电流和电流密度

电流是指电荷的定向移动。

电流密度是一种物理量，用来描述电路中某点电流强弱和流动方向，单位是 A/m^2。电流密度的大小等于通过垂直于电流方向单位面积的电量与单位时间的比值，以正电荷流动的方向为矢量的正方向。公式为

$$J = \frac{I}{A}$$

MFC 的电流密度是电流与阳极面积或体积的比值；体积电流密度是电流与阳极体积的

比值。体积电流密度计算公式为

$$j_V = \frac{I}{V} = \frac{U_{cell}}{R_{ex} V} \tag{16.1}$$

式中 U_{cell}——电池电压,V;

I——电流,A;

V——阳极体积,m^3;

j_V——体积电流密度,A/m^3;

R_{ex}——外电阻,Ω。

16.3.3 极化曲线的测定

极化曲线测定可采用恒电位法或恒电流法。

1. 恒电位法

在尽可能接近体系稳态的条件下,通过不断改变 MFC 的外电阻,恒定在不同的数值上,测量对应的各电位处的电流值然后作出图表,这种方法称为恒电位法。稳态体系是指被研究体系的极化电流、电极电势、电极表面状态等基本上不随时间而改变的一些量。在实际测量中,这两种方法都已经获得了广泛应用,常用的控制电位测量方法有以下两种。

一种方法是动态法:以扫描的方式控制电极电势以比较慢的速度连续地改变,作极化曲线图。

另一种方法是静态法:在接近体系稳态的条件下,电极电势恒定在某一数值,测定其相应的稳定电流值。这种方法用得少。

2. 恒电流法

恒电流法是指依次改变电极上的电流密度,然后测定相应的稳定电极电势值,做的极化曲线。

16.3.4 功率和功率密度

(1)功率

电池的功率是单位时间内电池输出的能量。功率计算公式为

$$P = IU_{cell} \tag{16.2}$$

我们研究测定一般通过测量固定外电阻(R_{ex})两端的电压,根据欧姆定律($I = U_{cell}/R_{ext}$)计算电流,由此得到的功率计算公式为

$$P(R) = RI^2 = R[\varepsilon/(R+r)]^2 \tag{16.3}$$

功率密度是电流密度与面积的比值,还可以是电流密度与体积的比值。功率密度 P 计算公式为

$$P = \frac{U_{cell} I}{V} = \frac{U_{cell}^2}{R_{ex} V} \tag{16.4}$$

式中 P——体积功率密度,W/m^3;

16.3.5 内阻的测量

电流中断法、交流阻抗法和极化曲线法也属于暂态法和稳态法。在目前看来,对 MFC

的测定研究，人们普遍采用的内阻的测定方法有暂态法和稳态法。

暂态法包括电流中断法和交流阻抗法。MFC 中交流阻抗法通常用来测定欧姆内阻。氢氧燃料电池测定常用交流阻抗法，极化曲线和输出电压的测定中广泛采用交流阻抗法。

通过稳态放电得到极化曲线称之为稳态法，逐渐减小外电阻值，通常将极化曲线在欧姆极化区的数据拟合得到的等效电阻称为电池的内阻。

梁鹏等研究的“三合一”MFC，能够准确地测定 MFC 的表观内阻，是通过改变外电阻后的稳定时间，来确定对极化曲线测定的影响。

1. MFC 内部等效电路

MFC 在电压输出过程中有三种电阻：第一种是电化学反应电阻，这种阻力是由电化学反应顺利进行需要克服活化能的能量引起的；第二种是传质电阻，其欧姆阻力是由反应物和生成物由于传质限制引起的；第三种是欧姆电阻，欧姆阻力是由电解质中离子（质子）和电极中电子传递受到的阻力引起的。MFC 内部等效电路如图 16.2 所示。

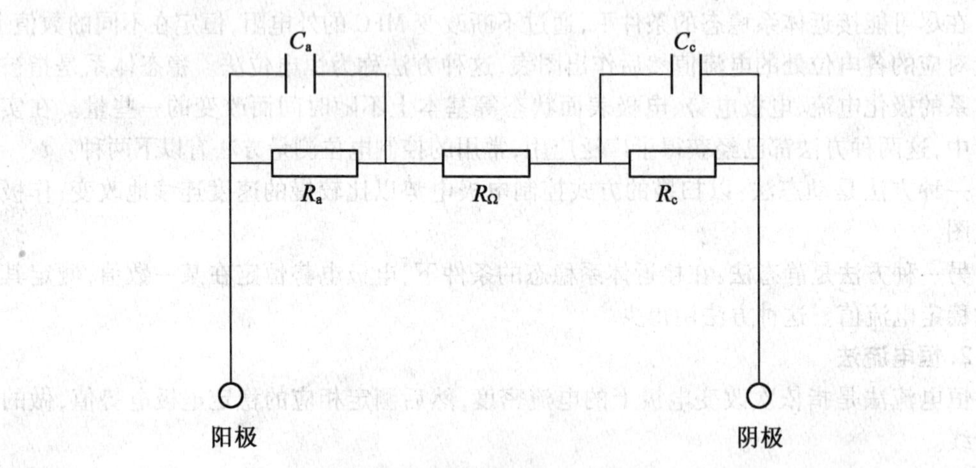

图 16.2　单室型 MFC 内部等效电路

R_a 代表的是非欧姆内阻，非欧姆内阻是由阳极及其双电层所产生的，R_c 代表非欧姆内阻，R_Ω 代表的是欧姆内阻，欧姆内阻是外电路所产生的，代表 MFC 电化学反应电阻和传质电阻之和。非欧姆内阻 R_n 是 R_a 加 R_c，为 MFC 的非欧姆内阻，C_a 表示阳极双电层电容，C_c 表示阴极的双电层电容。

2. 内阻测试方法

采用电流中断法测定或是内阻测定方法测定 MFC 的欧姆电阻。我们通过从大到小逐渐改变 MFC 的外电阻的电阻值，用万用表测得输出电压值，通过公式 $I = U/R$ 计算得到电流，作的电流－电压极化曲线，由极化曲线计算电池内阻，这是内阻测定方法。

电流中断法是指稳定放电的 MFC 外电路突然断开，通过高频采样器测定阳极－阴极之间的电压。得到电流中断瞬间电压 ΔU 升高值，电路断开前电流为 I，因此欧姆电阻 $R_\Omega = \Delta U/I$。

16.3.6　COD 的测定

COD 是指在一定的条件下微生物群进行化学氧化耗氧量，是污水处理中的重要指标。COD 去除率由 COD 值求得（单位%）。采用重铬酸钾法测定 MFC 阳极液进出水的 COD。

本实验用到的比色法测定原理:用消解仪消解有机废水样品。为了消解一切杂质,在强酸性溶液中加入一定量的重铬酸钾专用消解液作氧化剂,这种氧化剂腐蚀性很强。消解仪温度 100 ℃下恒温加热消化 20 min,在强氧化剂中,水中还原性物质(如有机物、硝酸银、硝酸铜、亚硝酸盐、亚铁盐、硫化物等)把重铬酸钾还原为三价铬。配比不同浓度溶液,制作标准曲线。在波长 600 nm 处测定样品水吸光度,三价铬的量与吸光度的大小成直线关系,由标准曲线计算出浓度。其公式为

$$E_R = \frac{COD_{in} - COD_{out}}{COD_{in}} \times 100\% \tag{16.5}$$

式中　COD_{in}——MFC 阳极溶液进水的 COD,g/L;

COD_{out}——MFC 阳极溶液出水的 COD,g/L。

16.3.7　库仑效率的计算

库仑效率(Coulombic Efficiency,*CE*)是阳极有机物氧化转化成电流的实际电量和理论计算电量的比值。库仑效率反映 MFC 电子回收效率的重要指标。库伦效率通常是用来衡量电泳涂料的上膜能力。在 MFC 的研究中,用库仑效率衡量阳极的电子回收效率。

通过产电微生物的代谢将有机物转化成为电流的部分属于有效利用,而未产生电流的部分则被看作是底物损失。库仑效率计算公式为

$$CE = \frac{Q_{EX}}{Q_{TH}} \times 100\% \tag{16.6}$$

式中　Q_{TH}——理论电量,C;

Q_{EX}——实际电量,C。

研究者计算对于间歇流方式运行的 MFC 反应器,可以假设单周期反应时间为 t,然后在时间 $0 \sim t$ 上对外电路电流进行积分计算,就可以得到实际电量,即

$$Q_{EX} = \int_0^t I dt = \sum_{i=o}^{t} I_i \Delta t_i \tag{16.7}$$

式中　t——工作时间,s;

Δt_i——离散后的电流采样时间间隔,s;

I——电流,A;

I_i——在时间间隔 Δt_i 内的平均电流值,A。

在有机废水处理中,MFC 阳极中有机物浓度则是通过 COD 进行计算,因此,COD 值是衡量废水的一个重要指标。根据 Faraday 定律,有

$$Q_{TH} = \frac{(COD_{in} - COD_{out}) V_A}{M_{O_2}} bF \tag{16.8}$$

式中　F——Faraday 常数,96 485C/mol;

COD_{in}——进水的化学需氧量,mg/L;

COD_{out}——出水的化学需氧量,mg/L;

V_A——MFC 阳极总体积,m^3;

b——以氧为标准的氧化 1 mol 有机物转移的电子数,4 mol e^-/mol;

M_{O_2}——以氧为标准的有机物摩尔质量,32 g/mol。

间歇流 MFC 库仑效率是由将式(16.6)代入式(16.7)式整理得到的一般计算公式

$$CE_{\text{Batch}}\% = \frac{M_{O_2}\sum_{i=0}^{t} I_i \Delta t_i}{bFV_A(\text{COD}_{\text{in}} - \text{COD}_{\text{out}})} \tag{16.9}$$

如果电流不稳定,可以取算术平均值或加权平均值。I_0 是稳定电流值,在连续流 MFC 中,电压输出达到稳定状态时得到的稳定电流值。则

$$Q_{\text{EX}} = I_0 \Delta t \tag{16.10}$$

式中 I_0——连续电流输出的平均值,A;

Δt——电池工作时间,s。

在一定条件下,体积流量 q_0 与 Δt 时间内通过阳极底物的总体积为 $q_0\Delta t$,于是,根据 Faraday 定律,有

$$Q_{\text{TH}} = \frac{(\text{COD}_{\text{in}} - \text{COD}_{\text{out}})(q_0 \Delta t)}{M_{O_2}} bF \tag{16.11}$$

式中 R_{int}——电池内阻,Ω;

I——数值上等于电流密度 j 和电极面积 A 的乘积,A;

q_0——连续流体积流量,mL/min。

到连续流 MFC 库仑效率是由将式(16.9)和式(16.10)代入式(16.8)整理得一般计算公式

$$CE_{\text{Continuous}}(\%) = \frac{M_{O_2}\overline{I_0}\Delta t}{bFq_0\Delta t(\text{COD}_{\text{in}} - \text{COD}_{\text{out}})} = \frac{M_{O_2}\overline{I_0}}{bTq_0(\text{COD}_{\text{in}} - \text{COD}_{\text{out}})} \tag{16.12}$$

16.3.8 pH 的测定

用 pH 计直接测定 MFC 阳极有机废水的 pH 值,可间接考查 MFC 中质子和电子的分布情况,pH 值也是考察水质量的重要指标之一。pH 计测量的原理是:pH 计是由以 Ag/AgCl 等为参比电极合在一起组成 pH 复合电极和以玻璃电极为指示电极两部分组成。测定 pH 值前,用标准溶液校正 pH 值,pH 计放入废水样品中要稳定一段时间再读数。

16.3.9 金属离子浓度

我们采用了最常规的测定方法,金属离子浓度采用火焰原子吸收光度法测定。吸收光度法测定的原理为:将处理好的废水试样装入直接吸入火焰,火焰中形成的原子蒸气产生吸收光源发射的特征电磁辐射,由此测定吸光度。配比各浓度溶液,蒸馏水作为基体,选择最佳条件,作出标准曲线。将测得的样品吸光度和标准溶液的吸光度进行比较,由标准曲线确定公式。再由公式计算样品中被测元素的含量。表 16.3 是金属离子特征吸收谱线及适用浓度范围。

表 16.3 金属离子吸收谱线及适用浓度范围

元素	特征吸收谱线/nm	适用浓度范围/($mg \cdot L^{-1}$)
银	328.1	0.03 ~ 3.0
铜	324.7	0.05 ~ 1.0

16.4　本 章 小 结

本章通过多张图片讲解了双室 MFC 的组成结构、反应机理及分类、实验配备及其参数测定方法的计算过程及公式应用。通过表格介绍了实验中用到的药品和仪器。通过公式对实验中所用到的物理量进行了详细分析和计算。

第17章 利用双室 MFC 处理糖蜜废水

17.1 引　　言

糖蜜废水是一种高浓度有机废水，是发酵生产过程中产生的高浓度的有机废水，其总糖含量可达50%～60%，含有大量的有机或无机物质，其 COD 可达 $1.0\times10^5\sim1.5\times10^5$ ppm，是 MFC 反应的原料。此类废水的缺点是浓度大，有机物含量高，难处理等，而且采用的生化处理法费用高，工艺复杂。糖蜜制糖厂生产糖时的结晶母液，是制糖工业的一种副产物。因此本研究利用双室 MFC 处理糖蜜废水，除污的同时回收电能。为糖蜜废水的低成本处理提供了一条新的思路，其优点是费用低，工艺简单。

17.2 实 验 内 容

本章实验主要是为了证明实际糖蜜废水在双室 MFC 中应用的可行性，对 MFC 阳极室中实际糖蜜废水和模拟糖蜜废水哪个产电更稳定，处理废水效果哪个更好进行了比较，为下两章实验提供依据。

接种污泥采用城市污水处理厂的二次沉淀池，经过滤、沉淀、淘洗，加基质糖蜜废水（哈尔滨市某制糖厂排放废水，经自来水稀释400倍后的废水 COD = 6 080 mg/L，pH = 5.37）间歇好氧培养一个月左右。在运行过程中，整个反应器保持密闭厌氧状态，为了彻底去除氧气，还要在实验前通过曝氮气去除溶解氧。当电池电压输量低于 50 mV 时，更换基质，以间歇方式运行。在一个间歇运行周期内，除了测定极化曲线之外，负载外电阻保持在 1 000 Ω 左右。

本章实验分为模拟糖蜜废水和实际糖蜜废水两组，阴极均用单一的 $AgNO_3$ 溶液。第一组是阳极室中模拟糖蜜废水，模拟糖蜜废水的配比同培养污泥的配比；阴极室中是浓度 1 000 mg/L的 $AgNO_3$ 溶液；外电路接入 1 000 Ω 的负载电阻。第二组是阳极室中实际糖蜜废水，哈尔滨市某制糖厂排放废水，经自来水稀释400倍后的废水 COD = 6 080 mg/L，pH = 5.37，经过稀释后，接近于实验配比的模拟糖蜜废水，以利于两者进行对比；阴极室中是浓度 1 000 mg/L 的 $AgNO_3$ 溶液；外电路接入 1 000 Ω 的负载电阻。

17.3 结果与讨论

17.3.1 电压变化曲线

本实验研究了两组双室 MFC 间歇运行时的产电特性。两组输出电压变化趋势相同，稳定上升到最大值后下降。但是模拟糖蜜废水的 MFC 第一个周期产电就相对实际糖蜜废水的 MFC 产电较高而且稳定,在接下来的几个周期内都是模拟糖蜜废水的 MFC 产电及持续时间都优于实际糖蜜废水的 MFC。模拟糖蜜废水的 MFC 在第三周期产电持续 580 h,且最大电压值可达 514.5 mV,是实验周期内产电最高且持续时间最久的周期。实际糖蜜废水的 MFC 产电量在第二周期后都较稳定,而且持续时间 200 h 左右。由此可见,实验阳极液使用模拟糖蜜废水优于实际糖蜜废水,因为实际废水中除微生物必需的营养有机物外还有其他杂质,可能影响微生物对有机物的分解过程,导致了产电量较低且持续时间较短。

17.3.2　COD 去除的变化曲线

图 17.1 中是两组 MFC 阳极液的 COD 变化曲线图。从图中明显可以看出,COD 在一个周期内,随着时间的推移,迅速降低,这是由于阳极室内产电微生物生长代谢需要大量的营养物质葡萄糖,分解葡萄糖生成电子,电子不断传到阴极室内,而微生物需要继续分解有机物维持代谢平衡,所以阳极有机废水 COD 浓度逐渐降低。两组实验变化趋势相同,都是随着时间的推移,COD 浓度逐渐降低到最低点,然后换阳极电解溶液。在产电的双室 MFC 体系的电池阳极室内,厌氧产电微生物分解有机物完成整个电子传递过程。

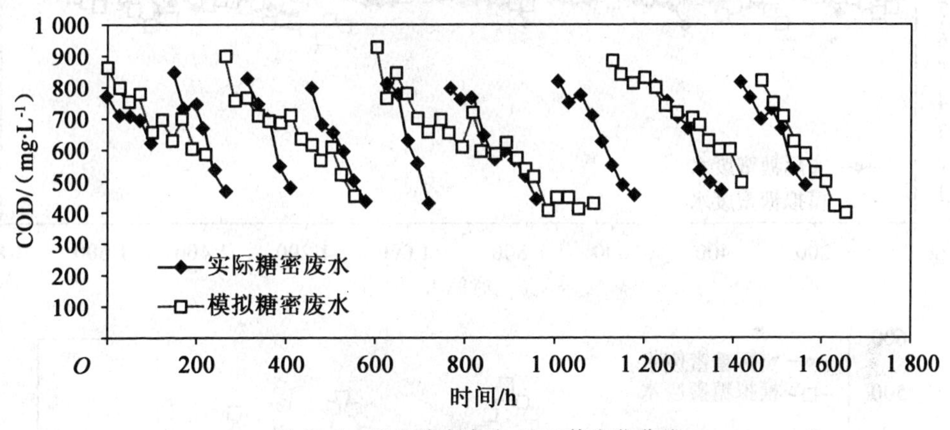

图 17.1　阳极糖蜜废水 COD 值变化曲线

17.3.3　COD 去除率的变化

去除率变化(图 17.2)比较稳定,模拟糖蜜废水 COD 去除率第二个周期稳定后,保持在 43.66% ~54.4%。而实际糖蜜废水第一个周期 COD 去除率较低,只有 14.51%,第二个周期稳定后较模拟糖蜜废水低,保持在 40.56% ~47.31%。

17.3.4　pH 的变化

图 17.3 是两组双室 MFC 系统中阳极室内 pH 值的变化情况。从图中可以看出,随着时间的变化,两组 MFC 阳极室内 pH 值没有显著变化,相对初始 pH 值略有增加,模拟糖蜜废水保持在 6.03 ~7.95, 实际糖蜜废水更稳定,保持在 6.52 ~7.57。由于阳极室体积较小,只有 600 mL,所以对 pH 值影响不大。

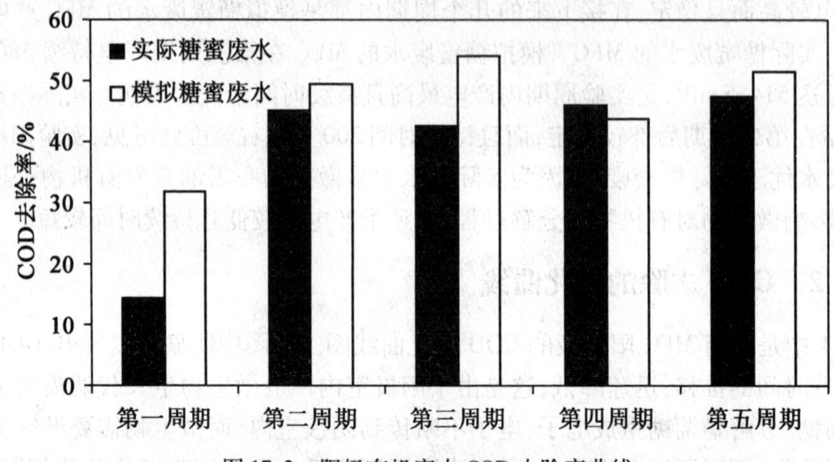

图 17.2　阳极有机废水 COD 去除率曲线

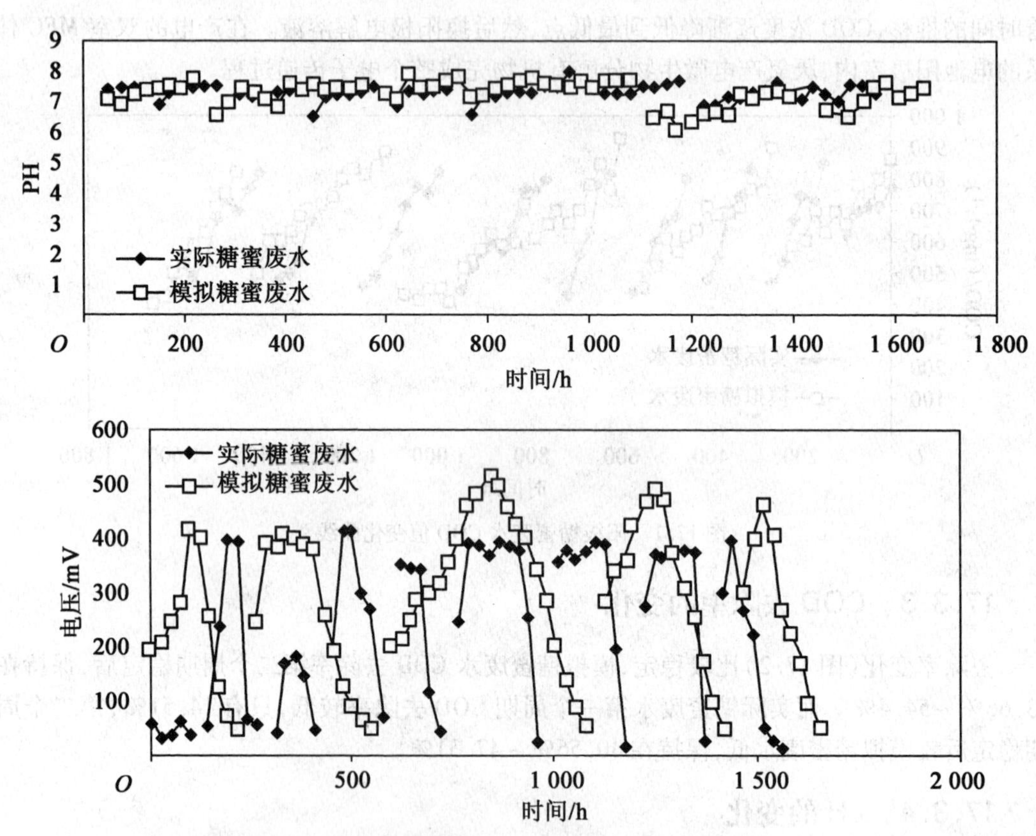

图 17.3　阳极有机废水 pH 值变化曲线

17.3.5　金属离子回收情况

在实验前的阴极碳纸电极的情况如图 17.4(a)所示,质子膜如图 17.4(b)所示,透明没有任何附着物。实验进行 1 d 之后,阴极碳纸电极已逐渐产生银白色的沉淀,如图 17.4(c)所示,10 d 之后在 MFC 阴极室底部发现有银白色沉淀物聚集。拆卸仪器后,质子膜阳极侧发现黑色沉淀物附着,如图 17.4(d)所示,Ag^+ 透过质子膜到阳极,与阳极液中 S^{2-} 和 OH^-

反应生成了黑色沉淀;阴极侧有银色沉淀附着。

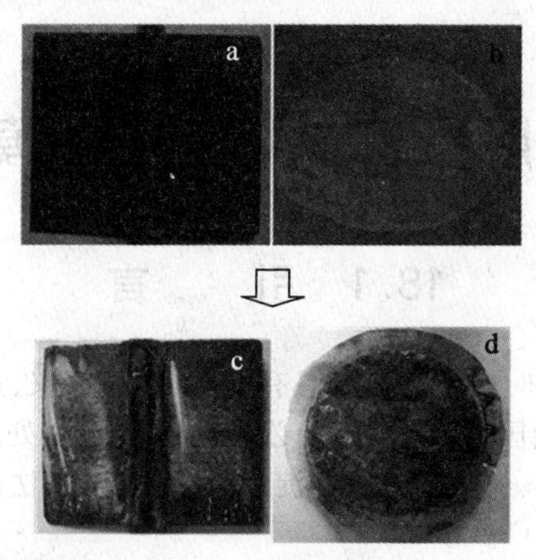

图 17.4 电极和质子膜的变化

17.4 本章小结

本章重点研究了 MFC 的阳极,不同阳极溶液对电池性能的影响不同。模拟糖蜜废水作为 MFC 阳极液,相对于实际糖蜜废水产电更为稳定,最大输出电压值可达 514.5 mV,而实际糖蜜废水只有 419.0 mV。从废水处理效果来看,模拟废水也要优于实际糖蜜废水。这是因为实际糖蜜废水中含有大量杂质(如重金属),有部分化学物质抑制微生物生长,甚至是杀死了微生物,所以影响了微生物分解有机物传递电子。

第18章　利用双室MFC处理模拟含银废水

18.1　引　　言

处理大量含银废水，同时回收金属银，具有很大的研究意义，这是由于城市下水道排放污废水以及工业排放污水，国家要求含银量必须小于1 ppm。处理含银废水并回收金属银的方法有很多，诸如电解法、金属置换法、沉淀法等。但这些方法高耗能，成本高，可能产生二次污染，因此限制了其推广。

目前，用MFC处理含银废水鲜有报道，以Ag^+为MFC阴极电子受体，以MFC阳极微生物产生的电代替电解法中的输入电源在理论上亦可行。Ag^+转化为Ag这个还原反应过程的理论氧化还原电位为0.152 V，以葡萄糖为底物时阳极理论电位约为−0.428 V，则电池电动势为0.580 V，反应式为

阳极反应：

$$C_6H_{12}O_6 + 6H_2O \xrightarrow{\text{微生物}} 6CO_2 + 24H^+ + 24e^-$$
$$E = -0.428\ V$$

阴极反应：

$$24Ag^+ + 24e^- \longrightarrow 24Ag(s)$$
$$E = +0.152\ V$$

总反应：

$$C_6H_{12}O_6 + 6H_2O + 24Ag^+ \xrightarrow{\text{微生物}} 6CO_2 + 24H^+ + 24Ag(s)$$
$$E = +0.580\ V$$

由以上公式可见，银可以催化加速反应速率，不需外加电源即可在MFC阴极室里实现Ag^+的电还原，Ag^+为电子受体时反应可自发进行。

在MFC的阴极室中，银可以作为催化剂，其大大加速反应速率，不需外加电源即可实现Ag^+的电还原。在常温下，Ag^+为电子受体时反应就能自发进行，只有时间长了Ag^+才与空气中的氧气发生氧化反应变黑。由于Ag的活动性在元素周期表中比较差，因此电池阴极的反应产物可以以银单质的形式存在。如果能将MFC应用到处理含银废水中不但成本低，处理银电镀废水没有二次污染，这种方法将为处理电镀银废水和有机废水拓宽新道路。

18.2　实验内容

本章实验主要证明模拟电镀银废水可以用于双室MFC阴极作电子受体，而且产电稳定，处理废水效果好，而且通过对电镀银废水三种不同浓度的比较，选择其阴极液更加适宜浓度用于实验中。配置成0.1 mol/L $Cu(NO_3)_2$，溶液通过加酸调节pH值为3。

本实验采用三组双室 MFC 装置，阳极液都是采用了上一章所用的模拟糖蜜废水，为了简化实验，阴极液采用不同浓度的 $AgNO_3$ 溶液，第一组 A1：[Ag^+] = 500 mg/L；第二组 A2：[Ag^+] = 1 000 mg/L；第三组 A3：[Ag^+] = 2 000 mg/L。外电路接入 1 000 Ω 的负载电阻。

18.3　结果与讨论

18.3.1　双室 MFC 的启动

本实验研究了三组电池间歇运行时六个周期内的产电特性，但是只有第三周期运行稳定，共运行 306 h（图 18.1）。三组电压变化趋势相同，稳定上升到最大值后下降。A1 由于阴极液浓度最低，产生电压也相对 A2 和 A3 较低，在 142 h 时达到最大电压 331.7 mV，但是其电压最大值保持时间最长 52 h。随着银离子浓度的增加，其电压也随之增加，A2 运行缓慢，197 h 后才升至最大电压 447.2 mV，而 A3 运行 160 h 后，升至最大电压 514.5 mV，而且持续稳定 8 h 后开始降低。

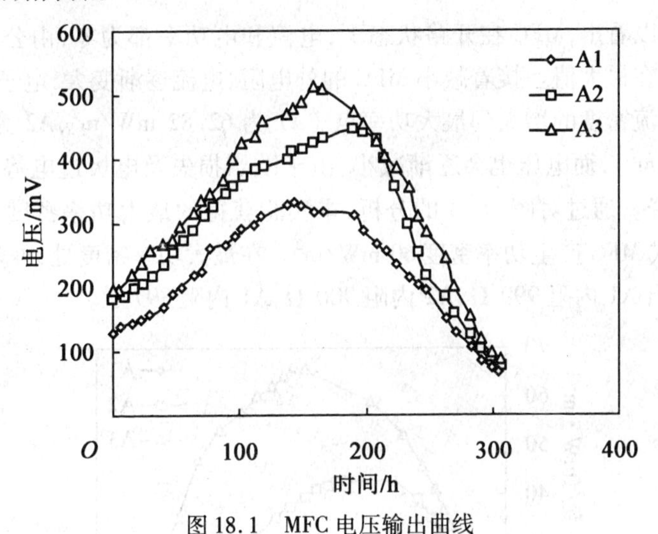

图 18.1　MFC 电压输出曲线

18.3.2　极化曲线

通过改变外电阻测定极化曲线，三组电池极化曲线如图 18.2 所示。第一个区内活化损失占优势，所以称之为活化损失区，当调节外阻至无限大，此时电流为 0，而三组电池 A1、A2、A3 各得到系统的电压达到最大值，分别为 912 mV、964 mV、1 031 mV，初始电压随电流的增加而急剧下降；第二区由于欧姆损失占优势，称为欧姆极化区，在该区内高于活化损伤能，通过第二个点后电压与电流呈线性关系，直线下降；第三区由于浓度损失（质量转移影响）占优势，所以称之为浓差极化区，该区内电压第二次迅速下降。本研究所得极化曲线与 Logan 等实验所得极化曲线趋势相似。A3 的电流密度最大，为 347.98 mA/m^2，A2 其次，为 302.28 mA/m^2，A1 最小，只有 219.68 mA/m^2。

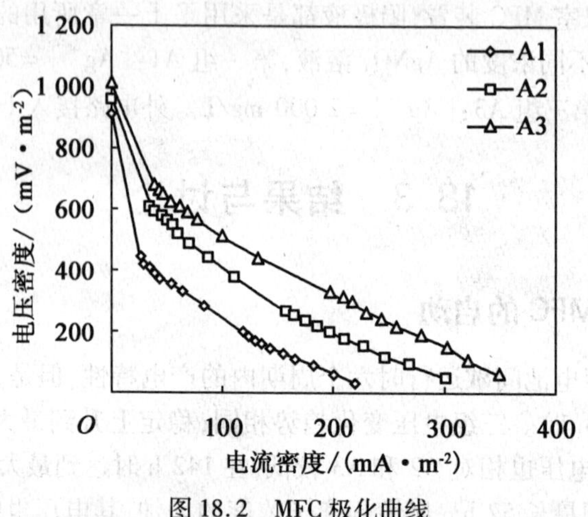

图 18.2　MFC 极化曲线

18.3.3　功率密度及内阻分析

由图 18.3 可以看出,MFC 在开路状态下,电流和电功率都为零,由公式计算可知输出电压,这时电压处在最大值。接着减小 MFC 的外电阻,电流逐渐变大,电子传递速率也会增加,输出功率随电流密度的增大到最大功率点（A1 为 62.82 mW/m^2,A2 为 42.68 mW/m^2,A3 为 23.93 mW/m^2）,而电压也会逐渐减小,由于欧姆损失及电极过电势的增加而引起功率和电压逐渐下降。通过对图 18.3 的分析,本实验获得的最大功率密度 62.82 mW/m^{2}高于 Zhang 等双瓶式 MFC 产生功率密度 60 mW/m^2。在最大功率密度处,外阻和内阻值相等,由欧姆定律计算出 A1 内阻 999 Ω,A2 内阻 900 Ω,A1 内阻 897 Ω。

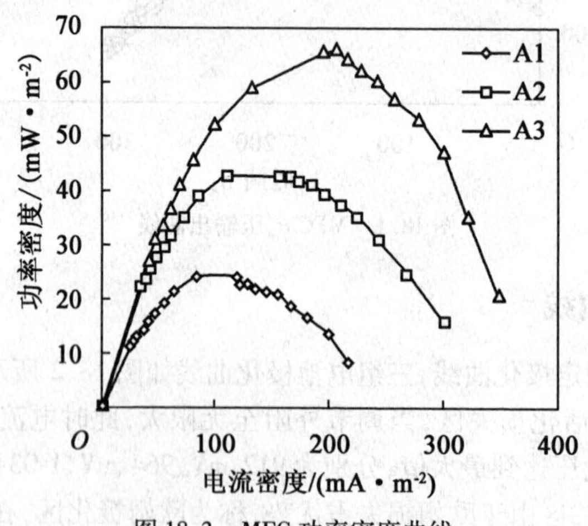

图 18.3　MFC 功率密度曲线

18.3.4　阴极银废水处理效果

三组电池的 Ag^+去除率曲线如图 18.4 所示。A1 中 Ag^+去除率最高 71.6% 远远高于 A3 的 46.4%。这是由于随着 Ag^+溶液浓度增高,离子强度也会增大,会加速体系的反应,使得电池的产能较高,但是 Ag^+去除率不会增加。增加电解液,虽然初始浓度会有较高的电能输出,但 Ag^+ 的降解速率有所下降。理论上,银离子在足够久的反应时间和阳极上有持续的电子供应的条件下可能被完全去除,但是实际中有很多因素影响去除率,达不到理想值。

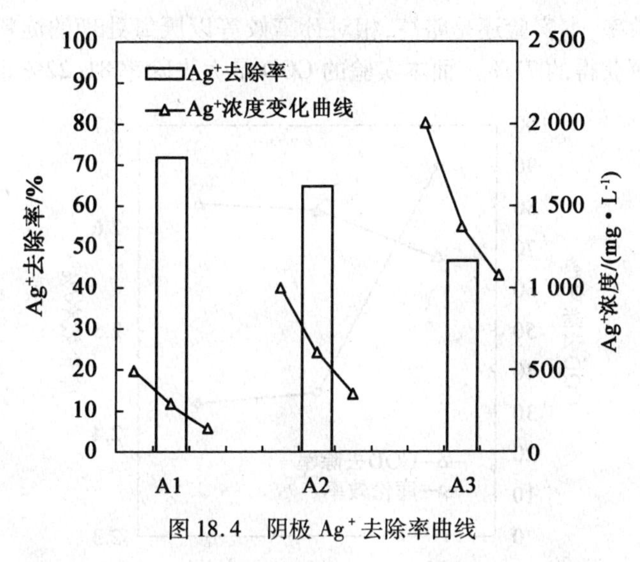

图 18.4 阴极 Ag^+ 去除率曲线

18.3.5 银单质回收

电池运行 24 h 后,阴极碳纸电极上逐渐生成银白色沉积物,300 h 后有白色沉淀聚集在阴极底部。从图 18.5 中可以看出,实际回收得到的银单质质量只有理论上回收的银单质的近 1/2。拆卸仪器后,发现质子膜阳极侧有黑色沉积物附着,Ag^+ 透过质子膜到阳极,与阳极液中 S^{2-} 和 OH^- 反应生成了黑色沉淀,导致回收的银单质较少。浓度增加后,回收的银单质有所增加,A2 银单质质量 197.66 g,是 A1 的 68.85 g 的近 3 倍,而 A3 则不到 A2 的 2 倍。

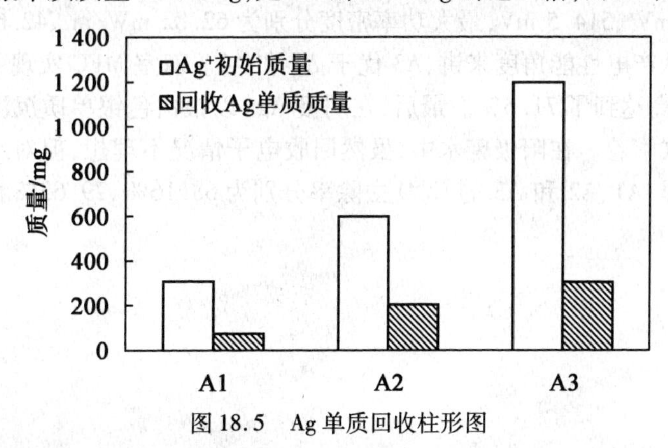

图 18.5 Ag 单质回收柱形图

18.3.6 阳极糖蜜废水处理效果

由图 18.6 中可知电子回收率和 COD 去除率的变化趋势,发现随着阴极 Ag^+ 浓度的成倍增加,而库仑效率总体却呈现相反的下降趋势,COD 去除率略有增加,电池 A2 组的库仑效率和 A3 变化不是很明显,处在 2.63%。当电池阴极 Ag^+ 浓度从 500 mg/L 升高到

1 000 mg/L时,由于这段时间内消耗的底物用于产电的部分所占百分比降低,库仑效率反而下降0.2%。库仑效率随COD去除率升高而降低。结果表明,在浓度增大时,库仑效率不高,电子回收效果不理想,电子回收率反而下降。但是相对Sun等设计的底物为葡萄糖溶液建立的MFC库伦效率,本实验还是略高,相对孙寓姣等以厌氧处理的淀粉工艺废水出水为基质建立的MFC所获得的71%。而本实验的COD最大去除率81.22%也高。

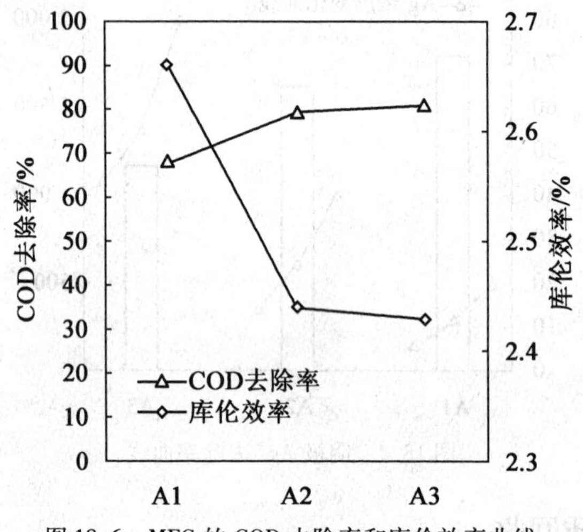

图18.6　MFC的COD去除率和库伦效率曲线

18.4　本章小结

本章着重研究了不同浓度银离子作为阴极电子受体。Ag^+可以作为阴极电子受体,并稳定产电能,在外电阻为3 000 Ω时,不同浓度的阴极电解液得到最大电压也不同,分别为331.7 mV、447.2 mV、514.5 mV,最大功率密度分别为62.82 mW/m^2、42.68 mW/m^2、A3为23.93 mW/m^2。从产电性能角度来讲,A3优于A1和A2。双室MFC实现了对Ag^+的去除,A1中银去除率最高达到了71.6%。最后,在阴极Ag^+以银白色银单质沉淀聚集,在质子膜上以化合物的形式附着。在阳极废水中,虽然回收电子情况不理想,但对废水的COD去除率效果还是很明显,A1、A2和A3的COD去除率分别为68.16%、79.63%和81.2%。

第19章 利用双室MFC处理模拟含铜废水

19.1 引 言

梁敏等建立的双室MFC,阳极室是以剩余污泥为底物,可以实现降解污泥中有机质,阴极同时处理含铜废水和回收铜单质,其最大输出功率为536 mW/m^3,Cu^{2+}的去除率达到97.8%。Heijne等使用乙酸类物质作为MFC的阳极电子供体,通过调节的阴极铜离子溶液pH值为3,可以获得铜单质,获得了最大输出功率430 mW/m^3,铜的去除率可达99.88%以上。上述研究可以看出,很少有研究是将双室MFC同时应用于处理有机废水和电镀废水两种废水中。因此,本实验基于以上实验,吸取优点避其缺点,根据有机废水和电镀废水的电池反应原理,组织构建成双室MFC处理系统。本实验阳极基质用有机废水糖蜜,阴极电解液用电镀废水。本实验组装电池的优点有处理废水效果好,而且稳定产生电流回收电子,回收单质重金属,在废水处理和新能源开发领域都具有广阔前景。

在采矿业和冶金业废水中去除和回收金属,将MFC技术应用于处理废水。根据这些河流的源头,他们包含了重金属,如铜、镍、钴和锌。铜排放的环境主要是采矿和冶金工厂。在低浓度情况下,对于所有植物和动物来说,铜实际上是微量元素和必需元素。在高浓度时,铜对所有生命体能变成有毒物质,尽管毒性水平差异很大。由于对植物的影响,对于农业铜是一个严重的威胁。因此,从污水中去除铜是很重要的。去除铜的现在方法有:胶结、钙沉淀碳酸钙和吸附。

为了实现铜去除和回收的结合,学者提议用冶金MFC。在冶金MFC中,有机材料的氧化被连接到铜的减少量上,公式为

阳极反应:

$$C_6H_{12}O_6 + 6H_2O \xrightarrow{\text{微生物}} 6CO_2 + 24H^+ + 24e^- \quad E = -0.428\ V \tag{19.1}$$

阴极反应:

$$12Cu^{2+} + 24e^- \longrightarrow 12Cu(s) \quad E = +0.286\ V \tag{19.2}$$

总反应:

$$C_6H_{12}O_6 + 6H_2O + 12Cu^{2+} \xrightarrow{\text{微生物}} 6CO_2 + 24H^+ + 12Cu(s) \quad E = +0.714\ V \tag{19.3}$$

在阳极,有机物被氧化成CO_2、质子和电子。在阴极,Cu^{2+}被还原成Cu。这个原理被应用于典型酸性的含大量铜(质量浓度为1 g/L)的溪流中。在阴极,金属被还原需要酸性环境,例如pH>4.5,Cu^{2+}可能析出的是CuO或Cu_2O,不能被利用。而且,当阴极在低pH值下被操作时,含铜废水不需要pH值调节。无论如何,一个生物阳极不能在低pH值下被操

作,并且在一个中性的 pH 值下才能更好地得到更高的电流密度。在阴阳两极之间需要一个障碍保持 pH 值不变。这个障碍阻止了阴极 pH 值增长和阳极 pH 值下降。为了达到这个目的,两极膜被应用,在先前的研究中两极膜是有效的 pH 值分离器,尽管为了保持 pH 值而损失了部分的能量。两极膜引起了酸性环境,并且通过了水的快速反应,这个反应发生在阴离子交换层中和阳离子交换层中。质子迁移通过阳离子交换层到达阴极室,尽管羟基离子迁移通过交换层到达阳极室。

MFC 在金属的去除中应用直到现在仅在阴极 Cr(Ⅵ)还原到 Cr(Ⅲ)中被研究过,但是 Cr(Ⅲ)不能被再利用。在有关环境的另外一些科目中,如在冶金术中,MFC 也会被用于从低质量的矿石中生产金属。在冶金 MFC 中,被应用于降解有机组分中,产生电流,在电极铜被回收。对于铜的回收,比较目前应用的方法,这种方法有几个优势。对硫酸盐量减少来说,冶金 MFC 在有机物炭化和能量的应用效率是比较高的。1 mol 铜还原需要 2 mol 的电子,降低硫化物生成硫酸盐则需要 8 mol 电子。因此,冶金 MFC 在有机物炭化和能量的应用效率方面是其他的 4 倍。而且,电流产生的同时,初步的硫酸铜转化成铜,并且硫酸可被用于生物呼吸运转。MFC 性能通过长期批量研究,包括极化曲线和铜的去除率。在 MFC 中,氧气是首选的电子受体,因为氧气可利用并且有高氧化还原电位。氧气的存在能影响 MFC 的性能,也利于 Cu^{2+} 减少,因此,这个过程在厌氧和好氧的条件下被研究。实验表明,MFC 可以回收,纯铜回收效率 >99.88%,同时产电。

19.2　结果与讨论

19.2.1　MFC 的启动

连接好双室 MFC 电路,启动电池后,观察 7 个周期内的电压变化,如图 19.1 所示。其他 6 个周期发电大概能持续较长时间,除第一个周期发电时间较短。这是因为电池运行初期,阳极室内产电微生物处于驯化阶段,好氧转为厌氧,导致了第一个周期电流值几乎接近于零,电压也一直较低,处在 50 mV 附近波动。自第二个周期后,电压稳定上升,电流值也逐渐增长,电压随微生物迅速生长而不断增大,这是由于产电微生物生长达到稳定。当加入新的糖蜜废水,新的一个周期开始时,这时最大电压达到 417.0 mV,电流也达到最大值,继稳定期后,30 h 左右产电微生物即可达到顶级群落。电压达到最大后一段时间,电压迅速下降至 41.60 mV,这是由于营养物质不断被厌氧微生物群消耗和有害废物的积累使电子量减小。本实验获得的电压 417.0 mV,同目前已报道的使用有机化合物酸类和糖类以及电镀费水作为阴阳极 MFC,获得电压一般也在 410 mV 左右,与之前结果相差甚少。

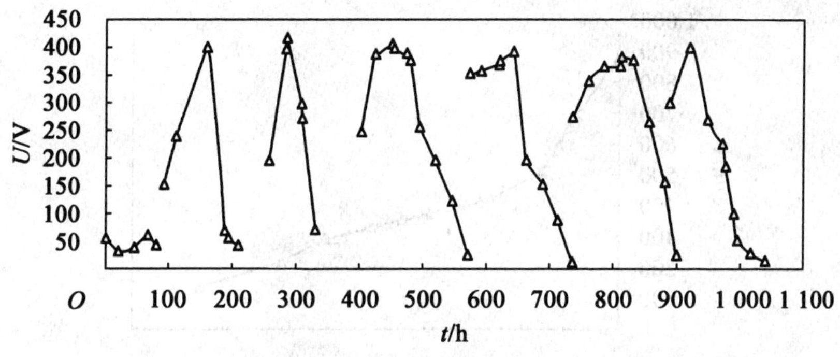

图19.1 MFC电压输出曲线

本实验设计了观察电池电压的稳定性来考察电池性能,在产电较大且稳定的情况下,断开电路,去掉外电阻,电流为零保持10 h后,电压达到最大值测其输出电压值。重复测定3次重新连接电路,发现电流为0,其电压基本不变(图19.2)。结果表明,由断电前电压442 mV到10 h后接通电路的437 mV,电压较高且数值相近,由此可以判断本研究中MFC可以持续稳定发电,电池性能良好。

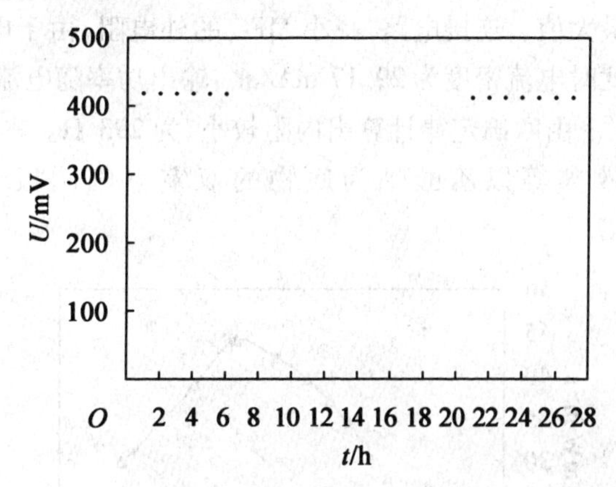

图19.2 MFC通断之后电压比较

19.2.2 极化曲线

通过改变外电阻,测得100~15 000 Ω电阻值下的输出电压值,得到MFC极化曲线,如图19.3所示。我们把极化曲线分为3个区域,第一个区域由于活化损失占优势,所以称为活化极化区,当外阻无限大,电流为0时,测得在该区内系统的最大电压887.6 mV;第二个区域欧姆损失占优势,称为欧姆极化区,在该区内当电压急剧下降到424.2 mV,电流密度为66.05 mA/m²,通过该点后电压与电流呈线性关系,急剧下降;第三个区域是浓度损失(质量转移影响)占优势,称之为浓差极化区,电压第二次快速下降到291.7 mV时,电流为151.41 mA/m²,直至下降到最低138.2 mV。这就是极化曲线的3个区域,本研究所得极化曲线与Logan等实验所得极化曲线趋势相似。

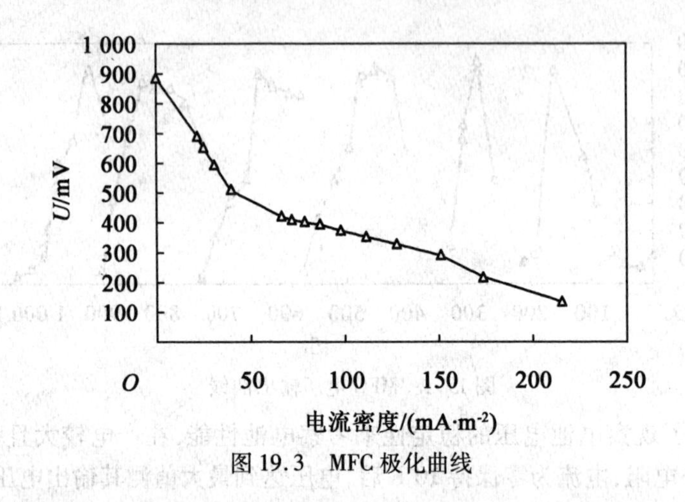

图 19.3　MFC 极化曲线

19.2.3　功率及内阻分析

双室 MFC 功率如图 19.4 所示。电流密度在 0 点时，处于开路状态下，所以功率为 0，无电流产生，且电压达到最大值。连接电路，减小 MFC 的外电阻，由于电子传递速率会增加，所以电流也随之变大，此时电流密度为 29.17 mA/m^2，输出功率随电流密度的升高增大到最大功率点 44.17 mW/m^2。由欧姆定律计算出内阻较小，为 293 Ω。本研究中所得最大功率密度比较稳定，比曹效鑫等以乙酸钠为底物的双室空气阴极 MFC 所得功率密度 25.5 mW/m^2 高出近一倍。

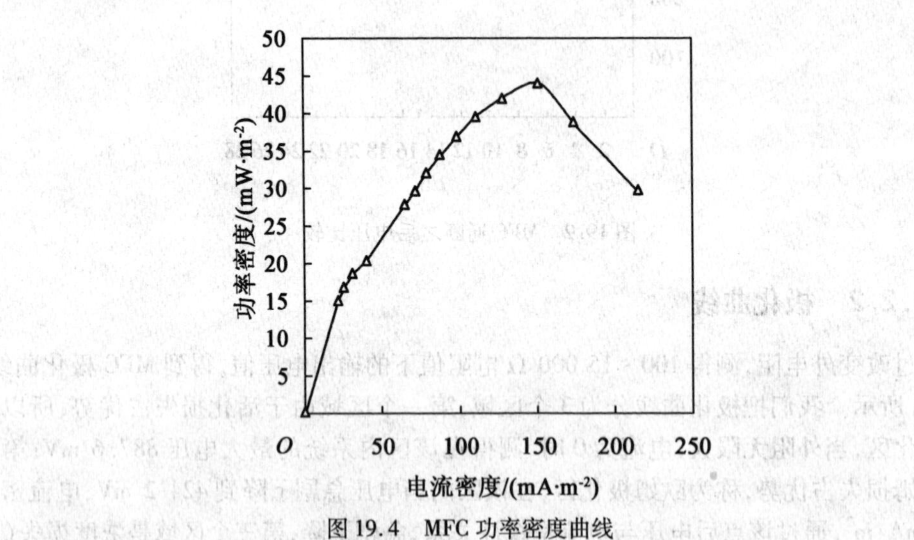

图 19.4　MFC 功率密度曲线

19.2.4　阳极有机物降解效果

MFC 的阳极内有机废水 COD 的去除率和 COD 变化曲线如图 19.5 所示。COD 值是电池阳极更换水时测其进水和出水，COD 去除率是由 COD 的去除率公式计算得到的。由图 19.5 可知，第一周期内，COD 值下降到 6 600 mg/L 时电池已基本停止运行，电压降至 41 mV，更换阳极糖蜜废水，此时 COD 去除率最低，仅有 14.51%；则第五周期 COD 去除率最高,可达到47.31%,COD 值从 8 180 mg/L 最低降到了 4 410 mg/L。除第一周期 COD 去除率较低外,后 6 个周期去除率都较高,一直保持在 45%左右,可见 COD 去除效果较好。

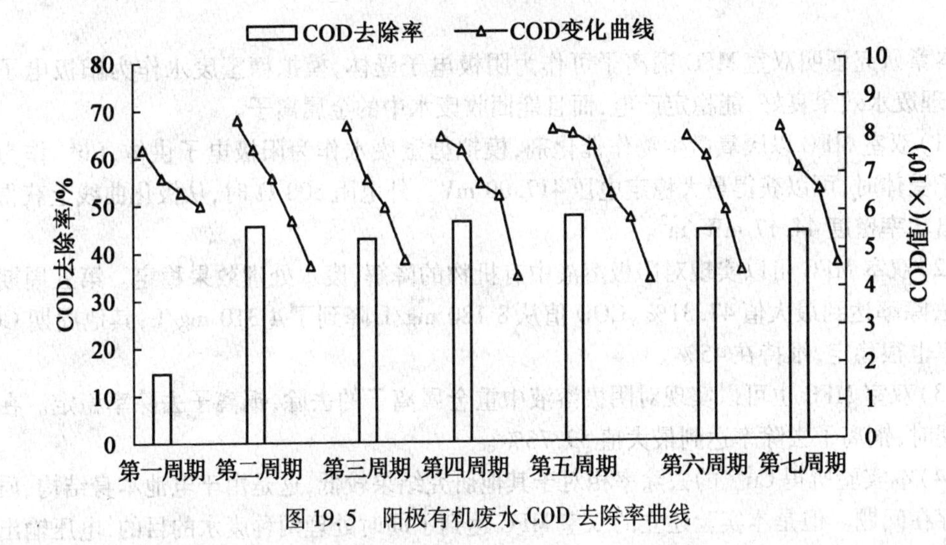

图 19.5　阳极有机废水 COD 去除率曲线

19.2.5　阴极重金属废水处理效果

阴极重金属废水处理效果如图 19.6 所示,本实验所得铜的去除率相比 Heijne 等获得的铜的去除率,去除率在 99.78% 以上,结果相差甚远。本实验第一个周期 Cu^{2+} 的去除率最低,只有38.42%,在第四周期内,Cu^{2+} 的去除率最高可达 59.86%,其他周期铜离子的去除率也维持在 58% 左右。质子膜本是只允许水和质子(或称水合质子,H_3O^+)穿过的膜,结果却导致了质子膜的性能问题,但是本实验中主要的影响因素是阳极侧质子膜有 $Cu(OH)_2$ 蓝色晶体析出,影响质子传递的过程。

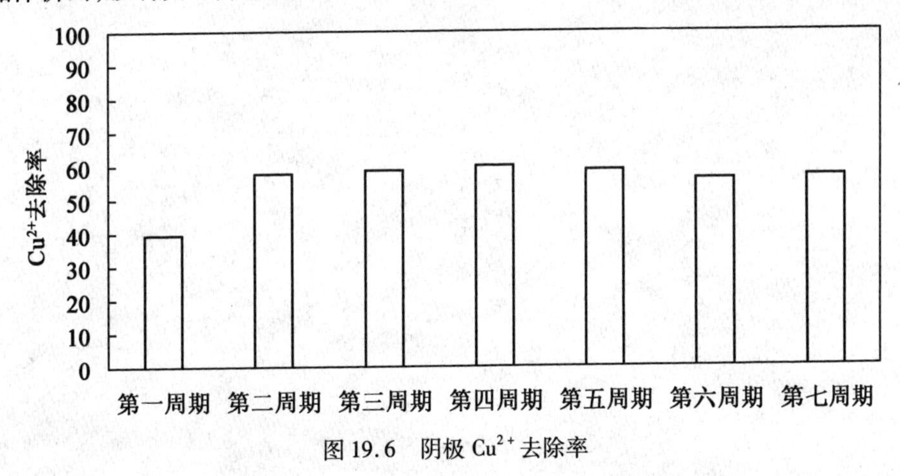

图 19.6　阴极 Cu^{2+} 去除率

19.3　本章小结

本章研究证明双室 MFC 铜离子可作为阴极电子受体,模拟糖蜜废水作为阳极电子供体,处理废水效果良好,能稳定产电,而且能回收废水中的金属离子。

(1)双室 MFC 以厌氧微生物作催化剂,模拟糖蜜废水作为阳极电子供体,Cu^{2+} 作为阴极电子受体时,可以获得最大稳定电压 417.00 mV。外电阻 800 Ω 时,从极化曲线上获得最大输出功率密度 44.17 mW/m^2。

(2)双室 MFC 可以实现对阳极溶液中有机物的降解,废水处理效果稳定。第五周期时 COD 去除率达到最大值 47.31%,COD 值从 8 180 mg/L 降到了 4 310 mg/L,其他周期 COD 去除率也很稳定,维持在 45%。

(3)双室 MFC 也可以实现对阴极溶液中重金属离子的去除,铜离子去除率稳定。在第四周期时,铜离子去除率达到最大值 59.76%。

(4)本实验所得 Cu^{2+} 的去除率相对于其他研究结果较低,这是由于电池本身结构、质子膜等存在问题。但是本实验建立的双室 MFC 达到了同时处理两种废水的目的,电压输出稳定,还能回收到纯净的铜金属单质。

第20章 结　　语

本课题开展了模拟重金属废水作为电子的 MFC 产电的基础研究与可行性分析。本书以机构最为简单的双室 MFC 为研究对象，对双室 MFC 的阳极溶液及阴极溶液性能及其对系统的影响进行了基础性研究。本书结合了生物方法和电化学原理理论作为基础方法（生化法），借鉴化学燃料电池研究的相关理论和原理，完成了基本反应，具体结论如下。

（1）MFC 能够产电，同时去除有机物。模拟糖蜜废水作为 MFC 阳极液，相对实际糖蜜废水应用模拟废水的系统启动速度快，并能长时间稳定运行，且能够较好地输出电能。最大输出电压值可达514.5 mV，而实际糖蜜废水只有 419.0 mV。从废水处理效果来看，模拟废水也要优于实际糖蜜废水。这是因为实际糖蜜废水中含有大量杂质（如重金属），有部分化学物质抑制微生物生长，甚至是杀死了微生物，所以影响了微生物分解有机物传递电子。

（2）Ag^+可以作为阴极电子受体，并稳定产电能，在外电阻为 3 000 Ω 时，不同浓度的阴极电解液得到最大电压也不同，分别为 331.7 mV、447.2 mV 、514.5 mV，最大功率密度分别为 62.82 mW/m^2、42.68 mW/m^2、23.93 mW/m^2。从产电性能角度来讲，阴极液浓度大的系统产电性能要优于阴极液浓度小的。双室 MFC 实现了对 Ag^+ 的去除，浓度最低的 MFC 中银去除率最高达到了 71.6%。最后，在阴极 Ag^+ 以银白色银单质沉淀聚集，在质子膜上以化合物的形式附着。在阳极废水中，虽然回收电子情况不理想，但对废水的 COD 去除率效果还是很明显，浓度由高到低的 MFC 的 COD 去除率分别为 68.16%、79.63%、81.2%。

（3）双室 MFC 用模拟糖蜜废水作为阳极电子供体，Cu^{2+} 溶液作为阴极电子受体，可以稳定产电，废水处理效果良好。电池稳定发电后可以获得最大稳定电压 417.00 mV，此时外接外电阻 800 Ω。改变外电阻制作极化曲线，可以上获得最大输出功率密度 44.17 mW/m^2。双室 MFC 阳极可以有效处理有机糖蜜废水，第五周期 COD 去除率达到最高 47.31%，COD 值从 8 180 mg/L 降到了 4 310 mg/L。其他周期 COD 去除率也大概维持在 45%，COD 值稳定下降。双室 MFC 阴极可以处理模拟电镀废水，在第四周期内，铜离子最大去除率为 59.76%。操作问题、电池本身结构和质子膜等问题的存在，导致本实验所得 Cu^{2+} 的去除率相对其他研究结果较低，但是最终铜离子是以单质铜呈现的。本实验实现了同时处理两种废水，且回收电能和金属，达到了可持续发展的目的。

（4）实验证实了重金属离子可作为双室 MFC 的阴极电子受体。双室 MFC 输出的电能不高，这是由于结构问题导致内阻较大。本实验采用了双室 MFC 为研究对象，糖蜜废水作为阳极电子供体，金属离子作为阴极电子受体的可行性及其对双室 MFC 性能的影响分析。实验产生的输出电压均不高，这是由于溶液的内阻的影响，且使用 PEM，加大了质子的扩散阻力。

今后的研究方向主要为：

①MFC 研究的重点之一仍是选择电池阴阳极材料，拓宽思路。

②继续深入探讨并完善双室 MFC 的生化反应理论，结合化学燃料电池的原理，并且深入研究微生物转移电子的机理以提高电子转移速率。

③在环境工程学科和现有研究的基础上,使 MFC 能更好地用于有机废水处理。为了使系统实现高效产电与同步废水处理,进一步研发新的 MFC 形式结构。

④对高活性微生物进行筛选,优化品种。

⑤以减小内阻为主要目的,进一步改变及优化双室 MFC 的结构构型,这可以提高电子和质子的传递效率。

参考文献

[1] 黄霞,梁鹏,曹效鑫. 无介体微生物燃料电池研究进展[J]. 中国给水排水,2007,23(4):1-6.

[2] 梁鹏,黄霞. 双筒型微生物燃料电池产电及污水净化特性的研究[J]. 环境科学,2009,30(2):616-619.

[3] 连静,冯雅丽,李浩然,等. 微生物燃料电池的研究进展[J]. 过程工程学报,2006,6(2):334-338.

[4] 黄霞,范明志,梁鹏,等. 微生物燃料电池阳极特性对产电性能的影响[J]. 中国给水排水,2007,23(3):8-14.

[5] 梁鹏,范明志,曹效鑫,等. 微生物燃料电池表观内阻的构成和测量[J]. 环境科学,2007,28(8):1894-1898.

[6] 魏复盛,寇洪茹,洪水皆,等. 水和废水监测分析方法[M]. 4版. 北京:中国环境科学出版社,2002,211-213.

[7] 梁鹏,范明志,曹效鑫. 填料型微生物燃料电池产电特性的研究[J]. 环境科学,2008,29(2):512-517.

[8] 孔晓英,袁振宏,孙永明,等. 微生物燃料电池阴极电子受体与结构的研究进展[J]. 可再生能源,2010,28(1):122-126.

[9] 詹亚力,王琴,闫光绪,等. 高锰酸钾作阴极的微生物燃料电池[J]. 高等学校化学学报,2008,29(3):559-563.

[10] 赵丽坤,李景晨. 微生物燃料电池在废水处理中的应用研究进展[J]. 河北化工,2010,33(8):21-24.

[11] 詹亚力,张佩佩,闫光绪. 无中间体无膜微生物燃料电池的构建与运行[J]. 高校化学工程学报,2008,22(1):177-181.

[12] 连静,冯雅丽,李浩然. 直接微生物燃料电池的构建及初步研究[J]. 过程工程学报,2006,6(3):408-412.

[13] 曹效鑫,梁鹏,黄霞. "三合一"微生物燃料电池的产电特性研究[J]. 环境科学学报,2006,26(8):1252-1257.

[14] 洪义国,郭俊,孙国萍. 产电微生物及微生物燃料电池最新研究进展[J]. 微生物学报,2007, 47(1):173-177.

[15] 贾鸿飞,谢阳,王宇新. 微生物燃料电池[J]. 电池,2000,32(2):86-89.

[16] 温青,刘智敏,陈野. 高锰酸钾用于生物燃料电池阴极电子受体[J]. 电源技术,2008,32(9):584-587.

[17] 刘道广,陈银广. 同步污水处理/发电技术——微生物燃料电池的研究进展[J]. 水处理技术,2007,33(4):1-4.

[18] 尤世界,赵庆良,姜珺秋. 废水同步生物处理与 MFC 发电研究[J]. 环境科学,2006,

27(9):1786-1880.

[19] 韩保祥,毕可万. 采用葡萄糖氧化酶的生物燃料电池的研究[J]. 生物工程学报. 1992,8(2):203-206

[20] 詹亚力,王琴,郭绍辉. 高锰酸钾作阴极的微生物燃料电池[J]. 高等学校化学学报,2008,29,559-563.

[21] 崔龙涛,左剑恶,范明志. 处理城市污水同时生产电能的微生物燃料电池[J]. 中国沼气,2006,24(4):3-6.

[22] 郗名悦,孙彦平. 介体型 MFC 内微生物催化剂的在线驯化[J]. 太原理工大学学报,2008,39(6):554-557.

[23] 刘敏,邵军,周奔,等. 微生物产电呼吸最新研究进展[J]. 应用与环境生物学报,2010,16(3):445-452.

[24] 邓丽芳,李芳柏,周顺桂,等. 克雷伯氏菌燃料电池的电子穿梭机制研究[J]. 科学通报,2009(54):2983-2987.

[25] 赵丽坤,闫蕾蕾,李景晨,等. 产电微生物与微生物燃料电池研究进展[J]. 安徽农业科学,2010,38(26):14227-14229,14245.

[26] 周德庆. 微生物学教程[M]. 北京:高等教育出版社,2002:111-112.

[27] 王镜岩,朱圣庚,徐长法. 生物化学[M]. 北京:高等教育出版社,2002:121-124.

[28] 邓丽芳,李芳柏,周顺桂,等. 克雷伯氏菌燃料电池的电子穿梭机制研究[J]. 科学通报,2009,54(19):2983-2987.

[29] 卢娜,周顺桂,倪晋仁. 微生物燃料电池的产电机制[J]. 化学进展,2008,20(7/8):1233-1240.

[30] 毛宁, 黄谚谚. 生物磁技术在工农业的应用及其机理探讨[J]. 激光生物学报,1998, 7(4): 306-309.

[31] 安燕,程江,杨卓如,等. 微生物磁效应在废水处理中的应用[J]. 化工环保, 2006,26(6): 467-470.

[32] 李国栋. 2003~2004 年生物磁学研究和应用的新进展[J]. 生物磁学, 2004, 4(4):25-26.

[33] 杜永家. 含硫废水处理综述[J]. 染料工业,1993,30(1): 54-563.

[34] 赵树光. 用 ZnO 处理含硫化碱污水[J]. 应用化工 ,2002 ,31(4):34-355.

[35] 张克强,季民,张建顺. 电化学方法处理含硫废水的过程和特性[J]. 农业环境科学学报,2003,22(1): 90-92.

[36] 杨民,杜书,吴鸣. 催化湿式氧化处理碱渣废水的研究[J]. 环境工程,2001,19(1):13-15.

[37] 苏静,陈鸿林,张长寿. 二氧化氯在工业废水处理中的应用[J]. 工业水处理,1999,19(6): 5-6.

[38] 杨柳燕,蒋锋. 二段生物接触氧化法处理含硫废水的中试研究[J]. 应用与环境生物学报,1999,5: 99-101.

[39] 高润生,苏清茂,Mo 含量对 Raney Ni - Mo 活性阴极析氢过电位的影响[J]. 表面技术,1994. 23(1):36-38.

[40] 程鹏里,武振国. 节能析氢电极的研究[J]. 化学世界,1997,38(11):600-602.
[41] 李永常. 试论氢超电势[J]. 天津化工,2003,17(2):62.
[42] 唐文忠,王玉芳. 过电位控制法在铜电解中的应用[J]. 湖南有色金属,2007, 23(1):13.
[43] 胡伟康. 非晶态 Ni - Mo - Fe 合金作电解水析氢反应电极[J]. 功能材料,1995,26(5):456-458.
[44] 谢原寿,蒋文斌,柳全丰. 氯化钠电解槽新阴极材料的研究[J]. 湘潭大学自然科学学报,1997,19(2):51.

市政与环境工程系列丛书(本科)

书名	作者	定价
建筑水暖与市政工程 AutoCAD 设计	孙　勇	38.00
建筑给水排水	孙　勇	38.00
污水处理技术	柏景方	39.00
环境工程土建概论(第3版)	闫　波	20.00
环境化学(第2版)	汪群慧	26.00
水泵与水泵站(第3版)	张景成	28.00
特种废水处理技术(第2版)	赵庆良	28.00
污染控制微生物学(第4版)	任南琪	39.00
污染控制微生物学实验	马　放	22.00
城市生态与环境保护(第2版)	张宝杰	29.00
环境管理(修订版)	于秀娟	18.00
水处理工程应用实验(第3版)	孙丽欣	22.00
城市污水处理构筑物设计计算与运行管理	韩洪军	38.00
环境噪声控制	刘惠玲	19.80
市政工程专业英语	陈志强	18.00
环境专业英语教程	宋志伟	20.00
环境污染微生物学实验指导	吕春梅	16.00
给水排水与采暖工程预算	边喜龙	18.00
水质分析方法与技术	马春香	26.00
污水处理系统数学模型	陈光波	38.00
环境生物技术原理与应用	姜　颖	42.00
固体废弃物处理处置与资源化技术	任芝军	38.00
基础水污染控制工程	林永波	45.00
环境分子生物学实验教程	焦安英	28.00
环境工程微生物学研究技术与方法	刘晓烨	58.00
基础生物化学简明教程	李永峰	48.00
小城镇污水处理新技术及应用研究	王　伟	25.00
环境规划与管理	樊庆锌	38.00
环境工程微生物学	韩　伟	38.00
环境工程概论——专业英语教程	官　涤	33.00
环境伦理学	李永峰	30.00
分子生态学概论	刘雪梅	40.00
能源微生物学	郑国香	58.00
基础环境毒理学	李永峰	58.00
可持续发展概论	李永峰	48.00
城市水环境规划治理理论与技术	赫俊国	45.00
环境分子生物学研究技术与方法	徐功娣	32.00